全国烹饪专业系列教材

面点制作技术

MIANDIAN ZHIZUO JISHU

（第2版）

秦　辉　林小岗　主编

北京·旅游教育出版社

出版说明

　　改革开放以来,我国的烹饪教育得到了快速发展,烹饪专业教材建设也取得了丰硕的成果。但是,随着人民生活水平的不断提高,不仅对烹饪教学提出了许多新要求,餐饮业自身也发生了许多新变化。因此,编写一套符合我国烹饪职业教育发展要求,满足烹饪教学需要,规范、实用的烹饪专业教材就显得尤为必要。

　　该烹饪专业系列教材就是为了配合国家职业教育体制改革,服务于培养旅游、餐饮等服务行业烹饪岗位的应用型人才,由我社聘请众多业内专家,根据《国务院关于大力推进职业教育改革与发展的决定》和教育部《2003—2007 年教育振兴行动计划》中关于职业教育课程和教材建设的总体要求与意见,结合餐饮旅游行业的特点精心编写的国家骨干教材。

　　在教材编写中,我们征求了教育部职业教育教学指导委员会有关专家委员及餐饮行业权威人士的意见,对众多烹饪学校及开设烹饪专业的相关学校和企业进行了调研,并在充分听取广大读者意见的基础上,确定了本套教材的编写原则和模式:针对行业需要,以能力为本位、以就业为导向、以学生为中心,重点培养学生的综合职业能力和创新精神。

　　该系列教材在编写中,始终立足于职业教育的课程设置和餐饮业对各类人才的实际需要,充分注意体现以下特点:

　　第一,以市场为导向,以行业适用为基础,紧紧把握职业教育所特有的基础性、可操作性和实用性等特点。根据职业教育以技能为基础而非以知识为基础的特点,尽可能以实践操作来阐述理论。理论知识立足于基本概念、基础理论的介绍,以够用为主,加大操作标准、操作技巧、模拟训练等操作性内容的比重。做到以技能定目标,以目标定内容,学以致用,以用促学。另外,考虑到烹饪专业学生毕业时实行"双证制"的现实要求,编者在编写过程中注意参考劳动部职业技能鉴定的相关标准,并适当借鉴国际职业标准,将职业教育与职业资格认证紧密相联,避免学历教育与职业资格鉴定脱节。

　　第二,充分体现本套教材的先进性和科学性。尽量反映现代科技、餐饮业中广泛运用的新原料、新工艺、新技术、新设备、新理念等内容,适当介绍本学科最新研究成果和国内外先进经验，以体现出本教材的时代特色和前瞻性。

第三，以体现规范为原则。根据教育部制定的有关职业学校重点建设专业教学指导方案和劳动部颁布的相关工种职业技能鉴定标准，对每本教材的课程性质、适用范围、教学目标等进行规范，使其更具有教学指导性和行业规范性。

第四，确保权威。本系列教材的作者均是既有丰富的教学经验又有丰富的餐饮工作实践经验的业内专家，对当前职教情况、烹饪教学改革和发展情况以及教学中的重难点非常熟悉，对本课程的教学和发展具有较新的理念和独到的见解，能将教材中的"学"与"用"这两个矛盾很好地统一起来。

第五，体例编排与版式设计新颖独特。对有关制作过程、原料等的讲述，多辅以图示和图片，直观形象，图文并茂。在思考与练习的题型设计上，本套书的大部分教材均设置了职业能力应知题和职业能力应用题两大类，强化教材的职业技能要求，充分体现职业教育教材的特点，既方便教师的教学，又有利于学生的练习与测评。

作为全国唯一的旅游教育专业出版社，我们有责任把最专业权威的教材奉献给广大读者。在我们将这套精心打造的烹饪专业教材奉献给广大读者之际，我们深切地希望所有的教材使用者能一如既往地支持我们，及时反馈你们的意见和建议，我们将不断完善我们的工作，回报广大读者的信任与厚爱！

旅游教育出版社

目　录

第 *1* 章

面点基础知识

学习目标

- 了解中西面点的概念、发展简况及其趋势
- 掌握中西式面点的技术特点、分类及流派
- 了解中西面点制作中常用设备与工具的性能，做到正确和安全操作
- 熟悉和掌握中西面点原料的基本知识，并做到正确选用

烹饪文化源远流长，技术精湛，内涵丰富，是世界人类文明发展史中一份十分重要和珍贵的文化遗产。面点制作是烹饪的一个重要组成部分，它自成体系，技术独特，是世界饮食文化中一支鲜艳的奇葩。经过长期的发展，历代面点大师们在继承、挖掘和整理传统面点制作技术的基础上，不断地融入新原料、新技术、新工艺，在相互交流中实践和创新，不仅创制出了工艺精湛、适合消费者口味的各种中、西式面点，而且还逐渐地使面点制作技术系统化、科学化、理论化，成为一门专业技术学科。

第一节　中西面点概述

一、中西面点的概念、发展简况及其趋势

（一）中西面点的概念

1. 中式面点的概念

中式面点主要指来源于我国的点心，简称"中点"，又称为"面点"，它是以各种粮食、畜禽肉、鱼、虾、蛋、乳、蔬菜、果品等为原料，再配以多种调味品，经过加工而制成的色、香、味、形、质俱佳的各种营养食品。

面点在中国饮食行业中通常被称为"白案"，它在饮食形式上呈现出多种多样，既是人们不可缺少的主食，又是人们调剂口味的补充食品（如：糕、团、饼、包、饺、面、粉、粥等）。在我们的日常生活中，面点有作为正餐的米面主食，有作为早

餐的早点、茶点,有作为筵席配置的席点,有作为旅游和调剂饮食的糕点、小吃,以及作为喜庆或节日礼物的礼品点心,等等。

2. 西式面点的概念

西式面点简称"西点",主要指来源于欧美国家的点心。它是以面、糖、油脂、鸡蛋和乳品为原料,辅以干鲜果品和调味料,经过调制、成型、成熟、装饰等工艺过程而制成的具有一定色、香、味、形、质的营养食品。

面点行业在西方通常被称为"烘焙业",在欧美国家十分发达。西点不仅是西式烹饪的组成部分(即餐用面包和点心),而且是独立于西餐烹调之外的一种庞大的食品加工行业,成为西方食品工业主要支柱产业之一。

(二)中西面点的发展简况及其趋势

1. 中式面点的发展简况及其趋势

(1)中式面点的发展简况

中式面点制作具有悠久的历史,邱庞同在《中国面点史》中指出"中国面点的萌芽时期约在6000年前左右","中国的小麦及面食技术的出现在战国时期","而中国早期面点形成的时间,大约是商周时期"。

先秦时期,随着农业及谷物加工技术的发展,出现了较多的面点品种。战国时,人们为了祭祀、悼念爱国诗人屈原,将用苇叶包的"黍角"(即粽子)投入江中,说明当时中式面点制作技术已达到一定水平。

汉代及魏晋南北朝时期,面点进入了发展阶段。如《齐民要术》中就记载有白饼、烧饼等近20个品种的面点介绍,并有详细制法。另据记载,馄饨、春饼、煎饼也曾在那时出现。

隋唐及宋元时期,中国面点进一步发展。不仅在原有品种上派生出许多新花样,而且新品种大量涌现。如馄饨出现了"花形馅料各异"的二十四节气馄饨,麦类制品主要有包子、饺子、月饼、卷煎饼、烧卖等,米粉制品主要有元宵、麻团、油炸果子等。唐代大诗人白居易的诗句"胡麻饼样学京都,面脆油香新出炉",就十分形象地描述了当时胡麻饼新出炉呈现出的面脆油香之情景。宋代诗人苏东坡的诗句"小饼如嚼月,中有酥和饴",就说明当时在面点制作上已采用油酥分层和饴糖增色等工艺。随着医学与饮食的结合,食疗面点也出现了,这些在《食疗本草》《食疗臣心鉴》中均有记载。

明清时期,中式面点制作技术达到了新的高峰。一方面,节日面点品种基本定型,如春节吃年糕、饺子,正月十五吃元宵等;另一方面我国面点的风味流派基本形成,面点的品种更加丰富多彩,如:京式的龙须面、天津狗不理包子、京八件、萨其马等,苏式的淮安汤包、苏州船点、三丁包子、翡翠烧卖等,广式的娥姐粉果、佛山盲公饼、油煎堆等。面点的有关著作尤为丰富,如《调鼎集》共收录面点制法200多种。

随着中外饮食交流的增加,西方的西洋饼、面包、布丁等品种传入我国,我国的面点也大量传到国外。

新中国成立后,中式面点以及饮食业均得到了空前的发展,面点制作由手工生产方式逐步转化为机械化、半自动化生产方式。各地面点工艺和风味特色得到了广泛的交流,南北东西风味特色实现了大融会,这推动了我国面点工艺的发展,出现了大量南北风味结合、中西风味结合、古今风味结合的精细面点新品种。在面点供应的规模和层次上,也由低档次的零售小吃,发展到中、高档次的专门点心宴会和点心筵席,适应人们不断增长的新的饮食需求。

不可否认,面点与人们的生活息息相关,它不仅是饮食业的一个重要组成部分,而且还具有投资少、收益快的特点,对饮食业的发展起着积极的促进作用。但由于历史的原因,中式面点的制作工艺缺乏科学理论的指导,在品种的制作工艺、营养、卫生、包装、营销等方面,仍跟不上市场需求的步伐。因此,中式面点必须走改革、创新、开拓、进取之路,这样才能面向世界,走向未来。

(2)中式面点的发展趋势

第一,借鉴国外经验,发展中式面点快餐。

目前从面点的消费对象来看,大众化是其主要特点。因此面点作为商品,必须从市场出发,以解决大众基本生活需求为目的。可以说,随着中外交流的日益频繁,借鉴西式快餐的成功经验发展中式面点快餐已成必然趋势。

第二,走"三化"之路,以保证中式面点质量。

"三化"的含义是指:面点品种配方标准化、面点生产设备现代化和品种生产规模化。只有走"三化"之路,才能保证面点的质量,才能向消费者提供新鲜、卫生、营养丰富、方便食用且有中国特色的面点品种,才能满足人们对面点快餐需求量增大的要求。

第三,改革传统配方及工艺。

中式面点许多品种营养成分过于单一,有的还含有较多的脂肪和糖类,因此,在继承优秀面点遗产的基础上,要改革传统配方及工艺。如:可从低热、低脂、多膳食纤维、维生素、矿物质等要素入手,创制适合现代人需要的营养平衡的面点品种。再如:从原料选择、形成工艺等环节入手,对工艺制作过程进行改革,以创制出适应时代需要的特色品种、拳头产品。

第四,加强科技创新。

包括开发原料新品种和运用新技术、新设备两方面。开发新原料,不但能满足面点品种在工艺上的要求,而且还能提高产品的质量。如:各种类型的面粉满足了不同面点品种对面团筋力的需要;面包改良剂、蛋糕油、人造鲜奶油等新型原材料,使面点从口味上、口感上都有很大的提高。

新技术包括新配方、新工艺流程,它不但能提高工作效率,而且还可增加新的面点品种。新设备的使用,不但可以改善工作环境,使人们从传统的手工制作中解放出来,而且还有利于形成批量生产,使产品的质量更加统一、规范。

第五,开发功能性面点和药膳面点。

功能性面点是指除具有一般面点所具有的营养功能和感官功能(色、香、味、形)外,还具有一般面点所没有或不强调调节人体生理活动功能的面点。它具有享受、营养、保健和安全等功能。

药膳面点是指将药物和面点原料调和在一起而制成的面点。它具有食用和药用的双重功能。

目前,由于空气和水源等污染加剧,各种恶性疾病的发病率逐渐上升,开发功能性面点和药膳面点,已成为中式面点发展的主要趋势之一。

第六,改革筵席结构

目前,面点在传统筵席中所占比例小,形式单调,因此,要以与菜点结合的方式改革筵席结构,以此来提升我国饮食文化内涵。

2. 西式面点的发展简况及其趋势

(1)西式面点的发展简况

西式面点(简称西点)的主要发源地是欧洲。据史料记载,古代埃及、希腊和罗马已经开始了最早的面包和蛋糕制作,西点制作在英国、法国、德国、意大利、奥地利、俄罗斯等国已有相当长的历史,并在发展中取得了显著的成就。

史前时代,人类已懂得用石头捣碎种子和根,再混合水分,搅成较易消化的粥或糊。公元前9000年,位于波斯湾的中东民族,把小麦、大麦的麦粒放在石磨上碾磨,除去硬壳、筛出粉末,加水调成糊后,铺在被太阳晒热的石块上,利用太阳能把面糊烤成圆圆的薄饼。这就是人类制出的最简单的烘焙食品。

若干世纪前,面包烘焙在英国主要起源于地方性的手工艺,然后才逐渐普及到各个家庭。直到20世纪初,这种情形由于面包店大量采用机器制作后而发生改变。在世界各国一般面包均采用小麦为原料,但是很多国家亦有用燕麦或小麦与燕麦混合制作,种类繁多,因地区、国家不同而有所不同。英国面包大多不添加其他作料,但英国北部地区喜欢在面包中加牛奶、油脂等,同时吐司面包也比较普及,南部地区则喜做脆皮面包。美国面包成分较高,添加较多糖、牛奶及油脂等。法国面包成分较低,烤出的成品口感硬脆。

20世纪后期,欧美各国科技发达,生活富足,特别在美国,粮食丰富,种类繁多,面包的主食地位日渐下降,逐渐被肉类取代,但随之而来的却是心脏病、糖尿病的增加,这使人们对食物进行重新审视,开始提倡回归自然,素食、天然食品大行其道。

据传,欧洲的面点是在13世纪明代万历年间由意大利传教士利马窦带到中国的。此后,其他西方国家的传教士、外交官与商人大量入境,西餐食物更多的制作方法和烹调技术也相应传入。19世纪50年代清后期所出现的西菜馆大多建立在上海。后来,各个通商口岸也纷纷开设面包店。如今,随着中国市场的开放,西式面点在中国正呈现出广阔的发展前景。

(2)西式面点的发展趋势

第一,提倡回归自然。

在欧美各国科技发达、生活富足的现状下,人们不得不对食物进行重新审视,由于面包已经从其稳居主食的地位日渐下降,当回归自然之风吹向烘焙行业时,人们再次用生物发酵方法烘制出具有诱人芳香的美味传统面包,至于用最古老的酸面种发酵方法制成的面包,则越来越受到中产阶层人士的青睐。

第二,提倡食用天然保健食品。

面包制造商不断求新求变,加入各式各样的辅料,以求面包款式多,营养价值高,食后健康和全麦面包、黑麦面包,过去因颜色较黑、口感粗糙、较硬而被摒弃,如今却因含较多的蛋白质、维生素而成为时尚的保健食品。

第三,提倡出售新鲜面包。

多个世纪以来所追求的"白面包"逐渐失宠,那些投放在超级市场内,标榜卫生、全机械操作而成的面包,失去了吸引力,而出售新鲜面包的小店又开始林立在城市中。

第四,重视提高技艺。

面包制造业经常举办有关面包的各类比赛和展览,以增加专业人士互相考察、学习、借鉴的机会,以此不断改进面包制作工艺。如:各国面点名师不断示范、交流,带来了各地的特色面包;各国食品厂为了推销自己的产品,也经常带来世界面包业的走向和信息等。这些都有利于西式面点师开阔视野,提高技艺,同时也使得西式面点的制作工艺日新月异,其面点制品颇具特色。

第五,重视科学研究。

欧美各国如瑞士、美国等国家均设置有烘焙培训及研究中心,其谷物化工、食品工程、食物科学和营养学方面的专家也较多,他们既注意吸取其他国家的成功经验,又注重突出本国的特色,坚持不懈地在各款西式面点的用料、生产过程等方面进行探索、改良,从而使得西式面点得到不断的发展和创新。

二、中西面点的技术特点

(一)中式面点的技术特点

1.选料精细,花样繁多

我国幅员辽阔,物产丰富,这就为中式面点制作提供了丰富的原料,再加上人

口众多,各地气候条件不一,人们生活差异也很大,因而决定了中式面点的选料方向是:

(1)按原料品种、加工处理方法选择。如:制作兰州拉面宜选用高筋面粉,制作汤圆宜选用质地细腻的水磨糯米粉。只有将原料选择好了,才能制出高质量的面点。

(2)按原料产地、部位选择。如:制作蜂巢荔芋角宜选用质地松粉的广西荔浦芋头;制作鲜肉馅心时宜选用猪的前胛肉,这样才能保证馅心吃水量较多。

(3)按品质及卫生要求选择。选择品质优良的原料,既可保证制品的质量,又可满足卫生要求,防止一些传染病和食物中毒。如:米类应选用粒形均匀、整齐,具有新鲜米味、光泽等优质米产品,不选用生虫、夹杂物含量较多、失去新鲜米味的劣质品,干果宜用肉厚、体干、质净、有光泽的产品。

中式面点花样繁多,具体表现在下列方面:

(1)因不同馅心而形成品种多样化。如:包子有鲜肉包、菜肉包、叉烧包、豆沙包、水晶包,水饺有三鲜水饺、高汤水饺、猪肉水饺、鱼肉水饺等。

(2)因不同用料而形成品种多样化。如:麦类制品中有面条、蒸饺、锅贴、馒头、花卷、银丝卷等,米粉制品中的糕类粉团有凉糕、年糕、发糕、炸糕等品种。

(3)因不同成型方法而形成品种多样化。如:包法可形成小花包、烧卖、粽子等,捏法可形成鸳鸯饺、四喜饺、蝴蝶饺等,抻法可形成龙须面、空心面等。

2. 讲究馅心,注重口味

馅心的好坏对制品的色、香、味、形、质有很大的影响。中式面点讲究馅心,其具体体现在下列方面:

(1)馅心用料广泛。此点是中点和西点在馅心上的最大区别之一。西点馅心原料主要用果酱、奶油、牛奶、巧克力等,而中点馅心的取料非常广泛,禽肉、鱼、虾、杂粮、蔬菜、水果、蜜饯等都能用于制馅,这就为种类繁多、各具特色的馅心提供了原料基础。

(2)精选用料,精心制作。馅心的原料选择非常讲究,所用的主料、配料一般都应选择最好的部位和品质。制作时,注意调味、成型、成熟的要求,考虑成品在色、香、味、形、质各方面的配合。如:制鸡肉馅选鸡脯肉,制虾仁馅选对虾。根据成型和成熟的要求,常将原料加工成丁、粒、蓉等形状,以利于包捏成型和成熟。

中点注重口味,则源于各地不同的饮食习惯。在口味上,我国自古就有南甜、北咸、东辣、西酸之说,因而在中点馅心上体现出来的地方风味特色就显得特别浓郁。如:广式面点的馅心多具有口味清淡、鲜嫩滑爽等特点,京式面点的馅心注重咸鲜浓厚,苏式面点的馅心则讲求口味浓醇、卤多味美。在这方面,广式的蚝油叉烧包、京式的天津狗不理包子、苏式的淮安汤包等驰名中外的中华名点,均是以特色馅心而著称于世的。

3. 成型技法多样,造型美观

面点成型是面点制作中一项技术要求高、艺术性强的重要工序,归纳起来,大致有18种成型技法,即:包、捏、卷、按、擀、叠、切、摊、剪、搓、抻、削、拨、钳花、滚沾、镶嵌、模具、挤注。通过各种技法,又可形成各种各样的形态。形态的变化,不仅丰富了面点的花色品种,而且还使得面点千姿百态,造型美观逼真。如:包中有形似蝴蝶的馄饨、形似石榴的烧卖等,卷可形成秋叶形、蝴蝶形、菊花形等造型。又如:苏州的船点就是通过多种成型技法,再加上色彩的配置,捏塑成南瓜、桃子、枇杷、西瓜、菱角、兔、猪、青蛙、天鹅、孔雀等象形物,色彩鲜艳、形态逼真、栩栩如生。

(二)西式面点的技术特点

1. 用料讲究,营养丰富

西式面点用料讲究,无论是什么点心品种,其面坯、馅心、装饰、点缀等用料都有各自选料标准,各种原料之间都有适当的比例,而且大多数原料要求称量准确。

西式面点多以乳品、蛋品、糖类、油脂、面粉、干鲜水果等为常用原料,其中蛋、糖、油脂的比例较大,而且配料中干鲜水果、果仁、巧克力等用量大,这些原料含有丰富的蛋白质、脂肪、糖、维生素等营养成分,它们是人体健康必不可少的营养素,因此西点具有较高的营养价值。

2. 工艺性强,成品美观、精巧

西点制品不仅富有营养价值,而且在制作工艺上还具有工序繁、技法多(主要有捏、揉、搓、切、割、抹、裱型、擀、卷、编、挂等)、注重火候和卫生等特点,其成品擅长点缀、装饰,能给人以美的享受。

每一件西点产品都是一件艺术品,每步操作都凝聚着厨师的创造性劳动,所以制作一道点心,每一步都要依照工艺要求去做,这是对西点师的基本要求。如果脱离了工艺性和审美性,西点就失去了自身的价值。西点从造型到装饰,每一个图案或线条,都清晰可辨,简洁明快,给人以赏心悦目的感觉,让食用者一目了然,领会到厨师的创作意图。例如:制作一结婚蛋糕,首先要考虑它的结构安排,考虑每一层之间的比例关系;其次考虑色调搭配,尤其在装饰时要用西点的特殊艺术手法体现出厨师所设想的构图,从而用蛋糕烘托出纯洁、甜蜜的新婚气氛。

3. 口味清香,甜咸酥松

西点不仅营养丰富,造型美观,而且还具有品种变化多、应用范围广、口味清香、口感甜咸酥松等特点。

在西点制品中,无论是冷点心还是热点心,甜点心还是咸点心,都具有味道清香的特点,这是西点的原材料决定的。西点通常所用的主料有面粉、奶制品、水果等,这些原料自身具有芳香的气味;其次是加工制作时合成的味道,如焦糖的味道等。

西点中的甜制品主要以蛋糕为主,有90%以上的点心制品要加糖,客人饱餐之后吃些甜食制品,会感觉更舒服。咸制品主要以面包为主,客人吃主餐的同时会有选择地食用一些面包。

总之,一道完美的西点,应具有丰富的营养价值、完美的造型和合适的口味。

三、中西面点的分类及主要流派

(一)中式面点的分类及主要流派

1. 中式面点的分类

中式面点因地区差异较大,品种繁多,花色复杂,因此分类方法较多,归纳起来主要有以下几种:

(1)按原料类别分类

按面点所采用的主要原料来分类,一般可分为麦类面粉制品,如包子、馒头、饺子、油条、面包等;米类及米粉制品,如八宝饭、汤圆、年糕、松糕等;豆类及豆粉制品,如绿豆糕、豌豆黄等;杂粮和淀粉类制品,如小窝头、黄米炸糕、玉米煎饼、马蹄糕等;其他原料制品,如荔芋角、薯蓉饼、南瓜饼等。由于制作中式面点的原料十分广泛,原辅料相互配用,所以按原料分类有一定的局限性。

(2)按面团性质分类

按面点所采用的面团性质来分类,一般可分为水调面团(冷水面团、温水面团、开水面团)、膨松面团(生物膨松面团、化学膨松面团、物理膨松面团)、油酥面团(层酥面团、单酥面团)、米粉面团(糕类粉团、团类粉团)和其他面团。这种分类法对学习和研究面点皮坯形成原理很有帮助,在教学上常用此分类法。

(3)按成熟方法分类

按面点所采用的成熟方法来分类,一般可分为煮、蒸、煎、炸、烤、烙等。这种分类方法常用于教学及面点实例的归类,与面团性质的分类结合,能较系统地对面点进行分类。

(4)按形态分类

这种分类是按照人们习惯的各种面点的基本形状进行划分的,也可称为商品分类法。一般可分为:糕、饼、团、酥、包、饺、粽、粉、面、粥、烧卖、馄饨等。

(5)按口味分类

按口味一般可将面点分为甜味、咸味、复合味三种。这种分类方法对筵席面点、茶点的配置具有重要意义。

2. 中式面点的主要流派

中式面点制作技术经过长期的发展,经过历代面点师的不断总结、实践和广泛交流,已创造出许多口味醇美、工艺精湛、色形俱佳的面点制品,在国内外享有很高的声誉。我国幅员辽阔、资源丰富,加上受各地气候、地理环境、物产、民俗习惯、人文特点等诸方面因素的影响,面点制品不仅繁多,而且具有浓郁的风格和特色。从全国看,面点制品在选料、口味、制作工艺上,大体形成了京式、苏式、广式、川式等地方风味流派。

（1）京式面点

京式面点泛指黄河流域及黄河以北的大部分地区所制作的面点,以北京为代表,故称京式面点。

北京作为古都,具有悠久的历史和文化。京式面点博采各地面点制作之精华,特别是清宫仿膳面点集天下精湛技艺于一身,花式繁多,造型精美,极富传统民族特色。京式面点师特别擅长制作面食,并有独到之处。如被称为中国面食绝技的"四大面食":抻面、刀削面、小刀面、拨鱼面,均以独特的技术、风味享誉国内外。

京式面点的坯料以面粉、杂粮为主,皮坯质感较硬实、筋道。馅心口味甜咸分明,味较浓重。甜馅以杂粮制蓉泥甜馅为主,喜用蜜饯制馅或点缀;咸馅多用肉馅或菜肉馅,肉馅多采用"水打馅"制法,咸鲜适口,卤汁多,喜用葱、姜、酱、小磨麻油等为调辅料。

京式面点中富有代表性的品种有龙须面、银丝卷、三杖饼、一品烧饼、麻酱烧饼、天津狗不理包子、酥盒子、莲花酥、萨其马、豌豆黄、芸豆卷、艾窝窝、京八件等。

（2）苏式面点

苏式面点泛指长江中下游江、浙、沪一带地区所制作的面点,以江苏为代表,故称苏式面点。

江浙一带是我国著名的鱼米之乡,物产丰富,为制作多种多样的面点提供了良好的物质条件。苏式面点包括宁、沪、苏州、淮扬、杭宁等风味流派,各自又有不同的特色。

苏式面点的坯料以米、面为主,皮坯形式多样,除了水调面团、发酵面团、油酥面团外,还擅长米粉面团的调制,如各式糕团、花式船点等。馅心用料广泛,选料讲究,口味浓醇、偏甜,色泽较深。肉馅中喜掺皮冻,成熟后鲜美多汁;甜馅多用果仁蜜饯。苏式面点大多皮薄馅多、滑嫩有汁,造型上注重形态,工艺细腻。

苏式面点中富有代表性的品种有扬州三丁包子、翡翠烧卖、千层油糕,淮安文楼汤包、黄桥烧饼,苏州的糕团、花式船点、苏式月饼,上海南翔小笼包、生煎馒头,杭州小笼包,宁波汤圆以及各式酥点等。

（3）广式面点

广式面点泛指珠江流域及南部沿海地区所制作的面点,以广东为代表,故称广式面点。

广东地处我国南方,气候温和,物产极为丰富。传统的广式面点以米制品为主,如糯米鸡、粉果、年糕、油煎堆、伦教糕等。后又吸取各地面点制作之精华,借鉴西式点心制作技艺,兼收并蓄,创制了风味独特的面点,如蚝油叉烧包、干蒸烧卖、奶皇包、鲜奶鸡蛋挞等。长期以来,广东一带养成了"饮茶食点"的习惯,各酒楼、茶肆推出"星期美点",使广式面点品种益发繁多,极富南国特色。

广式面点用料广泛,皮坯质感多变,除米、面外,还利用荸荠(马蹄)、芋头、红薯、南瓜、土豆等原料制坯。馅心味道清淡、原汁原味、滑嫩多汁,讲究花色、口味的变化。

广式面点中富有代表性的品种有笋尖鲜虾饺、蚝油叉烧包、娥姐粉果、鸡油马拉糕、生磨马蹄糕、伦教糕、糯米鸡、沙河粉、卷肠粉、佛山盲公饼、南乳鸡仔饼、老婆饼、莲蓉甘露酥、咸水角、蕉叶粑、蜂巢荔芋角、广式月饼、鲜奶鸡蛋挞等。

(4)川式面点

川式面点泛指长江中上游以及西南一带地区所制作的面点,以四川为代表,故称川式面点。

四川素称"天府之国",气候温和,物产丰富,巴山蜀水,人杰地灵,对四川小吃、面点的形成和发展奠定了良好的基础。四川传统的面点以地方小吃为主,不少品种风味独特,久负盛名,世代相传,如赖汤圆、龙抄手、合川桃片等。

川式面点历史悠久、用料广泛、制作精细、口味多样,擅长米粉制品的制作。富有代表性的品种有赖汤圆、龙抄手、担担面、黄凉粉、钟水饺、叶儿粑、白蜂糕、波斯油糕、合川桃片等。

以上四大面点流派都具有鲜明的特点,品种多样、内容丰富,荟萃了我国面点制作技术的精华,成为我国面点技艺的核心。但我国地大物博,地理环境、民族习惯差异较大,除以上介绍的以外,还有许多富有地方特色、民族特色的面点。同时,随着交通、信息、科技的发展,帮式流派的格局已逐渐被打破,各地面点流派均博采众长、不断创新,形成了我国面点制作技术的新局面。

(二)西式面点的分类及主要流派

1. 西式面点的分类

西式面点的分类,目前尚无统一的标准,但在行业中常见的有下述几种:

(1)按点心温度分类,可分为常温点心、冷点心和热点心。

(2)按用途分类,可分为零售类点心、宴会点心、酒会点心、自助餐点心和茶点。

(3)按厨房分工分类,可分为面包类、糕饼类、冷冻品类、巧克力类、精制小点类和工艺造型类。这种分类方法概括性强,基本上包含了西点生产的所有内容。

(4)按制品加工工艺及坯料性质分类,可分为蛋糕类、混酥类、清酥类、面包类、泡芙类、饼干类、冷冻甜食类、巧克力类等。此种分类方法较普遍地应用于行业

及教学中,下面详细分述如下:

A. 蛋糕类

蛋糕类包括清蛋糕、油蛋糕、艺术蛋糕和风味蛋糕。它们是以鸡蛋、糖、油脂、面粉等为主要原料,配以水果、奶酪、巧克力、果仁等辅料,经一系列加工而制成的松软点心。此类点心在西点中用途广泛。

B. 混酥类

混酥类是在用黄油、面粉、白糖、鸡蛋等主要原料(有的需加入适量添加剂)调制成面坯的基础上,经擀制、成型、成熟、装饰等工艺而制成的酥而无层的点心,如各式排、塔、派等。此类点心的面坯有甜味和咸味之分,是西点中常用的基础面坯。

C. 清酥类

清酥类是在用水调面坯、油面坯互为表里,经反复擀叠、冷冻形成新面坯的基础上,经加工而成的层次清晰、松酥的点心。此类点心有甜咸之分,是西点中常见的一类点心。

D. 面包类

面包类是以面粉为主、以酵母等原料为辅的面坯,经发酵制成的产品,如汉堡包、甜包、吐司包、热狗等。大型酒店有专门的面包房生产餐厅需要的以咸甜口味为主的面包,包括硬质面包、软质面包、松质面包、脆皮面包等,这些面包主要作为早餐主食和正餐副食。

E. 泡芙类

泡芙制品是将黄油、水或牛奶煮沸后,烫制面粉,搅入鸡蛋等,先制作成面糊,再通过成型、烤制或炸制而成的制品。

F. 饼干类

饼干有甜咸两类,重量一般在 5 ~ 15g,食用时以一口一块为宜,适用于酒会、茶点或餐后食用。

G. 冷冻甜食类

冷冻甜食以糖、牛奶、奶油、鸡蛋、水果、面粉为原料,经搅拌冷冻或冷冻搅拌、蒸、烤或蒸烤结合制出的食品。这类制品品种繁多,口味独特,造型各异,它包括各种果冻、吐司、布丁、冷热苏夫力、巴菲、冰激凌、冻蛋糕等。冷冻甜品以甜为主,口味清香爽口,适用于午餐、晚餐的餐后甜食或非用餐时食用。

H. 巧克力类

它是指直接使用巧克力或以巧克力为主要原料,配上奶油、果仁、酒类等调制出的产品,其口味以甜为主。巧克力类制品有巧克力装饰品、加馅制品、模型制品,如酒心巧克力、动物模型巧克力等。巧克力制品主要用于礼品点心、节日西点、平时茶点和糕饼装饰等。

2.西式面点的主要流派

由于西点的主要发源地在欧洲,其制作在欧洲各国已有相当长的历史,并在发展中取得显著的成就,因此,其流派以国度为别,可分为英式、俄式、日式、德式、法式、意式、美式等流派。以国度来划分西点虽然不够科学,但它们具备下列共同特点:

(1)西点朝着个性化、多样化的方向发展,品种也更加丰富。

(2)西点从手工作坊式生产逐步进入到现代化的工业生产,并形成了一个完整和成熟的体系。

(3)西点制作不仅是西式烹饪的组成部分,而且还是独立于其外的一个重点行业,已成为西方食品工业的主要支柱之一。

第二节　中西面点常用设备与工具

面点设备和工具是中西面点制作的重要物质条件,了解常用设备的使用性能,对于掌握中西面点生产的基本技能,熟悉中西面点生产技巧,提高产品质量和劳动生产率都有着重要的意义。

由于制作中西面点的机电设备很多,即便是同一类设备,由于厂家和生产时间不同,在外观、构造和工艺性能上也不一样。本节只对中西面点制作中最常用的设备作简单的介绍。

一、中西面点常用设备

中西式面点常用设备按其性质可分为机械设备、加热成熟设备、恒温设备、储物设备和工作案台等。

(一)机械设备

机械设备是面点生产的重要设备,它不仅能降低生产者的劳动强度,稳定产品质量,而且还有利于提高劳动生产率,便于大规模生产。

1.和面机

和面机又称拌粉机,主要用于拌和各种粉料。它主要由电动机、传动装置、面箱搅拌器、控制开关等部件组成,它利用机械运动将粉料、水或其他配料制成面坯,常用于大量面坯的调制。和面机的工作效率比手工操作高 5～10 倍,是面点制作中最常用的机具。

2.压面机

压面机又称滚压机,是由机身架、电动机、传送带、滚轮、轴具调节器等部件构成。它的功能是将和好的面团通过压辊之间的间隙,压成所需厚度的皮料(即各种面团卷、面皮),以便进一步加工。

3. 分割机

分割机构造比较复杂，有各种类型，主要用途是把初步发酵的面团均匀地进行分割，并制成一定的形状。它的特点是分割速度快、分量准确、成型规范。

4. 揉圆机

揉圆机是面包成型的设备之一，主要用于面包的搓圆。

5. 打蛋机

打蛋机又称搅拌机，它由电动机、传动装置、搅拌器、搅拌桶等组成。它主要利用搅拌器的机械运动搅打蛋液、少司、奶油等，一般具有分段变速或无级变速功能。多功能的打蛋机还兼有和面、搅打、拌馅等功能，用途较为广泛。

6. 饺子成型机

目前，国内生产的饺子成型机为灌肠式饺子机。使用时先将和好的面、馅分别放入面斗和馅斗中，在各自推进器的推动下，将馅充满面管形成"灌肠"，然后通过滚压、切断，做成单个饺子。

7. 铰肉机

铰肉机用于铰肉馅、豆沙馅等，其原理是利用中轴推进器将原料推至十字花刀处，通过十字花刀的高速旋转，使原料成蓉泥状，以供进一步加工之用。

8. 磨浆机

磨浆机主要用于磨制米浆、豆浆等，其原理是通过磨盘的高速旋转，使原料呈浆蓉状，以供进一步加工之用。

此外，机械设备还有挤注成型机、面条机、月饼成型机，等等。

（二）加热成熟设备

1. 蒸汽型蒸煮灶

它是目前厨房中广泛使用的一种加热设备，一般分为蒸箱和蒸汽压力锅两种。

蒸箱是利用蒸汽传导热能，将食品直接蒸熟。它与传统煤火蒸笼加热方法相比，具有操作方便、使用安全、劳动强度低、清洁卫生、热效率高等优点。

蒸汽压力锅（又称蒸汽夹层锅）是热蒸汽通入锅的夹层与锅内的水交换热能，使水沸腾，从而达到加热食品的目的。它克服了明火加热易改变食品色泽和风味甚至焦化的缺点，在面点工艺中，常用来制作糖浆、浓缩果酱、炒制豆沙馅、莲蓉馅和枣泥馅等。

2. 燃烧型蒸煮灶

燃烧型蒸煮灶（即传统明火蒸煮灶）是利用煤或柴油、煤气等能源的燃烧而产生热量，将锅内水烧开，利用水的对流传热作用或蒸汽的作用使生坯成熟的一种设备。现大部分饭店、宾馆多用煤气灶，主要是利用火力的大小来调节水温或蒸汽的强弱使生坯成熟。它的特点是适合少量制品的加热。在使用时一定要注意规范操作,以确保安全。

3. 远红外多功能型电蒸锅

远红外多功能型电蒸锅是以电源为能源,利用远红外电热管将电能转化为热能,通过传热介质(水或油、金属)的作用,达到使生坯成熟的目的。因其具有操作简单、升温快、加热迅速、卫生清洁、无污染及蒸、煮、炸、煎、烙等多种成熟用途等优点,目前正被广泛使用。

4. 远红外线烘烤炉

远红外线烘烤炉(也称"远红外线烤箱")是目前大部分饭店、宾馆面点厨房必备的电加热成熟设备,适用于烘烤各类中西面点,具有加热快、效率高、节约能源的优点。

远红外线是以光速直线传播的无线电电磁波,波长在 3~1000 微米,是一种看不见、有加热作用的辐射线。当远红外线向物体辐射时,其中一部分被反射回来,一部分穿透物体继续向前辐射,还有一部分则被物体吸收而转变为热能。远红外线电烤箱就是利用被加热物体所吸收的远红外线直接转变为热能,而使物体自身发热升温,达到使生坯成熟的目的。

常用的远红外线电烤箱有单门式、双门式、多层式等型号,一般都装有自动温控仪、定时器、蜂鸣报警器等,先进的电烤箱还可对上、下火分别进行调节,具有喷蒸汽等特殊功能。它的使用简便卫生,可同时放置 2~10 个(或更多)烤盘。

5. 多层燃气食品烘烤炉

多层燃气食品烘烤炉是一种利用燃气作为能源的现代厨房加热成熟设备。它采用高能量不锈钢燃烧器,配装优质点火器,确保点火迅速准确。设有双电磁阀控制燃气进入,提供双重气密保护。设置有上、下火独立控温、数字管显示仪表,精确显示温度。炉膛宽大,烘烤温度均匀。每层配置先进电脑火焰监测系统,在任何情况下熄火或出现机件故障,3 秒内均自动切断燃气供给,以保证安全。具有升温快、保温好、节约能源、使用寿命长等特点。

6. 电脑版万能蒸烤箱

电脑版万能蒸烤箱是目前在世界上各星级酒店大型厨房中常用的一种现代高科技加热成熟设备。它采用全不锈钢制造、电脑版控制,集烘焙、烧烤、蒸煮、加热、煲于一身,能够烹制各种各样的菜式,并且使用能够探测食品中心温度的探针,可以随时掌握食品温度,保证烹制的食品色、香、味俱全。同时,还带有自动清洗功能,实现一键清洗。

电脑版万能蒸烤箱有各种不同的品牌和型号。有的型号自带常用操作菜单达 25 种以上,同时还可储存 100 个常用菜单,调用简单,且可随时编辑,操作方便,安全可靠,美观大方。

7. 燃气灶具

燃气灶具是指含有燃气燃烧器的烹调器具的总称,简称灶具。在现代社会中燃气灶具的大众化普及程度非常高,上至现代化的星级酒店厨房,下至平常百姓家里,都随处可见它的身影。

燃气灶具种类较多,按灶眼数可分为单眼灶、双眼灶、多眼灶。按结构形式可分为台式、嵌入式、落地式、组合式和其他形式。按燃气类别可分为人工煤气灶具、天然气灶具、液化石油气灶具。

燃气灶具一般由供气系统、燃烧系统、控制系统、点火系统以及其他部件组成。高档燃气灶具中通常都带有意外熄火安全保护装置,当火焰被风或水熄灭时,可以自动切断燃气,起到安全保护的作用。

燃气包括天然气、液化石油气、人工煤气等,由于它们的热值不同,燃具的构造也不同。我们在使用燃气灶具前,一定要仔细阅读使用说明书,正确选择适用于燃气气种相符的燃具,按要求正确操作,确保安全。

随着燃气灶具的普及,我国的国家标准《GB 16410—2007 家用燃气灶具》于2007 年 6 月 13 日发布,2008 年 5 月 1 日实施。

8. 微波炉

微波炉是指一种利用频率在 300MHz ~ 30GHz 的一个或多个 ISM 频段的电磁能量来加热腔体内食物和饮料的器具,在我们的现代生活中运用较广。

微波加热由电源、磁控管、控制电路和烹调腔等部分组成。电源向磁控管提供大约 4000 伏高压,磁控管在电源激励下,连续产生微波,再经过波导系统,耦合到烹调腔内。在烹调腔的进口处附近,有一个可旋转的搅拌器,因为搅拌器是风扇状的金属,旋转起来以后对微波具有各个方向的反射,所以能够把微波能量均匀地分布在烹调腔内,从而加热食物。微波炉的功率范围一般为 500 ~ 3000 瓦。

微波加热的原理:食品中总是含有一定量的水分,而水是由极性分子(分子的正负电荷中心,即使在外电场不存在时也是不重合的)组成的,当微波辐射到食品上时,这种极性分子的取向将随微波场而变动。由于食品中水的极性分子的这种运动,以及相邻分子间的相互作用,产生了类似摩擦的现象,使水温升高,因此,食品的温度也就上升了。用微波加热的食品,因其内部也同时被加热,使整个物体受热均匀,升温速度也快。它以每秒 24.5 亿次的频率,深入食物 5cm 进行加热,加速分子运转,其宏观表现就是食物被加热了。

微波加热具有加热时间短、穿透能力强、瞬间升温、食物营养损失小、成品率高等显著特点,但因其无烹饪行业中俗称的"明火"现象,从而易导致制品成熟时因缺乏糖类的焦化作用,而使制品不着色或着色较差。

在微波炉的使用过程中,只能使用专门的微波炉器皿盛装食物放入微波炉中加热,同时,在安全使用的前提下我们还要特别注意使用禁忌,如:忌使用普通塑料容器,忌使用封闭容器,忌用瓶颈窄小的瓶装食物,忌用开了盖的瓶装婴儿食物或原瓶放入炉内加热,忌使用竹器、漆器等不耐热的容器,忌使用有凹凸状的玻璃制品,忌使用镶有金、银花边的瓷制碗碟,等等。

随着微波炉的普及,我国的国家标准《GB/T 23152—2008 家用微波炉用磁控管》于 2008 年 12 月 30 日发布,2009 年 9 月 1 日实施。《GB 24849—2010 家用和类似用途微波炉能效限定值及能效等级》于 2010 年 6 月 30 日发布,2010 年 12 月 1 日实施。

9. 光波炉

光波炉又叫光波微波炉、组合型微波炉,它也可以由电阻性电热元件加热炉腔的微波炉,此电阻元件可与微波同时或交替连续工作,提供辐射加热、对流加热或蒸汽加热,所以它实质上是微波炉的升级版。

光波炉在使用中既可以微波操作,又可用光波单独操作,还可以光波微波组合操作。由于它采用了光波和微波双重高效加热,瞬间即能产生巨大热量,具有加热速度快、加热均匀、能最大限度地保持食物的营养成分不损失、通过烧烤使制品着色等诸多优点。

随着光波炉的普及,我国的国家标准《GB 4706.21—2008/IEC 60335 – 2 – 25:2006 家用和类似用途电器的安全微波炉,包括组合型微波炉的特殊要求》于 2008 年 12 月 15 日发布,2010 年 1 月 1 日实施。

10. 电磁炉

电磁炉是目前现代生活中普及较广的新型厨房灶具,大致可分为家用电磁炉和商用电磁炉(也叫电磁灶)两种,后者在现代酒店厨房中运用较多。

电磁炉主要是利用电磁感应原理将电能转换为热能。当电磁炉在正常工作时,由整流电路将 50Hz 的交流电压变成直流电压,再经过控制电路将直流电压转换成频率为 20KHz ~ 40KHz 的高频电压,电磁炉线圈盘上就会产生交变磁场在锅具底部反复切割变化,使锅具底部产生环状电流(涡流),并利用小电阻大电流的短路热效应产生热量直接使锅底迅速发热,然后再加热器具内的东西。这种振荡生热的加热方式,能减少热量传递的中间环节,大大提高制热效率。

电磁炉可以对食物进行炒、蒸、煮、炖等加工,可控制火力,操作十分方便。与传统灶具相比,电磁炉具有热效率高、安全性好、无明火、无热辐射、无污染、不产生一氧化碳等有害物质、清洁卫生、烹饪效果好、费用低廉等优点。它保持并大大优于一般热源炉的烹饪功能,有"烹饪之神"的美誉。从用能方面看,随着国家"西气东输"及三峡工程的顺利进展,用电会越来越便宜,因而电磁炉会受到更多的"礼遇"。

我国现在执行的电磁炉的标准是《GB 4706.1 家用和类似用途电器的安全标

准》《GB 4706.29 电磁炉的特殊要求》等。

（三）恒温设备

恒温设备是制作西点不可缺少的设备,主要用于原料和食品的发酵、冷藏和冷冻,常用的有发酵箱、电冰柜(箱)、制冷机和冰激凌机等。

1. 发酵箱

发酵箱型号很多,大小也不尽相同。发酵箱的箱体大都为不锈钢,它由密封的外框、活动门、不锈钢托架、电源控制开关、水槽和温度调节器等部分组成。发酵箱的工作原理是靠电热管将水槽内的水加热蒸发,使面团在一定温度和湿度下充分地发酵、膨胀。如发酵面包时,一般是先将发酵箱调节到设定的温度后,方可进行发酵。

2. 电冰柜(箱)

电冰柜(箱)是现代西点制作的主要设备。按构造分有直冷式(冷气自然对流)和风冷式(冷气强制循环)两种,按用途分有保鲜和低温冷冻两种。无论何种冰柜(箱),均具有隔热保温的外壳和制冷系统,其冷藏的温度范围为 $-40℃$ ~ $10℃$,具有自动恒温控制、自动除霜等功能,使用方便,可用来对面点原料、半成品或成品进行冷藏保鲜或冷冻加工。

3. 制冷机

制冷机主要用来制备冰块、碎冰和冰花。它由蒸发器的冰模、喷水头、循环水泵、脱模电热丝、冰块滑道、贮水冰槽等组成。整个制冰过程是自动进行的,先由制冰系统制冷,水泵将水喷在冰模上,逐渐冻成冰块,然后停止制冷,用电热丝使冰块脱模,沿滑道进入贮冰槽,再由人工取出冷藏。

4. 冰激凌机

冰激凌机由制冷系统和搅拌系统组成。制作时把配好的液状原料装入搅拌系统的容器内,一边搅拌一边冷却。由于冰激凌的卫生要求很高,因此冰激凌机一般用不锈钢制造,不易沾污食物,且易消毒。

（四）储物设备

1. 储物柜

储物柜多用不锈钢材料制成(也有木质材料制成的),用于盛放大米、面粉等粮食。

2. 盆

盆一般有木盆、瓦盆、铝盆、铜盆、搪瓷盆、不锈钢盆等,其直径有 $30~80cm$ 等多种规格,用于和面、发面、调馅、盛物等。

3. 桶

桶一般分为不锈钢桶或塑料桶,主要用于盛放面粉、白糖等原料。

（五）工作案台

工作案台是指制作点心、面包的工作台，又称案台、案板。它是面点制作的必要设备。由于案台材料的不同，目前常见的有不锈钢案台、木质案台、大理石案台和塑料案台4种。

1. 不锈钢案台

不锈钢案台一般整体都是用不锈钢材料制成，表面不锈钢板材的厚度在0.8～1.2mm，要求平整、光滑，没有凸凹现象。不锈钢案台美观大方，卫生清洁，台面平滑光亮，传热性质好，是目前各级饭店、宾馆采用较多的工作案台。

2. 木质案台

木质案台的台面大多用6～10cm厚的木板制成，底架一般有铁制的、木制的几种。台面的材料以枣木为最好，柳木次之。案台要求结实、牢固、平稳、表面平整、光滑、无缝。此为传统案台。

3. 大理石案台

大理石案台的台面一般是用4cm左右厚的大理石材料制成，由于大理石台面较重，因此其底架要求特别结实、稳固、承重能力强。它比木质案台平整、光滑、散热性能好、抗腐蚀力强，是做糖活的理想设备。

4. 塑料案台

塑料案台质地柔软，抗腐蚀性强，不易损坏，加工制作各种制品都较适宜，其质量优于木质案台。

二、中西面点常用工具

面点的制作，很大程度上要依赖各式各样的工具。因各地方面点的制作方法有较大的差别，因此所用的工具也有所不同。按面点的制作工艺，其制作工具可分制皮工具、成型工具、成熟工具及其他工具等。

（一）制皮工具

1. 面杖

面杖是制作皮坯时不可缺少的工具。各种面杖粗细、长短不等，一般来说，擀制面条、馄饨皮所用的较长，用于油酥制皮或擀制烧饼的较短，可根据需要选用。

2. 通心槌

通心槌又称走槌，形似滚筒，中间空，供手插入轴心，使用时来回滚动。通心槌自身重量较大，擀皮时可以省力，是擀大块面团的必备工具，如用于大块油酥面团的起酥、卷形面点的制皮等。

3. 单手棍

单手棍又称小面杖，一般长25～40cm，有两头粗细一致的，也有中间稍粗的，是擀饺子皮的专用工具,也常用于面点的成型,如酥皮面点成型等。

4. 双手杖

双手杖又称手面棍,一般长 25～30cm,两头稍细,中间稍粗,使用时两根并用,双手同时配合进行,常用于烧卖皮、饺子皮的擀制。

此外,还有橄榄杖、花棍等制皮工具。

（二）成型工具

1. 印模

印模多以木质为主,刻成各种形状,有单凹和多凹等多种规格,底部面上刻有各种花纹图案及文字。坯料通过印模形成图案、规格一致的精美面点,如广式月饼、绿豆糕、晶饼、糕团等。

2. 套模

套模又称花戳子,用钢皮或不锈钢皮制成,形状有圆形、椭圆形、菱形以及各种花鸟形状等,常用于制作清酥坯皮面点、甜酥坯皮面点,如小饼干等。

3. 模具

模具又称盏模,由不锈钢、铝合金、铜皮制成,形状有圆形、椭圆形等,主要用于蛋糕、布丁、塔、派、面包的成型。

4. 花嘴

花嘴又称裱花嘴、裱花龙头,用铜皮或不锈钢皮制成,有各种规格,可根据图案、花纹的需要选用。运用花嘴时将浆状物装入挤袋中,挤注时通过花嘴形成所需的花纹,如蛋糕的裱花、奶油曲奇裱花等。

5. 花钳和花车

花钳一般用铜片或不锈钢片制成,用于各种花式面点的钳花造型;花车是利用花车的小滚轮在面点的平面上留下各种花纹,如豆蓉夹心糕、苹果派等。

（三）成熟工具

主要是与成熟设备相配套的工具,如烤盘、煮锅、炒勺、笊篱、锅铲等。

（四）其他工具

主要有刮刀、抹刀、锯齿刀、粉筛、打蛋器、毛刷、馅挑、榴板、小剪刀等。

三、面点设备与工具的保养

面点制作设备和工具种类较多,并且性能、特点、作用都不一样,因此,生产者要使各种设备和工具在操作、使用中发挥良好的作用,就要正确掌握使用方法,对各种设备和工具妥善地保管和养护,并严格遵守以下原则:

（一）熟悉设备、工具的性能

使用设备及工具时，要先熟悉各种工具、设备的性能，只有这样才能达到正确使用、发挥最大效能及提高工作效率的目的。所以，面点制作人员在上岗前必须接受有关设备结构、性能、操作、维护以及技术安全等相关知识的教育与学习。在未学会操作前，切勿盲目操作，以免发生事故或损坏机件。

（二）编号登记、专人保管

面点的品种繁多，花色复杂，风格各异，制作时配套工具与设备也很多，在使用过程中，应当对其适当分类、编号登记，甚至设专人负责保管。对于常用的炊具设备，应根据制作面点的不同工艺流程，合理设计其安装位置；对于一般的常用工具，要做到"用有定时，放有定点"。

（三）保持设备、工具的清洁卫生

设备、工具的清洁卫生，直接影响面点制品的卫生，特别是有些工具是制品成熟后才进行使用的，如：裱花嘴、分割面点的刀具等。因此，保持设备、工具的清洁卫生，有着十分重要的意义。一般应做好以下几方面工作：

（1）用具必须保持清洁，并定时严格消毒。所用案板、面杖、刮刀以及盛食料的钵、盆、缸、桶、布袋等，用后必须洗刷干净；蒸笼、烤盘以及木制模具等，用后必须清洁，放于通风干燥处；铁器、铜器等金属必须经常擦拭干净，以免生锈。所有的工具及设备（与食料接触的盛器或部件），每隔一定时期，采用合适的消毒方法进行严格消毒。

（2）对生熟制品的用具，必须严格分开使用，以免引起交叉污染，危害人体健康。

（3）建立严格的用具使用制度，做到专具专用。要注意：案板不能用来切菜、剁肉，更不能兼作吃饭、睡觉之用；笼屉布、笼垫等用后立即洗净、晾干，切不可作抹布之用。否则会严重影响清洁卫生。

（四）注意对设备的维护和检修

对于设备的传动部件，如：轴承、辊轴等，要按时添加润滑油；电机使用要严格按电机配置容量操作，严禁超负荷运行；设备在非工作状态下应上防护罩。使用前必须检查设备，确认设备清洁、无故障及处于完好的工作状态，方可正常使用。另外，还要定期维修设备，及时更换损坏的机件。

（五）加强操作安全

安全操作必须做到以下三点：第一，操作时思想必须集中，严禁谈笑操作，使用中不得任意离岗，必须离岗时应停机切断电源。停电或动力供应中断时，应切断各类开关和阀门，使工作机构返回起始位置，操作手柄返回非工作位置。第二，必须重视设备安全。设备上不得堆放工具等杂物,周围场地应整洁,设备危险部位应加盖保护罩、保护网等装置,不得随意摘除。第三,严格制定安全责任制度,并认真遵守执行。

第三节 安全用电与安全用气

一、安全用电

电力是国民经济的重要能源,在现代家庭生活中不可缺少。酒店厨房是各种电器的集中之地,不懂得安全用电知识就容易造成触电身亡、电器损坏等意外事故发生,所以"安全用电,生命攸关"。

(一)安全用电基本常识

(1)自觉遵守安全用电规章制度。

(2)认识了解电源总开关,学会在紧急情况下切断总电源。

(3)在使用电器设备前,一定要仔细阅读使用说明书,按要求正确操作,确保安全。

(4)不用湿手触摸电器,不用湿布擦拭电器。要避免在潮湿的环境下使用电器,更不能让电器淋湿、受潮或在水中浸泡,以免漏电,造成人身伤亡。

(5)发现电器周围漏水时,暂时停止使用,并且立即通知维修人员做绝缘处理,等漏水排除后,再恢复使用。

(6)电器插头务必插牢,紧密接触,不要松动,以免生热。电器使用完毕要及时拔掉电源插头。插拔电源插头时要捏紧插头部位,不要用力拉拽电线,以防止电线的绝缘层受损造成触电。电线的绝缘皮如出现剥落,要及时更换新线或者用绝缘胶布包好。

(7)如使用电器过程中造成跳闸,一定首先要拔掉电源插头,然后联系维修人员查明跳闸原因,并检查电器故障问题,然后确定是否可以继续使用,以确保安全。

(8)当电器烧毁或电路超负载时,通常会有一些不正常的现象发生,比如冒烟、冒火花、发出奇怪的响声,或导线外表过热,甚至烧焦产生刺鼻的怪味,这时应马上切断电源,然后检查电器和电路,并找维修人员处理。

(9)当电器或电路起火时,一定要保持头脑冷静。首先尽快切断电源,或者将室内的电路总闸关掉,然后用专用灭火器对准火源底部喷射。如果身边没有专用灭火器,在断电的前提下,可用常规的方式将火扑灭。如果电源没有切断,切忌用水或者潮湿的东西去灭火,以免引发触电事故。

(10)不要随意拆卸、安装电源线路、插座、插头等。用电不可超过电线、断路器允许的负荷能力。增设大型电器时,应经过专业人员检验同意,不得私自更换大断路器,以免出现危险,引起火灾。

(11)不用手或导电物(如铁丝、钉子、别针等金属制品)去接触、探试电源插座内部,不触摸没有绝缘的线头,发现裸露的线头要及时与维修人员联系。

(12)不要在一个多口插座上同时使用多个电器。使用插座的地方要保持干燥,不要将插座电线缠绕在金属管道上。电线延长线不可经由地毯或挂有易燃物的墙上,也不可搭在铁床上。

(13)电器长期搁置不用,容易受潮、受腐蚀而损坏,重新使用前需要认真检查。

(14)购买电器产品时,要选择有质量认定的合格产品。要及时淘汰老化的电器,严禁电器超期服役。

(15)不要在电线上晾晒衣服,不要将金属丝(如铁丝、铝丝、铜丝等)缠绕在带电的电线上,以防磨破绝缘层而漏电,造成伤亡事故发生。

(16)不靠近高压线杆,不要在电力线路附近放风筝、打鸟,不能在电缆和拉线附近挖坑、取土,以防倒杆断线。

(17)如果看到有电线断落,千万不要靠近,要及时报告相关专业部门维修。当发现电气设备断电时,要及时通知维修人员抢修。

(二)如何应急处置触电事故

1. 切断电源

当发现有人触电时,不要惊慌,首先要尽快切断电源。注意:救护人千万不要用手直接去拉触电的人,防止发生救护人触电事故。

切断电源的方法。应根据现场具体条件,果断采取适当的方法和措施,一般有以下几种:

(1)如果开关或按钮距离触电地点很近,应迅速拉下开关,切断电源,并准备充足照明,以便进行抢救。

(2)如果开关距离触电地点很远,可用绝缘手钳或用木柄干燥的斧、刀、铁锹等把电线切断。注意:应切断电源侧(即来电侧)的电线,且切断的电线不可触及人体。

(3)当导线搭在触电人身上或压在身下时,可用干燥的木棒、木板、竹竿或其他带有绝缘柄的工具,迅速将电线挑开。注意:千万不能使用任何金属棒或湿的东西去挑电线,以免救护人触电。

(4)如果触电人的衣服是干燥的,而且不是紧缠在身上时,救护人员可站在干燥的木板上,或用干衣服、干围巾等把自己一只手作严格绝缘包裹,然后用这一只手拉触电人的衣服,把他拉离带电体。注意:千万不要用两只手、不要触及触电人的皮肤、不可拉他的脚,且此方法只适用低压触电的抢救,绝不能用于高压触电的抢救。

（5）如果人在较高处触电，必须采取保护措施防止切断电源后触电人从高处摔下。

2.伤员脱离电源后的处理

（1）如触电伤员神志清醒，应使其就地躺下，并对其进行观察，暂时不要让其站立或走动。

（2）如触电伤员神志不清，应令其就地仰面躺下，确保气道通畅，并用5秒的时间间隔呼叫伤员或轻拍其肩部，以判断伤员是否丧失意识。禁止摆动伤员头部呼叫伤员。就地正确抢救的同时，尽快联系医院。

（3）通过呼吸、心跳情况判断触电伤员是否丧失意识，应在10秒内进行，用看、听、试的方法判断。

看：看伤员的胸部、腹部有无起伏动作。

听：耳贴近伤员的口，听有无呼气声音。

试：试测口鼻有无呼气的气流。再用两手指轻按一侧喉结旁凹陷处的颈动脉看有无脉搏跳动。若结果既无呼吸又无动脉搏动，可判定呼吸心跳已停止，应立即用心肺复苏法进行抢救。

二、安全用气

（一）安全用气的基本常识

（1）燃气包括天然气、液化石油气、人工煤气等，由于它们的热值不同，燃具的构造也不同，这就要求我们要做到正确选择燃具，燃具必须与燃气气种相符合，如：使用天然气就必须用天然气的灶具，以确保用气安全。

（2）目前我国居民生活用燃气最常见的有如下三种：

①液化石油气。液化石油气一般为瓶装，它是石油炼制过程中的附属产品，在常温下施加一定的压力变成液体。它的主要成分是丙烷、丁烷，不含毒性，比空气重，可燃性极强。它的额定压力为2800Pa，它的燃气类别代号为19Y、20Y、22Y。

②天然气。天然气一般用管道输送，它是蕴藏在地层中天然生成的可燃气体。它的主要成分是甲烷，本身无色无味，不含CO，比空气轻，气质纯度高。为了安全起见，天然气送往用户时，额外加入了一种特殊臭味，以便泄漏时被人们发现。它的额定压力为2000Pa，它的燃气类别代号为4T、6T、10T、12T、13T。

④人工煤气。人工煤气一般用管道输送，它是用煤炼制而成，主要成分是氢、甲烷、一氧化碳，本身无色无味有毒性，比空气轻。它的额定压力为1000Pa，它的燃气类别代号为5R、6R、7R。

（二）安全用气程序

（1）打开表前阀。

（2）打开灶前阀。

（3）开启燃气具开关。

（4）根据火焰的情况调节风门。

（5）停用时应该先关闭燃气灶具开关，再关闭灶前阀。

（三）如何安全使用瓶装液化气

（1）液化气钢瓶应该放在容易搬动、通风干燥、不易腐蚀的地方，禁止放置在密闭橱柜内。

（2）液化气钢瓶严禁暴晒，严禁靠近明火或温度较高的地方，严禁用火烧烤或用开水浇。

（3）液化气钢瓶要直立使用，严禁倒立或卧倒使用。

（4）液化气钢瓶严禁摔、踢、滚或撞击。

（5）液化气钢瓶与灶具要并排放置，瓶与灶的最外侧之间的距离不得小于50厘米。不允许灶台下垂直放瓶。

（6）发现钢瓶瓶体、角阀漏气时应及时通知或送往供应站处理，严禁用户私拆私修。

（四）如何安全使用燃气

（1）使用任何燃气，都要保持室内空气流通。

（2）使用燃气时，厨房内应有成人随时看护，避免汤水溢出熄灭灶火，导致燃气泄露。使用燃气热水器时，家中应有人看管。

（3）燃气具每次使用后，必须将燃气具开关拧到关闭位置，要经常教育儿童不要玩燃气具。

（4）停止使用燃气时或临睡前，应对燃气具进行检查，关闭灶前阀（或角阀）和灶具旋塞阀，防止漏气。

（5）常用检漏方法是在管道连接处、管件上涂肥皂液，看是否有气泡产生。严禁用明火检漏。

（6）在管道燃气使用过程中或使用前，发现燃气突然中断或没有燃气时，应将燃气具开关及用户燃气表表前阀同时关闭，然后拨打供气单位报修电话，直至供气单位专业人员修好，用户接到正常供气通知后，方可继续使用。

（7）燃气连接软管应使用专用耐油橡胶管，长度宜控制在 1.2～1.5 米，最长不应超过 2 米。橡胶管不得穿墙越室，并要对其进行定期检查，如发现老化或损坏应及时更换（橡胶管使用期限不超过 18 个月）。

（五）燃气泄漏如何处置

当闻到强烈的煤气、天然气或液化气的异味时，请遵照下列程序处理：

（1）迅速关闭燃气总阀门。

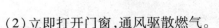

（2）立即打开门窗，通风驱散燃气。

（3）杜绝使用一切火种，严禁开、关电器用具（如：电灯、电扇、排气扇、抽油烟机、空调、电闸、有线与无线电话、门铃、冰箱，等等），以防产生微小火花，引起爆炸。

（4）到没有燃气异味的安全场所给燃气公司服务部门打抢修电话。

（5）直至专业人员修复合格后，方可使用。

处置燃气泄漏时还须特别注意以下几点：

（1）严禁用火柴或打火机点火的方法检测燃气器具或管线的漏气处。

（2）严禁进入燃气异味浓烈的房间，以免燃气窒息或中毒。

（3）不要自行维修燃气器具。

（六）发现有人燃气窒息或中毒如何处理

发现有人燃气窒息或中毒时，一定不要惊慌失措，可按以下方法处理：

（1）立即打开房间门窗，让新鲜的空气进入室内。

（2）马上把窒息或中毒者转移到空气新鲜或空气流通的地方。

（3）迅速解开窒息或中毒者的衣裤、胸衣、腰带等，确保其呼吸畅通。

（4）如果窒息或中毒者已处于无知觉状态，应将其平放，对其进行人工呼吸抢救。

（5）请拨打"120"电话或立即把窒息或中毒者送往附近有高压氧舱的医院。

第四节　中西面点原料知识

制作中西面点的原料非常广泛，几乎所有的主粮、杂粮以及大部分可食用的动、植物都可纳入其中。随着现代经济、科技的发展，可以用来制作中西面点的原料又不断得到开发和扩充。因此，我们只有在熟悉各种原料知识的基础上，才能在实际操作中做到正确选择原料和合理使用原料，才能使各种中西面点的质量得到保证。

一、中西面点常用的主要原料

（一）粉料

中西面点制作常用的粉料，按粮食作物来源分类主要有面粉、稻米粉、玉米粉、豆粉和其他粉料等基本类型。

1. 面粉

面粉是由小麦加工磨制而成的粉状物质，它的化学成分主要由蛋白质、淀粉、脂肪、矿物质和水分等组成。它在中西面点制作中用量较大，用途也较广泛。

（1）面粉的种类

在面点制作中，面粉通常按蛋白质（或面筋）含量多少来分类，一般分为以下几种基本类型：

A. 高筋面粉

高筋面粉又称强筋面粉或面包粉，其蛋白质和面筋含量高。蛋白质含量为12%～15%，湿面筋值在35%以上。最好的高筋面粉是加拿大产的春小麦面粉。高筋面粉适于制作面包、起酥点心、泡芙点心及特殊油脂调制的松酥饼等。

B. 低筋面粉

低筋面粉又称弱筋面粉或糕点粉，其蛋白质和面筋含量低。蛋白质含量为7%～9%，湿面筋值在25%以下。英国、法国和德国的弱筋粉均属于这类面粉。低筋粉适于制作蛋糕、甜酥点心、饼干等。

C. 中筋面粉

中筋面粉是介于高筋面粉与低筋面粉之间的一类面粉。蛋白质含量为9%～11%，湿面筋值为25%～35%。美国、澳大利亚产的冬小麦面粉和我国的标准面粉等普通面粉都属于这类面粉。中筋面粉用于制作重型水果蛋糕、肉馅饼等，也可以用于面包的制作。

D. 专用面粉或特制面粉

它是指经过专门调配而适合生产某类面点的面粉。例如：

a. 特制蛋糕面粉。它是由软质面粉经氯气漂白处理过的一种面粉，专门用于蛋糕制作，具有很好的效果。经过氯气处理提高了面粉的白度，降低 pH 值，有利于蛋糕浆料油水乳化的稳定，使蛋糕质地非常疏松、细腻。氯气处理还使部分面筋蛋白质发生变化。这种面粉的颗粒非常细小，因而吸水量很大，特别适合制作含液体量和糖量较高的蛋糕，即高比蛋糕，故这种面粉又称为高比蛋糕面粉。

b. 自发粉。它是在特制粉中按一定的比例添加泡打粉或干酵母制成的面粉。用自发粉调制面团时要注意水温及添加辅料的用量，以免影响发力。自发粉可直接用于制作馒头、包子等发酵制品。

c. 水饺粉。它是在小麦碾磨成粉时加入氧化苯甲酰加工而成的面粉。水饺粉粉质洁白细腻，面筋质含量较高，加水和成面团具有较好的耐压强度和良好的延展特性，适合做水饺、面条、馄饨等产品。

（2）面粉的用途

中西面点使用的面粉主要是白面粉，它来自麦粒的胚乳部分。市场上还出现了全麦面粉、黑面粉以及相应的烘焙制品，如全麦面包、黑面包、全麦蛋糕等。全麦面粉仅除去了麦皮最粗糙的部分，几乎保留了麦粒的90%。黑面粉基本上不含麦皮，保留了麦粒的80%～85%。这两种面粉及其制品均为色泽黑色的保健食品。

除小麦面粉外,国外某些西点品种中还使用了大麦粉、燕麦粉、黑麦粉、米粉和玉米粉。玉米粉常用于馅料增稠或掺和于面粉中,以降低面粉的筋度。

根据需要,不同品种的面粉可单独使用,也可以掺入其他原料后使用。中西面点中的水调面团、混酥面团、面包面团等都是以面粉为主要原料,掺入其他原料而制成的。由于淀粉和蛋白质成分的存在,面粉在制成品中起着"骨架"作用,能使面坯在成熟过程中形成稳定的组织结构。

2. 稻米粉

稻米粉也称米粉,是由稻米加工而成的粉状物,是制作粉团、糕团的主要原料。

（1）按米的品种分类

按米的品种分类,稻米粉可分为糯米粉、粳米粉、籼米粉三种。

A. 糯米粉

糯米粉又叫江米粉,根据品种的不同又可分为粳糯粉（大糯粉）和籼糯粉（小糯粉）。粳糯粉柔糯细滑,黏性大,品质好;籼糯粉粉质粗硬,黏糯性小,品质较次。糯米粉的用途很广,制作的成品软滑、糯香,如年糕、汤圆等。

B. 粳米粉

粳米粉的黏性次于籼糯粉,一般将粳米粉与糯米粉按一定的比例配合使用,制作糕团或粉团。

C. 籼米粉

籼米粉的黏性小、胀性大,这是因为其所含的支链淀粉相对较少,可制作萝卜糕、芋头糕等,还可以制作发酵面团,如米发糕、广东伦教糕等。

（2）按加工方法分类

按加工方法分类,米粉又可分为干磨粉、湿磨粉、水磨粉三种。

A. 干磨粉

它是指用各种米直接磨成的粉,其优点是含水量少,保管、运输方便,不易变质。缺点是粉质较粗,成品滑爽性差。

B. 湿磨粉

它是指先将米淘洗、浸泡胀发、控干水分后而磨制成的粉。湿磨粉的优点是较干磨粉质感细腻,富有光泽,缺点是磨出的粉需干燥后才能保藏。

C. 水磨粉

它是指先将米淘洗、浸泡、带水磨成粉浆后,再经过压粉沥水、干燥等工艺而制得的粉。水磨粉的优点是粉质细腻,成品柔软滑润,用途较广。但其工艺较复杂,含水量大,不宜久藏。

3. 玉米粉

玉米粉是指由玉米去皮精磨而得的粉。因其粉质细滑,糊化后吸水性强,易于

凝结,可以单独用来制作面食,如窝头、饼等。由于玉米粉中直链淀粉和支链淀粉的含量比例与小麦淀粉大致相同,所以玉米粉可与面粉掺和使用,作为降低面团筋力的填充原料,如制作蛋糕、奶油曲奇等。

4. 豆粉

常用的豆粉有绿豆粉、赤豆粉、黄豆粉等。

(1)绿豆粉

绿豆粉的加工过程是将绿豆拣去杂质,洗净入锅煮至八成熟,使豆粒发胀去壳,控干水分用河沙拌炒至产生微香,筛去河沙磨粉而成。绿豆粉可用来做绿豆糕、豆皮等面点,也可用作制馅原料,如用于制作豆蓉馅。

(2)赤豆粉

赤豆粉的加工过程是将赤豆拣去杂质,洗净煮熟,去皮晒干,再磨成粉。赤豆粉直接用于面点制品的不多,常用于制豆沙馅。

(3)黄豆粉

黄豆粉是用黄豆经加工而制得的粉,它具有较高的营养价值,通常与米粉、玉米粉等掺和后制成团子及糕、饼等面点。

5. 其他粉料

(1)小米粉

小米又称粟,有粳、糯两大类。小米磨成粉后可制作小米窝头、丝糕等,与面粉掺和后可制成各式发酵面点。

(2)番薯粉

番薯粉又称山芋粉、红薯粉,其色泽灰暗、爽滑,成熟后具有较强的黏性。使用番薯粉时,常与澄粉、米粉掺和制作各类面点。

(3)土豆粉

土豆又叫地蛋、马铃薯,其制得的粉具有色泽洁白、细腻、吸水性强等特点。使用土豆粉时,通常与澄面、米粉掺和使用,也可作为调节面团筋力的填充原料,如制作象形雪梨果。

(4)马蹄粉

马蹄粉是用马蹄(也称荸荠)为原料而制成的粉。它具有细滑、吸水性好、糊化后凝结性好等特点。通常用于制作马蹄糕系列品种,如生磨马蹄糕、九层马蹄糕、橙汁马蹄卷等。同时,马蹄粉也是质量上乘的烹调淀粉。

(二)食用油脂

食用油脂是面点制作中的主料之一,它在中西面点的制作中均起着重要作用,不仅能改善面团的结构,而且能提高制品的风味。油脂是油和脂的总称,在常温状态下,呈液体状态的称为油,呈固体或半固体状态的称为脂。

1. 食用油脂的种类

面点制作中常用的食用油脂可分为动物油脂、植物油脂和专用油脂(又称"特制油脂")三大类。

(1)动物油脂

动物油脂是指从动物的脂肪组织或乳中提取的油脂,它具有熔点高、可塑性好、流散性差、风味独特等特点。动物油脂主要的品种有黄油、猪油等。

A. 黄油

黄油又称"奶油""白脱油",它是从牛乳中分离加工出来的一种比较纯净的脂肪。根据其含脂率的不同,通常有轻质奶油(含脂率18% ~ 30%)和重质奶油(含脂率40% ~ 50%)之分。制作西点大都用前者。

黄油在常温下外观呈浅黄色固体,高温软化变形,熔点在28℃ ~ 33℃,凝固点为15℃ ~ 25℃,具有奶脂香味。它还含有丰富的蛋白质和卵磷脂,具有亲水性强、乳化性能好、营养价值高等特点。它能增强面团的可塑性、成品的松酥性,使成品内部松软滋润。

B. 猪油

猪油又称"大油""白油",它是用猪的皮下脂肪或内脏脂肪等脂肪组织加工炼制而成的。猪油常温下为软膏状,呈乳白色或稍带黄色,低温时为固体,高于常温时为液体,有浓郁的猪脂香气。猪油是中式面点制作中的重要辅助原料之一。猪油起酥效果好,用猪油制作的油酥面团,层次分明,成品酥松适口,入口香酥。用猪油调馅,不但馅心明亮滋润,而且调出的馅心香气浓郁、醇厚。

猪油可直接用火熬炼提取而得,但由于其含有血红素,易氧化酸败,所以应低温存放。近几年已有经深加工的猪脂供应,其具有色泽乳白、可塑性好、使用方便等优点,但猪脂香味较差。

(2)植物油脂

植物油脂是从植物的种子中榨取的油脂。榨取植物油脂的方法有两种:一是冷榨法,其油的色泽较浅,气味较淡,水分含量大;二是热榨法,其油的色泽较深,气味浓香,水分含量少,出油量大。常用的植物油有茶油、豆油、花生油、菜籽油、芝麻油等。

A. 茶油

茶油是从油茶树结的油茶果仁中榨取的油脂,我国南方丘陵地区油茶树产量较多。茶油的榨取一般采用热榨法,茶油呈金黄色,透明度较高,具有独特的清香味。茶油用于烹调,可以起到去腥、去膻的作用。由于茶油味较浓重,色较深,一般不适于调制面团或炸制面点。

B. 豆油

豆油是从大豆中榨取的油脂。粗制的豆油为黄褐色,有浓重的豆腥味,使用时可将油放大锅中加热,投入少许葱、姜,略炸后捞出,去除豆腥味。精制的豆油呈淡黄色,可直接用于调制面团或炸制面点。豆油的营养价值比较高,亚油酸的含量占所含脂肪酸的52%,几乎不含胆固醇,在体内消化率高,长期食用对人体动脉硬化有预防作用。

C. 花生油

花生油是对花生仁经加工榨取的油脂。纯正的花生油透明清亮,色泽淡黄,气味芳香,常温下不混浊,温度低于4℃时,稠厚混浊呈粥状,色为乳黄色。由于花生油味纯色浅,用途广泛,可用于调制面团、调馅和炸制油。特别是用花生油炒制出的甜馅,油亮味香,如豆沙馅、莲蓉馅等。

D. 菜籽油

菜籽油是对油菜籽经加工榨取的油脂。菜籽油按加工程度可分为普通菜籽油和精制菜籽油。普通菜籽油色深黄略带绿色,且菜籽腥味浓重,不宜用于调制面团或用于炸制油;精制菜籽油是经脱色、脱臭精加工而成的产品,油色浅黄、澄清透明,味清香,可用于调制面团或用于炸制油。

菜籽油是我国主要食用油之一,是制作色拉油、人造奶油的主要原料。

E. 芝麻油

芝麻油又称麻油、香油,是用芝麻经加工榨取的油脂。麻油按加工方法的不同有大槽油和小磨香油之分。大槽油是以冷榨的方法制取的,油色金黄,香气不浓;小磨香油是采用我国传统的一种制油方法——水代法制成的,主要将芝麻炒香磨成粉,加开水搅拌,震荡出油。小磨香油呈红褐色,味浓香,一般用于调味增香。

（3）专用油脂

专用油脂是指将油脂进行二次加工所得到的产品,又称"特制油脂",如起酥油、人造黄油、人造鲜奶油、色拉油等。

A. 起酥油

起酥油是精炼的动、植物油脂及氢化油或这些油脂的混合物,它是经混合、冷却、塑化而加工出来的具有可塑性、乳化性等性能的固态或流动性的油脂产品。起酥油一般不直接食用,是食品加工制作的原料油脂。起酥油种类很多,一般可分为高效稳定起酥油、溶解起酥油、流动起酥油、装饰起酥油、面包起酥油、蛋糕用液体起酥油等。它有较好的可塑性、起酥性。

B. 人造黄油

人造黄油以氢化油为主要原料,添加适量的牛乳或乳制品、香料、乳化剂、防腐剂、抗氧化剂、食盐和维生素,经混合、乳化等工序制作而成。它的乳化性、熔点、软硬度等可根据各种成分配比来调控,一般人造黄油熔点为35℃～38℃。人造黄油具有良好的延伸性,其风味、口感与天然黄油相似。

C. 人造鲜奶油

人造鲜奶油也称"鲜忌廉",其主要成分是氢化棕榈油、山梨酸醇、酪肮酸钠、单硬脂酸甘油醋、大豆卵磷脂、发酵乳、白砂糖、精盐、油香料等。人造鲜奶油应在-18℃以下储藏,使用时在常温下稍软化后,先用搅拌器(机)慢速搅打至无硬块后改为高速搅打,至体积胀发为原体积的10~12倍后改为慢速搅打,直至组织细腻、挺立性好即可使用。搅打胀发后的人造鲜奶油常用于蛋糕的裱花、西式面点的点缀和灌馅等。

D. 色拉油

色拉油是对植物油经脱色、脱臭、脱蜡、脱胶等工艺精制而成,"色拉"是英文"Salad"一词的音译。色拉油清澈透明,流动性好,稳定性强,无不良气味,要求在0℃~4℃放置无混浊现象。色拉油是优质的炸制油,炸制的面点色纯,形态好。

2. 油脂的性能

油脂具有疏水性和游离性,在面团中它能与面粉颗粒表面形成油膜,阻止面粉吸水,阻碍面筋生成,使面团的弹性和延伸性减弱,而疏散性和可塑性增强。油脂的游离性与温度有关,温度越高,油脂游离性越大。

在食品加工中,正确运用油脂的疏水性和游离性,制定合理的用油比例,有利于制出理想的产品。

3. 油脂在面点中的作用

①增加营养,补充人体热能,增进食品风味。

②增强面坯的可塑性,有利于点心的成型。

③降低面团的筋力和黏性。

④保持产品组织的柔软,延缓淀粉老化时间,延长点心的保存期。

(三)糖

糖是制作面点的重要原料之一,它在西点中的用量很大。糖除了作为甜味剂使面点具有甜味外,还能改善面团的品质。

1. 糖的种类

面点制作中常用的糖及其制品有蔗糖、葡萄糖浆、蜂蜜、饴糖等。

(1)蔗糖

蔗糖主要以甘蔗或甜菜为原料,经过滤、沉淀、蒸发、结晶、脱色、干燥等工艺而制成。面点制作常用的蔗糖主要有白砂糖、绵白糖、红糖、冰糖、糖粉等。

A. 白砂糖

白砂糖简称砂糖,是中西面点制作中使用最广泛的糖。它是白色粒状晶体,纯度高,蔗糖含量在99%以上,按其晶粒大小又有粗砂、中砂、细砂之分。

B. 绵白糖

绵白糖是由细粒的白砂糖加适量的转化糖浆加工制成的产品。绵白糖质地细软,色泽洁白,甜度较高,蔗糖含量在97%以上。

C. 红糖

红糖也称黄片糖。由于在制作中没有经过脱色及净化等工序,结晶糖块中含有糖蜜、色素等物质,因此红糖具有色泽金黄、甘甜味香的特点。红糖在使用时需溶成糖水,过滤后再使用。红糖用于面点中能起到增色、增香的作用,如年糕、松糕、蕉叶粑等。

D. 冰糖

冰糖是白砂糖重新结晶的再制品,外形为块状的大晶粒,晶莹透明,很像冰块,故称冰糖。冰糖纯度高,味清甜醇正,一般用于制作甜羹或甜汤,如菠萝甜羹、银耳雪梨盅等。

E. 糖粉

糖粉是蔗糖的再制品,为纯白色粉状物,味道与蔗糖相同。糖粉在西点中可代替白砂糖和绵白糖使用,也可用于点心的装饰及制作大型点心的模型等。

（2）葡萄糖浆

葡萄糖浆又称淀粉糖浆、化学稀等。它是对玉米淀粉加酸或加酶水解,经脱色、浓缩而制成的黏稠液体。主要成分为葡萄糖、麦芽糖和糊精等,易为人体吸收。在制作精制品时,加入葡萄糖浆能防止蔗糖的结晶返砂,从而有利于制品的成型。

（3）蜂蜜

蜂蜜由花蕊的蔗糖经蜜蜂唾液中的蚁酸水解而成。主要成分为转化糖,含有大量果糖和葡萄糖,味极甜。由于蜂蜜为透明或半透明的黏稠体,带有芳香味,在西点制作中一般用于特色产品的制作。

（4）饴糖

饴糖又称糖稀、麦芽糖。一般以谷物为原料,利用淀粉酶或大麦芽酶的水解作用制成。主要含有麦芽糖和糊精。饴糖一般为浅棕色的半透明的黏稠液体,其甜度不如蔗糖,但能代替蔗糖使用,多用于西点派类等制品中,还可作为点心、面包的着色剂。饴糖的持水性强,具有保持点心、面包柔软性的特点。

2. 糖的性能

糖类原料具有易溶性、渗透性和结晶性等特点。

（1）易溶性

易溶性又称溶解性,是指糖类具有较强的吸水性,极易溶解在水中。糖类的溶解性一般以溶解度来表示,不同种类的糖其溶解度不同,果糖最高,其次是蔗糖、葡萄糖。糖的溶解度随温度的升高而增加。

（2）渗透性

渗透性是指糖分子很容易渗透到吸水后的蛋白质分子或其他物质中间，并把已吸收的水排挤出去形成游离水的性能。糖的渗透性随着糖液浓度的增高而增加。

（3）结晶性

结晶性是指糖在浓度高的糖水溶液中，已经溶化的糖分子又会重新结晶的特性，蔗糖极易结晶。为防止糖类制品结晶，可加入适量的酸性物质。因为在酸的作用下部分蔗糖可转化为单糖，单糖具有防止蔗糖结晶的作用。

3. 糖在面点中的作用

（1）增加制品甜味，提高营养价值

糖在面点制品中具有增加其甜味的作用，不同种类的糖其甜度不同，如蔗糖的甜度为 100，那么果糖为 173、葡萄糖为 74、饴糖为 32。糖在面点中的营养价值在于它的发热量，如 100g 糖在人体内可产生热量 1673.6 千焦。

（2）改善点心的色泽，装饰美化点心的外观

蔗糖具有在 170℃以上产生焦糖的特性，因此，加入糖的制品容易产生金黄色或黄褐色。此外，糖及糖的再制品（如糖粉）对点心成品的表面装饰也有重要作用。

（3）调节面筋筋力，控制面团性质

糖具有渗透性，在面团中加入糖，不仅能吸收其中的游离水，而且还易渗透到吸水后的蛋白质分子中，使面筋蛋白质中的水分减少，面筋形成度降低，面团弹性减弱。大约每增加 1% 的糖量，面粉吸水率就降低 0.6% 左右。所以说，糖可以调节面筋筋力，控制面团的性质。

（4）调节面团发酵速度

糖可作为发酵面团中酵母菌的营养物，促进酵母菌的生长繁殖，产生大量的二氧化碳气体，使制品膨大疏松。加糖量的多与少，对面团发酵速度有影响，在一定范围内，加糖量多，发酵速度快，反之则慢。

（5）防腐作用

由于糖的渗透性能使微生物脱水，发生细胞的质壁分离，产生生理干燥现象，使微生物的生长发育受到抑制，能减少微生物对糖制品造成的腐败，因此对于有一定糖浓度的制品（如各种果酱等），糖的成分高、水分含量又少的制品，其存放期则越长。

（四）蛋品

1. 蛋品的种类

蛋品是生产中西面点的重要原料，常见的蛋品主要包括鲜鸡蛋、冰蛋和蛋粉等。在面点制作中运用最多的是鲜鸡蛋。

（1）鲜鸡蛋

鲜鸡蛋是饭店、宾馆、饼屋等小型西式面点生产所需的主要蛋品，能用于各类西点的制作，是西点重要原料之一。

（2）冰蛋

冰蛋又称冻蛋，多用于大型西点制作的生产企业。冰蛋多采用速冻制取，速冻温度在 -20℃以下。使用冰蛋时，只要将盛装冰蛋的容器放在冷水中解冻后即可使用。由于速冻温度低，冻结得快，蛋液中的胶体特性很少受到破坏，保留了鸡蛋的工艺特性。但解冻后的蛋液再重冻或冰蛋的储存时间过长，将会影响制品的质量。

（3）蛋粉

蛋粉有全蛋粉与蛋清粉之分。蛋粉比鲜蛋的储存期要长，多用于大型生产或特殊制品。蛋粉的起泡性不如新鲜蛋，不宜用来制作海绵蛋糕。

2. 蛋的性能

蛋在中西面点工艺中的性能，主要体现在下列几个方面：

（1）乳化性

蛋的乳化性主要是蛋黄中卵磷脂的作用，卵磷脂具有亲油性和亲水性的双重性质，是非常有效的乳化剂，因此，加入鸡蛋的点心组织细腻、质地均匀。

（2）蛋白的起泡性

蛋白的起泡性是指蛋白能在机械搅打过程中把混入的空气包围起来形成泡沫，使蛋液体积增大。在一定条件下，机械搅打越充分，蛋液中混入的空气越多，蛋液的体积就越大，蛋白的这种性能对用物理搅拌法制成的制品质量有很大影响，如各类蛋糕等。

（3）黏结作用

蛋品中含有丰富的蛋白质，蛋白质受热凝固，能使蛋液黏结面团，产品成熟时不会分离，保持产品的形态完整。

3. 蛋在面点中的作用

（1）能改进面团的组织状态，提高制品的疏松度和绵软性

蛋白具有发泡性，可形成蜂窝结构，增大制品的体积；蛋黄的乳化作用能促进脂肪与水的乳化，使脂肪均匀分散在面团中，提高制品的疏松度。

（2）能改善面点的色、香、味

在面团中加入蛋液或在面点表面涂上蛋液，经烘烤或油炸后能使制品呈现金黄发亮的色泽，使制品色泽美观。加有蛋的制品，成熟后能产生美好滋味和香味，提高制品的食用价值。

（3）提高制品的营养价值

蛋中含的蛋白质丰富，且是完全蛋白质，所含的必需氨基酸的比例、种类适合

人体的需要;所含脂肪多由不饱和脂肪酸构成,特别是蛋黄中的磷脂,对促进人体的生长发育有重要作用。因此,蛋能提高制品的营养价值。

(五)乳品

1. 乳品的种类

乳及乳制品是西点制品中常用的辅助原料,一般常见的有牛奶、酸奶、炼乳、奶粉、起司等。

(1)牛奶

牛奶又称牛乳,它是一种白色或稍黄色的不透明液体,具有特殊的香味。牛乳中含有丰富的蛋白质、脂肪和多种维生素及矿物质等,还有一些胆固醇、酶及磷脂等微量成分。牛奶易被人体消化吸收,有很高的营养价值,是西式面点常用的原料。

(2)酸奶

酸奶是对牛奶经过特殊处理发酵而制成的。酸奶有令人愉快的酸味,这是由于乳糖分解为乳酸的缘故,这种变化是由细菌作用而产生的。酸奶的营养价值与牛奶的营养价值相同,常用于西式早餐和制作一些特殊风味的蛋糕。

(3)炼乳

炼乳有甜炼乳和淡乳两种,在饭店中以甜炼乳用途最多,常用于制作布丁之类的甜食。

(4)奶粉

奶粉是以鲜奶为原料,经过浓缩后用喷雾干燥法或滚筒干燥法制成。奶粉有全脂、半脂和脱脂三种类型,广泛用于面点制作。

(5)起司

起司又称奶酪、乳酪等。它是奶在凝化酶的作用下,将其中的酪蛋白凝固,并在微生物与酶的作用下,经较长时间的生化变化而加工制成的一种乳品。起司营养价值很高,含有丰富的蛋白质、脂肪、钙、磷和维生素。

起司在西式点心的制作中,主要用于奶油起司饼、起司条、起司蛋糕等制品。

2. 乳品在面点中的作用

(1)改进面团工艺性能

乳中含有丰富的磷脂,磷脂是一种很好的乳化剂。因此,乳加入面团中可以促进面团中油与水的乳化,改进面团中面筋的胶体结构,起到调节面筋胀润度的作用,制品不易收缩变形。

(2)改善面点的色、香、味

利用乳品的乳白色,可以提高制品的雪白度,制出乳白光洁的制品;加乳烘烤出的面点呈现出特有的乳黄色,同时还具有奶香味。

（3）提高面点的营养价值

乳品中蛋白质属于完全蛋白质，它含有人体必需的氨基酸，同时乳中还含有乳糖和多种维生素、矿物质，对增进人体健康，尤其对儿童的生长发育有着重要的作用。

（六）食品添加剂

食品添加剂是指在不影响食品营养价值的基础上，为改善食品的感官性状，提高制品质量，防止食品腐败变质，在食品加工中人为地加入适量的化学合成物或天然物质的辅助原料。

食品添加剂种类很多，按其原料来源可分为天然食品添加剂和化学合成食品添加剂两大类。按用途又可分为膨松剂、着色剂、赋香剂、凝固剂、乳化剂、防腐剂等。在中西面点制作中常用的食品添加剂有膨松剂、面团改良剂、乳化剂、着色剂、香精、香料、增稠剂、吉士粉等。

1. 膨松剂

膨松剂又称膨胀剂、疏松剂。它能使制品内部形成均匀、致密的多孔组织，是面点制作中的主要添加剂。食品膨松剂根据原料性质、组成，可分为化学膨松剂和生物膨松剂两大类，其中化学膨松剂又可分为碱性膨松剂和复合膨松剂。

（1）化学膨松剂

目前在食品加工中运用较广泛的化学膨松剂是碳酸氢钠、碳酸氢铵、发酵粉。

A. 碳酸氢钠

碳酸氢钠俗称小苏打，是一种白色粉末，味微咸，无臭味，分解温度60℃以上，加热至270℃会失去全部二氧化碳，但在潮湿或热空气中能缓缓分解，产气量约261毫升/克，pH 值8.3，水溶液呈碱性。

碳酸氢钠遇热的反应方程式为：

$$2\,NaHCO_3 \xrightarrow{\triangle} Na_2CO_3 + CO_2 \uparrow + H_2O$$

碳酸氢钠受热分解后残留部分为碳酸钠，它使成品呈碱性，如果使用不当不仅会影响成品口味，还会影响成品的色泽，使成品表面出现黄色斑点，因此，使用时要注意用量。

B. 碳酸氢铵

碳酸氢铵俗称食臭粉、臭碱，呈白色粉状结晶，有氨臭味，对热不稳定，在空气中风化，固体在58℃、水溶液在70℃分解出氨和二氧化碳，产气量约700毫升/克，易溶于水，稍有吸湿性，pH 值7.8，水溶液呈弱碱性。

碳酸氢铵遇热的反应方程式为：

$$NH_4HCO_3 \xrightarrow{\triangle} CO_2 \uparrow + NH_3 \uparrow + H_2O$$

碳酸氢铵分解产生 NH_3 和 CO_2 两种气体，与碳酸氢钠相比，其产气量大、膨胀力强。如果用量不当，容易造成成品质地过松，内部或表面出现大的空洞。

C. 发酵粉

发酵粉俗称泡打粉、焙粉、发粉，呈白色粉末状，无异味，在冷水中分解。它是由碱性物质、酸性物质和填充物按一定比例混合而成的复合膨松剂。在发酵中主要是酸剂和碱剂相互作用，产生二氧化碳，填充物多选用淀粉，其作用在于延长膨松剂的保存期，防止发酵粉的吸潮结块和失效，同时还可以调节气体产生速度，促使气泡均匀产生。

由于发酵粉是根据酸碱中和的反应原理配制而成的，它的水溶液基本呈中性，消除了小苏打和臭粉在各自使用中的缺点。因此，用发酵粉制作的点心具有组织均匀、质地细腻、无大孔洞、颜色正常、风味纯正的特点，被广泛用于面点的制作。

（2）生物膨松剂

面点中使用的生物膨松剂主要是酵母。酵母是一种单细胞的微生物，在养料、温度和湿度等条件适合时，能迅速地繁殖。发酵面团的膨松作用是通过酵母的发酵来完成的。目前，常见的酵母有鲜酵母、活性干酵母、即发活性干酵母等。

A. 鲜酵母

鲜酵母又称压榨鲜酵母，呈块状、乳白色或淡黄色，它是酵母菌在培养基中通过培养、繁殖、分离、压榨而制成的，具有特殊的香味。其含水量在 75% 以下，发酵力强而均匀。使用前先用温水化开再掺入面粉一起搅拌。鲜酵母在高温下储存容易变质和自溶，因此，宜低温储存。

B. 活性干酵母

活性干酵母是由鲜酵母经低温干燥制成的颗粒状酵母，这种酵母使用前需用温水活化，它便于储存，发酵力较强。

C. 即发活性干酵母

即发活性干酵母是一种发酵速度很快的高活性新型干酵母，这种酵母的活性远远高于鲜酵母和活性干酵母，它具有发酵力强、发酵速度快、活性稳定、便于储存等优点。

目前，我国市场上的即发活性干酵母有法国、比利时、荷兰、德国的进口产品，也有中外合资企业生产的梅山牌即发活性干酵母等产品。

2. 面团改良剂

面团改良剂主要用于面包的生产。它在面包面团中使用，能增加面团的搅拌耐力，加快面团成熟，并改善制品的组织结构。

3. 乳化剂

乳化剂又称抗老化剂、发泡剂等，它是一种多功能的表面活性剂。在食品加工中，它一般具有不同程度的发泡和乳化双重功能。作为发泡剂使用，它能维持泡沫体系的稳定,使制品获得一个致密而疏松的结构;作为乳化剂使用,它则能维持油、水分散体系的稳定,使制品内部组织均匀、细腻。例如:目前在蛋糕制作中广泛使用的蛋糕油即是一种蛋糕乳化剂。

4. 着色剂

着色剂又称食用色素,它是以食品着色为目的的食品添加剂。食用色素按其来源和性质可分为天然色素和人工合成色素两大类。

（1）食用人工合成色素

食用人工合成色素大部分属于煤焦油染料,无营养价值,用于制品着色后其色泽稳定,色彩鲜艳,使用方便,但在使用时需要严格控制其用量。

目前,我国允许使用的人工合成色素有:苋菜红、胭脂红、柠檬黄、日落黄和靛蓝等。

A. 苋菜红

苋菜红色素为红色均匀粉末,无臭,0.01%的水溶液呈玫瑰红色,不溶于油脂。耐光、耐热、耐盐、耐酸性能良好。对氧化还原作用敏感。

B. 胭脂红

胭脂红色素为红至深红色粉末,无臭,水溶液呈红色,不溶于油脂。耐光、耐酸性能良好,耐热、耐还原、耐细菌性能较弱。遇碱稍变成褐色。

C. 柠檬黄

柠檬黄色素为橙黄色粉末,无臭,0.1%水溶液呈黄色,不溶于油脂。耐光、耐热、耐盐、耐酸性能均好,耐氧化性差。遇碱稍变红,还原时褪色。

D. 日落黄

日落黄色素为橙色颗粒或粉末状,无臭,0.1%水溶液呈橙黄色,不溶于油脂。耐光、耐热、耐酸性能极强。遇碱呈红褐色,还原时褪色。

E. 靛蓝

靛蓝色素呈蓝色均匀粉末,无臭,0.05%水溶液呈深蓝色,不溶于油脂。对光、热、酸、碱、氧化均很敏感,耐盐性、耐细菌性能较弱。还原时褪色,着色力好。

我国规定食用人工合成色素的使用量为:苋菜红、胭脂红不超过 0.05 克/千克,柠檬黄、日落黄、靛蓝不超过 0.01 克/千克。

（2）食用天然色素

食用天然色素大多是指从动、植物组织中提取的色素。色调比较自然,无毒性,有些天然色素还有营养作用,如胡萝卜素等。但天然色素提取工艺复杂,性质不够稳定,不易着色均匀,不易调色。目前,我国规定使用的天然色素有:红曲色素、紫胶色素、胡萝卜素、叶绿素、焦糖色素等。此外,可可粉、咖啡也是西点中很好的调色料。

A.红曲色素（红曲米）

红曲米为整粒米或不规则的碎米。外表呈棕紫红色,溶于热水、酸及碱溶液,pH 值稳定,耐热、耐光性强。对蛋白质的着色性好,一旦着色后经水洗也不褪色。

B.紫胶色素（紫草色素）

紫草色素是紫胶虫在某些植物上所分泌的紫原胶中的一种色素成分。为鲜红色粉末,酸性时对热和光稳定,易溶于碱液,易与碱金属以外的金属离子生成沉淀。

C.胡萝卜素

胡萝卜素广泛存在于动、植物组织中,为红紫色至暗红色的结晶状粉末,稍有特异臭味。对酸、光、氧不稳定,色调在低浓度时呈橙黄到黄色,高浓度时呈红橙色,重金属离子可促使其褪色。

D.叶绿素

叶绿素广泛存在于一切绿色植物中,因此,多从植物中提取叶绿素。叶绿素铜钠为有金属光泽的墨绿色粉末,有氨样臭味,水溶液呈蓝绿色,透明、无沉淀,耐光性较强。

E.焦糖色素

焦糖又称酱色、糖色,焦糖色素是我国传统的色素之一。外观为红褐色或黑褐色的液体或固体,易溶于水,色调不受 pH 值及在空气中过度暴露的影响,但 pH 值大于 6.0 时易发霉。

5.香精、香料

在西点制作中,除使用奶油、巧克力、乳品、蛋品、果酒等含有自然风味的原料外,还往往使用某些香精、香料,以增强或调节点心原有的风味。

香料按不同的来源,可分为天然香料和人工香料。天然香料是植物性香料,最常用的主要有柠檬油、甜橙油、咖啡油等;人工香料是以石油化工产品为原料,经合成反应而得到的化学物质,它一般不单独使用,多数配制成香精后使用,直接使用的合成香料有香兰素。

面点中常用的香精有橘子、柠檬、香草、奶油和巧克力等,常用的合成香料是香兰素。对于一些特殊制品往往还使用烹调香料,如茴香、桂皮、豆蔻、胡椒等。

香精、香料广泛地使用于各种糕点、饼干、冰激凌和冷冻甜食中,但在使用时一定要严格掌握其用量,按产品的说明书使用。

6.增稠剂

增稠剂是改善或稳定食品的物理性质或组织状态的添加剂,它可以增加食品黏度,使食品黏滑适口,增加食品表面光泽,延长制品的保鲜期。

面点中常用的增稠剂有明胶片、鱼胶粉、琼脂、果胶、淀粉等。它们在西点中常用于冻甜食以及某些馅料、装饰料的制作,起增稠、胶凝、稳定和装饰作用。

7. 吉士粉

吉士粉是一种混合型的调味香料,为黄色粉末状,具有浓郁的奶香和果味。吉士粉主要成分有变性淀粉、食用香精、食用色素、乳化剂、稳定剂、食盐等,在面点中有增色、增香,使制品更松脆的作用,常用于西式面点的制作。

二、中点主要的制馅原料

(一)畜、禽肉类

1. 猪肉

猪肉是中式面点制作中使用最广泛的制馅原料之一。猪肉含有较多的肌间脂肪,肌肉纤维细而软,脂肪含量比其他的肉类多。制馅时一般应选用肥瘦相间、肉质丝缕短、嫩筋较多的前胛肉。前胛肉制成的馅,鲜嫩卤多,比用其他部位肉制成的馅滋味好。

2. 牛肉

牛肉肉质坚实,颜色棕红,切面有光泽,脂肪为淡黄色至深黄色。制作馅心一般应选用鲜嫩无筋络的部位。牛肉的吸水力强,调馅时应多加些水。

3. 羊肉

绵羊肉肉质坚实,色泽暗红,肉的纤维细软,肌间很少有夹杂的脂肪。山羊肉比绵羊肉色浅,呈较淡的暗红色,皮下脂肪稀少,质量不如绵羊肉。制作馅心一般应选用肥嫩而无筋膜的绵羊肉。

4. 鸡肉

鸡肉肉质纤维细嫩,含有大量的谷氨酸,滋味鲜美。制馅一般选用当年的嫩鸡胸脯肉。

5. 肉制品

制馅使用的肉制品原料一般有火腿、香肠、酱鸡、酱鸭等。用火腿制馅时,应将火腿用水浸透,待起发后熟制,再除去皮、骨,切成小丁(按需可拌入白酒)。用香肠制馅,应按产品的具体要求,切片或丁使用。用酱鸡、酱鸭制馅时,一般先去骨,再按要求切丝或丁使用。

(二)水产海味类

1. 大虾

大虾也称对虾、明虾。大虾外壳呈青白色,尾红,腿红,肉质细嫩,味极鲜美。调馅时,要去须腿、皮壳、沙线,洗净后,按制品要求切丁或蓉,调味即可(用虾制馅一般不放料酒)。另外,虾仁、海米也是制馅原料。

2. 海参

海参是一种海产棘皮动物,有刺参、梅花参等种类。用海参制馅前,须先泡发,开腹去肠,洗净泥沙,再切丁调味。

3.干贝

干贝是扇贝闭壳肌的干制品。以粒大、颗圆、整齐、丝细、肉肥、色鲜黄、微有亮光、面有白霜、干燥者为佳品。制馅时,须将其洗净,放入碗内加水上屉蒸透,再去掉结缔组织后使用。

4.鱼类

鱼类有上千个品种。用于制作面点馅心的鱼要选用肉嫩、质厚、刺少的品种。用鱼制馅,均须去头、皮、骨、刺,再根据点心品种的需要制馅。

(三)蔬菜类

1.鲜菜类

用于制作馅心的新鲜蔬菜种类较多。一般应具有以下特点:鲜嫩,含水量大。用新鲜蔬菜制馅,大都须经过摘、洗、切、脱水等初加工。

面点工艺中常用于制馅的新鲜蔬菜有白菜、菠菜、苋菜、韭菜、萝卜、冬瓜、茴香、西葫芦、南瓜等。

2.干菜类

常用于制馅的干菜类原料有木耳、蘑菇、玉兰片、黄花菜等。这些菜在制馅前均须胀发。制馅时,木耳应选用肉厚、有光泽、无皮壳者;玉兰片应选用质细、脆嫩者;黄花菜则以色金黄、未开花、有光泽、干透者为好。

(四)豆类

豆类是制作甜馅的主要原料。最常用的豆类制馅品种有红小豆、绿豆和豌豆。豆类不论是制豆馅、豆沙还是豆蓉,一般要经过煮、碾、去皮和炒等工艺过程。

(五)果品

1.干果类

(1)瓜子仁

瓜子仁简称瓜仁,是五仁馅原料之一。它由瓜子去壳加工而成。面点工艺中最常用的是西瓜子仁。另外,葵花子仁、南瓜子仁也较常见。瓜仁以干净、饱满、圆净、颗粒均匀者为佳。

(2)榄仁

榄仁又称橄榄仁,是五仁馅原料之一,它由乌榄去壳加工而成。榄仁以颗粒肥大均匀、仁衣洁净、肉色白、脂肪足、破粒少的为好。

(3)核桃仁

核桃仁是五仁馅原料之一。以饱满、味醇正、无杂质、无虫蛀、未出过油的为佳品。一般先经烤熟,再加工制馅。

（4）杏仁

杏仁是五仁馅原料之一,分甜杏仁、苦杏仁两种。甜杏仁取自人工栽培的杏内壳,个大,体稍薄,有特殊香味。甜杏仁经开水浸泡去皮后,可直接制馅;苦杏仁一般取自野山杏内壳,个较小,体稍鼓,味苦,可致毒。苦杏仁须经反复水煮、冷水浸泡,去掉苦味后才能制馅。

（5）麻仁

麻仁即去皮的芝麻仁,有黑、黄、白三种颜色,是五仁馅原料之一。芝麻仁以干洁、饱满、无杂质、颗粒均匀者为上品。

（6）松子仁

松子仁简称松仁,它是由松树的种仁加工去壳而成。松仁呈黄白色,有明显的松脂芳香味,以颗粒整齐、饱满、洁净者为佳。

（7）花生仁

花生去皮之后称花生仁,它以粒大身长、肉白、含油脂多的为好。用于制馅时应先烤熟,去皮。

（8）莲子

莲子由莲花的子干制而成,有湘莲、湖莲、建莲等品种之分。莲子外衣赤红色,圆粒形,内有莲心。用莲子制馅前,要先去掉赤红色外衣,再去掉莲心。

（9）红枣

红枣有大枣、小枣之分。其特点是皮薄、皱缩、色深红、含糖量高、味甜、肉质绵软、耐储藏。制馅时应选用皮薄、肉厚、核小、味甜的品种。红枣可加工制成枣泥馅或用于点心的表面点缀。

2. 水果花草类

（1）鲜水果

面点工艺中常用的鲜水果类原料主要有苹果、橘子、香蕉、桃、梨、荔枝、桂圆等。它们既可以包于主坯内做馅,又可点缀于主坯表面上,起增色调味的作用。

（2）蜜饯、果脯

蜜饯与果脯习惯上混称。它是将水果用高浓度的糖液或蜜汁浸透果肉加工而成,分为带汁和不带汁的两种。带汁的含水分较多,鲜嫩适口,表面显得比较光亮湿润,多浸在半透明的蜜汁或浓糖液中,故习惯称为蜜饯。常用的有蜜枣、苹果脯、梨脯、橘饼等。不带汁的是通过煮制加入砂糖浓缩干燥而成,含水分少,习惯称为果脯。常用的有青丝、红丝、青梅、瓜条等。

（3）鲜花类

①糖玫瑰是鲜玫瑰花清除花蕊杂质后,用糖揉搓,再将玫瑰、糖逐层码入缸中,经密封、发酵后制成。

②糖桂花是用鲜桂花经盐渍榨干水分后,再加入高浓度糖浆(或白糖)拌制并放入缸中腌渍后而制成。它以金黄色、有桂花的芳香味、无夹杂物者为佳。

(六)琼脂

琼脂又称洋粉、冻粉、琼胶。它是以海藻类植物石花菜及其数种红藻类植物中浸出,并经干燥制得。根据制法不同,琼脂有条状、片状、粉状之分。品质优良的琼脂,质地柔软,洁白,半透明,纯净干燥,无杂质。凡灰白色并带有黑色点的琼脂,质量较差。

三、西点主要的辅助原料

西式面点常用的其他辅助原料有可可粉、巧克力、可可脂、杏仁膏、风登糖、调味酒、盐及各种干鲜果品、罐头制品等。

(一)可可粉

可可粉是可可豆的粉状制品,它的含脂率低,一般为20%。无味可可粉可与面粉混合制作蛋糕、面包、饼干,还能与黄油一起调制巧克力黄油酱。甜可可粉一般多作夹心巧克力的辅料或筛在点心表面作为装饰等。

(二)巧克力

巧克力是面点装饰的主要原料之一,它在面点工艺中的性能,主要取决于巧克力中可可脂的含量,可可脂含量的多少不仅决定了巧克力本身的营养价值,而且还决定着巧克力的使用方法和用途。西点中常见的巧克力制品有无味巧克力、牛奶巧克力、白巧克力和黑巧克力等。无论哪种巧克力,它们在西点中一般都需在50℃左右的水温中溶化后方可使用。巧克力在西点中的应用随巧克力的种类不同而异,但一般常见的有挂面、挤字、馅料、装饰以及巧克力模型等。

(三)可可脂

可可脂是从可可树上结的可可豆中提取的油脂。可可树种植于赤道南北纬度20°以内地带,主要产地为:非洲的加纳、阿尔及利亚,南美洲的委内瑞拉、巴西、厄瓜多尔,北美洲的特立尼达和多巴哥、墨西哥、西印度群岛,亚洲的斯里兰卡、印度尼西亚等地。可可豆仁含油在50%～55%之间。可将可可豆清理、烘焙、去壳,再压榨出可可脂。可可脂是淡黄色固体,带有可可豆特有的滋味及香气。可可脂主要用于制作巧克力,其具有的特殊香气是巧克力所必需的。所以,可可脂一般无需经碱炼及脱臭等处理。可可脂中含有天然抗氧化剂,因而化学性质稳定,与一般油脂相比较,可可脂特别不易因氧化而发生酸败变质。

可可脂的熔点范围较窄,在低于其熔点的常温下脆硬而无油腻感,但在入口后又很快熔化,适合作为巧克力的油脂原料。如在生产巧克力时,为了使产品具有理想的外观和口感,可加入适量的可可脂。

(四)杏仁膏

杏仁膏又称马司板、杏仁面。是由杏仁和白糖经加工制作而成的,它细腻、柔软、可塑性好,是制作高级西点的原料。杏仁膏在西点中的用处很多,可制馅、制皮,捏制花鸟鱼虫、植物、动物等装饰品。

(五)风登糖

风登糖又称翻砂糖、封糖。它是糖的再制品,呈膏状,洁白细腻,在西点中是不可缺少的辅助原料。它可用于装饰点心的表面或挂在点心的表层,也能在其内加入色素或可可粉挤出各色花纹图案,具有较广泛的应用。

(六)调味酒

西点制作中,为增加面点制品的风味,常常用调味酒。西点中常用的调味酒有红酒、樱桃酒、罗姆酒、橘子酒、白兰地酒、薄荷酒等。其用量要根据食品的品种和调味酒的酒度而定。由于调味酒具有挥发性,应该尽可能在冷却阶段或加工后期加入,以减少挥发损失。用酒作为调味料的原则要以制品所用原料、口味选择酒的品种,不要因加酒而破坏制品原有的香醇风味。

(七)盐

盐也是西点常用的咸味调料,是面包制作中重要的辅助原料之一。

根据加工精度,盐可分为精盐(再制盐)和粗盐(大盐)两种,其中精盐多用于西点制作。精盐的杂质较少,氯化钠含量在90%以上,外观为洁白、细小的颗粒状。优质的食盐色白、结晶小、疏松、不结块、咸味纯正。

此外,各种干鲜果品、罐头制品也是西点工艺中常用的辅助原料。常用的有杏仁片、核桃仁、椰丝、樱桃、猕猴桃、黄桃、杏酱、栗蓉等。

四、面点原料的选用

选用面点原料要求做到以下四点:

(一)熟悉主坯原料的品种、生化特性和用途

制作面点时,首先要对使用各种原料的品种、生化特性和用途有所了解。然后根据所做面点的特点,选择最佳用料。

(二)熟悉馅心及调味原料的性质和使用方法

馅心的制作不仅能决定成品的色、香、味、形,而且能提高面点的营养,增加品种的数量。馅心和调味原料的性质及使用方法往往决定着成品的性质和质量。

(三)注意主料和配料之间的搭配

面点工艺中,主料和辅料、馅料与调料、主料与馅料之间的互相搭配是决定成

品质量、品种、档次的主要因素。

（四）熟悉原料的加工和处理方法

多数原料使用前均须初步加工处理，由于原料品种不同，其加工处理方法各异，使用范围也就不同。只有恰到好处地对原料进行加工处理，才能使原料达到面点工艺所要求的质感或色泽。

五、面点原料的保管

（一）面点原料储藏、保鲜的主要方法

根据影响原料在流通中质量变化的因素，原料储藏、保鲜的主要方法有：

（1）控制温度的储藏方法。它包括低温储藏和高温杀菌储藏。

（2）控制相对湿度、水分活度和渗透压的储藏方法。它包括干燥储藏、腌制储藏和烟熏储藏等。

（3）控制气体成分的储藏方法。它包括气调储藏、真空储藏、充氮储藏和减压储藏等。

（4）利用电磁波杀菌的储藏方法。它包括紫外线消毒、微波杀菌和辐射加工处理等。

（5）利用化学物质杀菌和除氧的储藏方法。它包括使用防腐剂、杀菌剂、抗氧化剂和脱氧剂等。

（二）引起面点原料质变的因素

1. 生物学因素

（1）微生物作用

微生物的作用主要是由霉菌、某些细菌和酵母菌引起的，它们的活动性与温度、湿度、酸碱度有很大关系。霉菌的活动性较强，喜湿热环境，原料受潮后会发生霉变；细菌侵入原料会引起原料的腐败变质；而酵母菌普遍存在于自然界中，有引起发酵的特性，它对原料的品质既有有利的一面，又有不利的一面。

（2）昆虫的作用

原料遭虫蛀后，轻则破坏外观，降低质量，重则完全败坏变质，不能食用。

2. 物理因素

（1）温度

温度过低会使某些原料冻坏、变软、溃烂；温度过高，又会使原料的水分蒸发，干枯变质，并加速各种生理、生化变化及各种物质成分间的化学反应。同时，过高的温度还有利于微生物、害虫的繁殖和生长，引起原料霉烂、腐败变质或虫蛀。

（2）湿度

潮湿的空气可引起一些原料的发霉变质，也可以引起另一些原料结块或虫蛀；

而干燥的空气可能引起一些原料失水而减重、萎蔫。

（3）阳光

阳光照射会引起原料的褪色、变色、营养损失或滋味变坏，而粮食和蔬菜在阳光下可因温度升高而引起发芽。

3.化学因素

（1）自然分解

某些动、植物原料含有组织分解酶，采收后的这些原料，因机体不能再进行呼吸活动，组织分解酶便开始活动，原料发生自然分解，使组织变软、出水。例如，家畜宰杀后，肌肉组织由于组织分解酶的作用，在经过僵直、成熟阶段后，即进入自溶、腐败阶段。

（2）氧化作用

空气引起的氧化作用是导致烹饪原料质量变化的主要因素。有些原料长期与空气接触，就会因氧化而变质。

（三）常用面点原料的保管

1.粮食的保管

粮食是有生命的活体，它不断进行着新陈代谢，并时刻受到外界环境的影响。粮食保管时应做到以下几点：

（1）控制粮温的变化

粮食在呼吸过程中放出热，且它又是热的不良导体，聚集在粮堆中的热不易散发，可引起粮温升高，导致粮食发热、发霉。当粮温上升到34℃～38℃时，会出汗发芽，黏性增加；当温度升至50℃时，会发臭、发酸，颜色由黄转为黑红，失去食用价值。

（2）控制储藏环境的湿度

粮食具有吸湿性，在潮湿环境中可吸收水分，体积膨胀，若遇到适宜的湿度，就会发芽。粮食水分增加，还会促进呼吸作用，加剧发热、发霉，并易引起虫害。

另外，粮食中的蛋白质、淀粉具有吸收各种气味的特性，保管中要避免将其与散发异味的物质放在一起。

2.面粉的保管

一般来说，面粉在保管中应注意保管的温度调节、湿度控制及避免环境污染等几个问题。

（1）面粉保管的环境温度以18℃～24℃最为理想，温度过高，面粉容易霉变。因此，面粉要放在温度适宜的通风处。

（2）面粉具有吸湿性，如果储存在湿度较大的环境中，就会吸收周围的水分，膨胀结块，发霉发热，严重影响质量。因此，要注意控制面粉保管环境的湿度。一般情况下，面粉在55%～65%的湿度环境中保管较为理想。

(3)面粉有吸收各种气味的特点,因此,保管面粉时要避免同有强烈气味的原料存放在一起,以防感染异味。

面粉在磨粉厂、批发商、零售商或用户处都须储存,若不注意储存环境,不但会生虫,更会影响面粉的品质,所以要用三氯硝酸甲烷、溴化甲烷等进行喷熏或利用杀虫机进行离心力的冲击而杀卵,然后再把面粉储存在干净、有良好通风设备的地方,温度控制在18℃~24℃(温度太低会影响面粉内部变化)。相对湿度控制在55%~65%(湿度过高,面粉内部的 pH 值和水溶性氮含量会起变化)。

3. 油脂的保管

食用油脂在保管不当的条件下,品质非常容易发生变化,其中,最常见的是油脂酸败现象。在酸败过程中,产生哈喇、苦、酸和辛辣等异味,同时油脂的色泽发生改变,透明度降低,浑浊不清,沉淀物增多。

食用油脂的变质是由许多原因引起的,为了防止其酸败变质,在保管中应注意以下几点:

(1)避免日光直接照射。

(2)注意清洁卫生,以防止微生物污染。

(3)应尽量将其与空气隔绝,避免氧化。

(4)应避免使用含铜、铁、锰等元素的器皿和塑料容器长期存放油脂。

(5)油脂中水分应保证不超过0.5%~1%。

(6)动物油脂应低温保存。

4. 糖的保管

糖很容易受外界温度的影响,特别是西点常用的白砂糖、绵白糖,在保管中易发生吸湿溶化和干缩结块现象。

糖的吸湿溶化是指糖在湿度较大的环境中储存,能吸收空气中的水分,使糖发黏的现象。糖的吸湿性与糖中所含还原糖、灰分的多少有密切关系。

糖的干缩结块是指糖受潮后的另一变化。受潮后的糖,在干燥环境保存时,糖表面水分散失,糖重新结晶。糖的这一现象,能使松散的糖粒粘连在一起,形成坚硬的糖块。

为防止蔗糖在保管中的吸湿溶化和干缩结块,蔗糖应保存在干燥、通风、无异味的环境中,并注意保管环境的温度、湿度及清洁。同时要防蝇、防鼠、防尘、防异味。糖若放在容器中,要加盖或用防潮纸、塑料布等隔潮,以防外界潮气的侵入。此外,保管糖粉,要避免在重压或温差大的环境下存放。蜂蜜、饴糖、淀粉糖浆则要密封保管,防止污染。

5. 鲜蛋的保管

引起蛋类变质的原因主要有储存温度、湿度、蛋壳气孔及蛋内的酶。因此,保管时必须设法闭塞蛋壳气孔,防止微生物侵入,同时注意保持适宜的温度、湿度,以抑制蛋内酶的作用。

鲜蛋保存中有"四怕",即:一怕水洗,二怕高温,三怕潮湿,四怕苍蝇叮。保管鲜蛋的方法很多,饭店一般采用冷藏法,温度不低于0℃,湿度为85%。此外,为保持蛋的新鲜,储存时不要与有异味食品放在一起,不要清洗后储存,以防破坏蛋壳膜,引起微生物侵入。总之,为保持蛋的新鲜,不管采用哪种方法存放时间都不宜过长。

6. 食品添加剂的保管

大多数的食品添加剂在潮湿、高温或阳光下暴晒会失效、变色。有的甚至可能引起爆炸。所以,食品添加剂一般应存放于避光、阴凉、干燥处,必要时还必须密封保管。

7. 食盐的保管

由于食盐吸湿性较强,易发生潮解、干缩和结块现象。因此,保管食盐时要求环境干燥、通风,卫生清洁,相对湿度为70%。要避免用金属容器存放食盐。

8. 馅心原料的保管

(1)肉类的保管

肉类保管的目的在于保持最好的新鲜度。

A. 鲜肉的保管

鲜肉指屠宰后经过冷却,但未经低温冷冻的畜禽肉,即冷却肉。冷却肉应放入冰箱的冷藏室中保存,使肉的周围保持较高的湿度和较低的温度,以防止空气中二氧化碳对肉表面血红素起变色作用,使肉保持鲜红的色泽。

B. 冻肉的保存

冻肉是指在 −23℃ 低温下冻结后,又在 −18℃ 的低温下储存一段时间的肉。冻肉应随加工随解冻,解冻之后的肉,肉色变白,肉汁流失,难以保存。因此,冻肉必须存放在冰箱的冷冻室中。

(2)活鲜水产品的保管

A. 活水产品的保管

保管活水产品的目的在于使之不死或少死,这主要取决于水中的含氧量。当含氧量低到一定程度时,会阻碍水产品的呼吸,使水产品因窒息死亡。水中的含氧量与温度有密切关系,水温越高,氧气的溶解度越低,同时高温度还增强了水产品的生理活动,加快了氧的消耗。因此,保管时水温要低,且水质要清洁。

B. 鲜水产品的保管

鲜水产品的保管主要是利用低温保鲜。常用的方法有冰藏法、冷却海水保鲜法和冻藏法等,其基本原理都是利用低温抑制微生物的活动,抑制其体内酶的活性。

(3)蔬果的保管

新鲜的蔬果是生命的有机体,也是一类易腐坏的原料。

蔬果类原料在储存过程中,由于本身有呼吸、后熟、衰老等一系列生理变化,会使蔬果的质量降低,同时由于微生物的侵染,也会引起蔬果的腐败变质。因此,保管新鲜蔬果应控制适宜的温度、湿度,创造适宜的环境。这样一方面能保持其正常的最低限度的生命活动,减少营养物质的损耗,延长储藏期;另一方面,也抑制了微生物的生长繁殖,防止腐烂变质。

(4)干货制品的保管

干货制品由于经过脱水干制,含水量仅为 10% ~ 15%,一般能长期存放。但是,若储存条件不适宜或包装较差,也会发生受潮、霉变和变色现象,造成品质降低。

干货原料在储存保管中应注意以下三点:

①包装应具有良好的防潮性,用塑料薄膜包装较好。

②储存环境应凉爽、干燥、低温、低湿。

③切忌与潮湿物品同存或直接堆码在地面上,以防受潮。

本章小结

本章主要学习了中西面点的概念、发展简况及其趋势,中西面点的技术特点、分类及其流派,中西面点制作中常用的设备与工具,中西面点原料的基本知识等方面的内容。这些专业基本知识是我们今后学习各种面点制作技术的理论基础,它能反映出面点制作人员的专业理论水平,同时又是学习者今后进行品种创新的基石。因此,要求每一个学习者都必须高度重视本章节内容的学习,并能做到正确、安全地使用面点制作中常用的设备与工具,熟悉、掌握和正确运用各种中西面点的原料,为制作出色、香、味、形、质等俱佳的各款中西面点打下扎实的基础。

【思考与练习】

一、职业能力测评题

(一)判断题

1.动物油是指从动物体脂肪中提取出的油脂,它具有凝固点高、流散性差等特点。
( )

2. 点心原材料就是指可供制作各种点心产品的原料和材料。（　　）

3. 作为一名从事点心生产的人员,就必须具备如何保管好各种原材料的知识和方法。（　　）

4. 要制出符合产品质量要求的点心制品,就应当熟悉所用原料的性质、特点、营养成分以及它们的用途、用法。（　　）

5. 食糖因在储存期间发生了结块现象,因而不能用于点心的生产中。（　　）

6. 当面粉中的优等面筋含量较多时,通常称为低筋粉。（　　）

7. 专供食品产生颜色的染料就是着色剂。（　　）

8. 柠檬黄色素是从姜黄中提炼而得的。（　　）

9. 食用香精是用多种香料调和而成的。（　　）

10. 远红外线加热就是利用被加热物体所吸收的辐射元件发出的远红外线,直接转变为热能而使物体自身发热升温,从而达到加热干燥的目的。

（　　）

11. 微波是指频率在300兆赫～300千兆赫,介于无线电波与光波之间的超高频电磁波。（　　）

12. 只要切断微波炉电源,就可停机,无"余热"现象。（　　）

13. 蛋及蛋制品营养丰富、滋味独特,是生产点心的重要原料之一。（　　）

（二）选择题

1. 在点心制作中,常用的化学膨松剂有(　　)。
  A. 小苏打   B. 酵母   C. 臭粉   D. 泡打粉

2. 选用原料时,一般要注意(　　)。
  A. 熟悉各种粮食类原料的性质和用途
  B. 熟悉调料、辅料的使用方法
  C. 熟悉原料的加工处理方法
  D. 熟悉馅料的要求

3. 在面点制作中,我国著名的流派有(　　)。
  A. 广式流派   B. 苏式流派   C. 京式流派   D. 桂式流派

4. 广式点心的代表性品种有(　　)。
  A. 蚝油叉烧包 B. 薄皮鲜虾饺 C. 泮塘马蹄糕 D. 蜂巢荔芋角
  E. 淮安汤包   F. 狗不理包子

5. 点心可从(　　)方面进行分类。
  A. 原料   B. 口味   C. 馅心   D. 形态
  E. 制作工艺 F. 熟制方法

6. 预防食品腐败变质的措施主要有( )。

    A. 低温冷藏   B. 高温灭菌   C. 干燥脱水   D. 盐腌和糖渍

    E. 酸渍和酸发酵   F. 利用化学添加剂   G. 辐射杀菌

7. 食糖在点心中的作用主要有( )。

    A. 提高营养   B. 增加甜味   C. 改进色泽   D. 调节口味

    E. 调节面筋胀润度   F. 装饰美化产品

8. 目前我国规定只准使用的食用合成色素有( )。

    A. 苋菜红   B. 胭脂红   C. 柠檬黄   D. 靛蓝

    E. 橘黄   F. 虫胶色素   G. 红曲色素

9. 常用的膨松剂种类有( )。

    A. 化学膨松剂   B. 生物膨松剂   C. 复合膨松剂

10. 刮刀的用途是( )。

    A. 切肉   B. 手工调制面团 C. 拍皮   D. 清理案台

11. 点心模具按材料可分为( )。

    A. 铁皮模   B. 铜皮模   C. 木模

12. 对擀具的消毒多采用物理的方法,即( )。

    A. 用沸水烫   B. 用冷水清洗   C. 蒸煮

13. 对附在模具上的奶油、糖膏、蛋糊等,要及时地用( )。

    A. 冷水清洗   B. 开水清洗   C. 盐水清洗

14. 在使用安装有温控仪的电烤炉时,我们可以根据产品所需温度进行( )。

    A. 手动控制   B. 遥控   C. 自动控制

15. 为了减少和杜绝安全事故的发生,在使用电器设备时,必须注意以下事项( )。

    A. 电器设备的金属外壳必须有良好的接地线

    B. 不能将水泼洒到电器上,以免因受潮而降低绝缘性能

    C. 不能用湿手操作电器

    D. 要及时更换损坏的电器

    E. 爱护电器设备

    F. 一旦电器设备发生事故,要冷静、及时处理

    G. 发现有人触电,要首先使其脱离电源,然后才能救护

16. 远红外线烤炉的优点主要有( )。

    A. 产品色泽均匀、清洁卫生   B. 能够提高生产率15% ~ 20%

    C. 节约用电20% ~ 40%   D. 产品质量有改善

17. 微波炉的主要特点有( )。

A. 加热、干燥时间比较短　　　　B. 穿透能力强

C. 便于控制

D. 如有漏波,对人体细胞有一定杀伤作用

二、职业能力应用题

(一) 案例分析题

1. 小王在制作面包时,每做一次就失败一次,面包发不起,不仅造成一定的损失,而且也影响了西饼屋的信誉。经请教专家分析后得知,是用错了面粉所致。请问制作面包应选用什么样的面粉为好?

2. 现有三个玻璃瓶内分别装有泡打粉、小苏打和臭粉,但瓶外均无标签注明。请你用感官鉴定法加以区别,并填上写好的标签。

3. 小赵是北京人,擅长京式面点的制作,对广式点心只是一般性的了解,由于其舅舅在广州新开了家酒楼,就让他来主持茶市点心的工作。到广州后,小赵很努力,开发出的品种也很多。但顾客们吃后却纷纷反映这不是正宗的茶市点心,只是"京味"十足。最后出现了"门前冷落车马稀"的经营局面,其舅舅不得不另请高明。请你指出原因。

4. 为什么多用电蒸锅的金属外壳要接地线(接地电阻小于4欧姆)? 请指出原因。

5. 在某酒店的员工手册中,对安全方面的要求有一条就是:"不能用湿手操作电器。"请指出作出此项要求的依据。

(二) 操作应用题

1. 在3分钟内,启动和操作电冰箱运行。

2. 在3分钟内,启动和操作微波炉运行。

3. 在1分钟内,启动和操作和面机运行。

4. 在1分钟内,启动和操作磨浆机运行。

5. 在1分钟内,启动和操作压面机运行。

6. 在1分钟内,启动和操作多功能打蛋机运行。

7. 在1分钟内,启动和操作液化气灶工作。

8. 在1分钟内,启动和操作柴油灶工作。

9. 在3分钟内,启动和操作多用电蒸锅工作。

10. 在3分钟内,启动和操作电烤炉(箱)工作。

第 2 章
面点基本操作技术

学习目标

- 掌握面团调制基本技术
- 掌握面点成型基本技术
- 掌握面点成型技术
- 掌握面点成熟技术

　　面点基本操作技术包括面团调制基本技术、面点成型基本技术、面点成型技术和面点成熟技术四个部分的内容,它们在行业中通常被称为面点制作的"基本功"。从面点制作的工艺流程来看,面点基本操作技术包括了和面、揉面、搓条、下剂、制皮、上馅、成型、成熟等操作环节。在面点基本操作技术中,每一个基本技术动作之间都是密切相联系的,如果某一个环节掌握不好,就会影响到制品的质量和工作效率。可以说,面点基本功既是学习各种面点制作技术的前提,又是保证制品质量的关键。它与成品制作有着相互依存的关系,最能充分体现出面点制作人员的技术水平。要掌握好基本操作技术并不是一件容易的事,学习者只有经过不断地练习和较长时间的探索,才能掌握好正确的方法及其技能技巧,直至达到熟练的程度。这样就可为进一步学好面点制作技术打下扎实的基础。

第一节　面团调制基本技术

　　面团调制基本技术是指在制作中西点心的过程中,将各种原辅料按一定比例和要求调制成面团的一项操作技术。它包括和面和揉面两个操作环节。

　　由于不同的面团有不同的调制方法,因此在调制面团时,要根据面团的特性来进行调制,并运用不同的技术动作,调制出符合下一步制作要求的面团。

　　中式面点常见面团的分类见图 2-1。

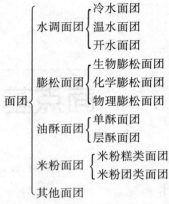

$$
面团\begin{cases}
水调面团\begin{cases}冷水面团\\温水面团\\开水面团\end{cases}\\[2pt]
膨松面团\begin{cases}生物膨松面团\\化学膨松面团\\物理膨松面团\end{cases}\\[2pt]
油酥面团\begin{cases}单酥面团\\层酥面团\end{cases}\\[2pt]
米粉面团\begin{cases}米粉糕类面团\\米粉团类面团\end{cases}\\[2pt]
其他面团
\end{cases}
$$

图2-1 中式面点常见面团分类

一、和面

和面是指将粉料与水或其他辅料掺和调匀成面团的过程。它是整个面点制作中最初的一道工序,也是一个重要的环节。和面的好坏,将直接影响到下一步的操作和成品的质量。

(一)和面的方法

和面的方法主要分为抄拌法、调和法、搅拌法等三种。不论采用哪种方法,在和面过程中都应根据制品的要求,准确地掌握干湿度。

1. 抄拌法

其操作方法是:将面粉倒入缸内,中间扒一凹坑再将水倒入,用双手从外往里、从缸底向上抄拌,反复多次,直到使水分充分与面粉混合成雪花片状为止。

2. 调和法

其操作方法是:将面粉倒在案板上,中间"开窝",倒入适当的水,右手五指张开,由内向外逐步旋转,致使水、面粉充分混合成雪花状。此时,要注意的是在五指张开时要根据面坑的大小,先慢后快,不可使中间的水流出坑外。另外,左手要逐步加水(或加油等),双手配合默契,不可缩手缩脚,以免面团调制不匀。一般在用粉量较少的情况下采用此法。

3. 搅拌法

其操作方法是:将面粉置于盆内,左手加入水,右手持工具,一边倒水一边搅拌。在搅拌时要有规律,先慢后快顺一个方向进行。如中式面点中的烫面和蛋糊面就是用此法进行调制的。

(二)和面的站立姿势

和面时用力较大,要求站立和面,两脚呈丁字步,两腿稍分开,身体略向前倾,两臂自然放开;亦可在适当时间采取马步,身体离案板应有一拳之距,以免用力过猛使案板移动。

(三)和面的收尾工作

和面时少量的湿面将粘连在案板或手上,和完面后必须立即清理,粘在案板上的面可用刮板刮去;粘在手上的面,可用双手对搓去掉,要做到面板净、手光。

二、揉面

揉面就是将面团揉透、揉匀、揉顺,使其达到要求的过程。揉面可使面团的原辅料进一步均匀,使面团达到增筋、柔润、光滑等要求,为下一步操作打下良好的基础。根据不同面团的特性,揉面的方法主要有揉制法、擦制法、掀制法等三种。使用哪种手法,要根据面团的特性而定,如:筋力大的面团,可采用揉制法;油酥面团可采用擦制法;膨松面团可采用掀制法。

(一)揉面的方法

1.揉制法

揉制法又有叠揉法和转揉法之分,无论用哪种方法都是手掌用力,这样的效果既快又好。

(1)叠揉法

其操作方法是:在开始揉面时只能是双手将面团由外向内收拢,一边收一边用力下压,使散状面团紧密结合。一旦收拢完毕,双手则由外向内先下压后外推,反复多次。向内时双手指尖稍弯曲,向外展时手指自然张开。每次揉到一个轮回后面团会出现一个假"接口",重复揉时,要使"接口"向下(见图2-2)。当面团揉匀、揉透、揉光后,一定要使接口朝下,以便于搓条。

图2-2　叠揉法

(2)转揉法

其操作方法是:用左手辅助右手揉,使面团朝一个方向转动。每次揉到一个轮回后面团会出现一个假"接口",重复揉时,要使"接口"向下。当面团揉匀、揉透、揉光后,一定要使接口朝下,以便于搓条。

2.擦制法

其操作方法是:用手的后掌跟接触面粉团块,自后向前推擦(见图2-3)。推擦时要用力,使面

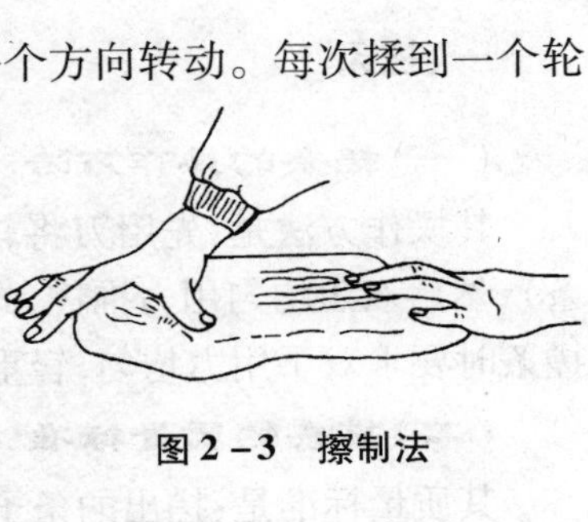

图2-3　擦制法

粉颗粒充分与油脂接触,然后再合拢。当面团全部推擦完毕后再重新合拢,反复多次。此方法常用于调制油酥面团和米粉面团。

3.搋制法

其操作方法是:双手握拳,交叉搋压,边搋边推,使面团展开,然后再合拢。此方法也有双拳搋和双手后掌心搋两种。无论哪种方法都必须用力适度。此方法常用于调制膨松面团。

(二)揉面的姿势

揉面时上身要稍往前倾,双臂自然伸展,两脚成丁字步,身体离案板要有一拳之距。揉小块面团时,以右手用力、左手协助(可两手替换);揉较大块面团时应双手一齐用力。揉面时要用力均匀,不可用力过猛。

(三)揉面的关键

揉面的关键就在于既要揉"活",又要有"劲"。

所谓"活"指的是在揉面时力要适当,顺着一个方向揉,不能用力过猛,来回翻转,面成团后有一定的韧性。如果揉面时用力过大,就会加大了韧性,增加了面筋的拉力强度,达到极限时面团就会出现"裂痕",将会使原来的黏着力遭到破坏,这就是通常所说的面揉死了。揉面时不顺一定方向,来回翻转,会使面团网络重叠紊乱,韧性降低。

所谓"劲"指的是面团结合紧密,柔韧性大。面团要反复揉,尤其是水调面团。揉的次数越多,韧性就越强,色泽就越白,做出的成品质量就越好。

第二节　面点成型基本技术

面点成型基本技术是指在制作中西点心的过程中,为面点制品生坯的成型而创造出良好条件的操作技术。它包括搓条、下剂、制皮、上馅四个操作环节,同时又是连接面团调制基本技术和面点成型技术的唯一的桥梁。

一、搓条

(一)搓条的操作方法

其操作方法是:先用刀将较大的面团切成条状(有时也可直接将面团拉成长条),然后双手均匀用力推搓,先中后外,边推边搓,逐次向两侧延伸(见图2-4)。搓条时要求双手用力均匀,轻重有度。条子的粗细,要根据剂子的大小而定。

(二)搓条的质量标准

其质量标准是:搓出的条子应达到粗细均匀、光滑圆整,无裂纹、不起毛,符合下剂的要求。

二、下剂

下剂是指将搓好条子的面团,按照制品的规格要求,下成大小一致的剂子。剂子大小是否一致,是关系到成品的分量是否准确、形态大小是否美观的关键。根据面团的特性,下剂的常见方法有揪剂法、切剂法、挖剂法等。不论采用哪种方法,其目的都是为了适应和符合制品质量的要求。

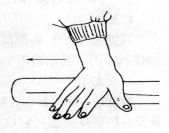

图2-4 搓条

(一)下剂的操作方法

1. 揪剂法

其操作方法是:左手握条,手心向身体一侧,四指弯曲,从虎口处露出相当于坯子大小的条头,用右手拇指和食指捏住面剂顺势向下用力揪下,然后转动一下左手中的条依次再揪,这样可使揪下的面剂外观圆整(见图2-5)。此方法适用于水调面团中的水饺、蒸饺等品种的制作。

2. 挖剂法

其操作方法是:左手托剂,右手四指弯曲,从剂头向中间由外向内凭借五指的力量挖截(见图2-6)。此法适用于较柔软的面团或用于较粗的剂条。日常生活中所制作的大包、中包、馒头、烧饼等的面剂较大,都是用此法下剂的。

图2-5 揪剂法

3. 切剂法

其操作方法是:用刀将卷筒状的剂条进行切剂(见图2-7)。此法速度快,截面平整,适用于油酥、花卷、刀切馒头等品种的制作。

(二)下剂的质量标准

其质量标准是:剂子大小一致,圆整,无毛刺,利于制皮或包馅、成型,符合规定的分量。

图2-6 挖剂法

三、制皮

制皮是指将坯剂制成面皮的过程。凡是需要包馅成型的品种,都必须有制皮这一工序。由于面团的性质不同、制品要求不同,制皮的方法也有所不同。常用的制皮方法有按皮、擀皮、压皮、拍皮、摊皮等,它们的技术动作差别很大。

图2-7 切剂法

（一）制皮的操作方法

1. 按皮

其操作方法是:将面剂撒上薄面,以右手掌将其按成中间稍厚的圆形皮即可(见图2-8)。此法适用于糖包、鲜肉包等品种的制作。

2. 擀皮

擀皮是主要的制皮方法之一,也是最普遍的制皮方法。它以擀面杖为工具,因擀面杖有不同的种类,所以擀的方法也不一样。一般情况是先根据制皮的需要选用擀面杖,然后再根据所选的擀面杖来确定具体的擀皮方法。

（1）水饺皮的擀法

水饺皮的擀法有单手杖擀和双手杖

图2-8　按皮

擀之分(见图2-9、图2-10)。单手杖擀法的优点是皮圆、中厚边薄、质量好,但速度较慢。双手杖擀法的优点是速度快,但质量稍差。现在最常用的是单手杖擀法。

下面介绍单手杖擀皮的方法。

图2-9　单手杖擀皮

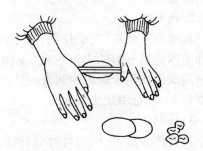

图2-10　双手杖擀皮

单手杖擀皮的操作方法是:先将面剂按扁,左手拇指、中指、食指捏住圆剂的边沿,右手持杖按于面剂的1/3处推擀,右手推一下,左手将面剂按逆时针方向转动一下,这样一推一转往复5~6次,即可擀出一张中间稍厚、四周稍薄的圆形皮子。

（2）馄饨皮的擀法

其操作方法是:将调制好的大块面团放在案板上用手按扁,再将擀面杖压在面团上方,双手握住擀面杖两头用力来回推动,用其压力使面皮逐渐变大变圆。在擀制时,一次用力不宜过大,要一边擀一边转动坯皮。当擀到一定厚度时要适当拍粉抹匀,再翻身,翻过身以后继续拍粉擀制,直至擀成大薄片为止。然后叠层,再用刀切成实用的各种形状的馄饨皮。也有的是先擀,擀到能包卷在擀面杖上时,再包卷滚动擀面杖,每推滚一次,打开,拍粉直至擀成大薄片。

（3）烧卖皮的擀法

其操作方法是:先把面剂按扁,然后用橄榄擀面杖擀制。擀制时左右手压住橄榄擀面杖的两头,面杖的着力点要放在面剂的边缘。用力推动,边擀边转,使其按逆时针方向移动,这样就会使坯皮的边上出现褶折,即所谓的荷叶边（见图2-11）。用此法擀皮时用力要均匀,否则将会擀破边皮。

图2-11 烧卖皮的擀法

3. 压皮

其操作方法是:面团调制好后先搓条再用刀切剂,然后用手将面剂按扁,放在平整的案板上,用刀面按住,右手持刀,左手按刀面向前面旋压,将其变压成一边稍厚、一边稍薄的圆形坯皮（见图2-12）。此方法适用于制作澄粉面团的制品。

4. 拍皮

其操作方法是:拍皮时一般是先按,按到一定圆度后,再用右手沿剂边用后掌逆时针拍皮,边拍边转即可。此方法一般适用于包制大包子等。

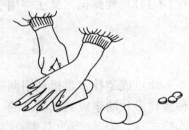

图2-12 压皮

5. 摊皮

其操作方法是:待平锅烧热后,便将手中上劲的面团（摊皮的面要稀软,一般以每500g面粉掺水400~500g为宜,并且要略加盐,反复打搅,便面团上筋）用右手抓起不停地抖动,迅速朝平锅上顺势按转一摊即成圆形皮,再一按一转立即拿起面皮抖动,这样,反复多次就可以制成既圆又薄的春卷皮（见图2-13）。制作时,动作要快,圆形皮的薄厚要均匀,大小要一致。此方法适用于制作春卷皮、煎饼皮。

（二）制皮的质量标准

其质量标准是:制出的皮要求平展、厚薄均匀、大小一致、圆整,符合包馅成型的要求。

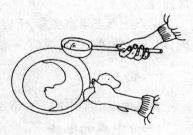

图2-13 摊皮

四、上馅

上馅是把馅料放于皮子上包入馅心的过程。上馅技术往往是与成型技术连贯在一起时,上馅的好坏,将直接影响到制品的成型。根据不同面点的形状要求,上馅的方法有包馅法、卷馅法、夹馅法、拢馅法等。

（一）包馅法

其操作方法是：将馅心上在皮的中间，然后采取不同的成型方法将馅心包在中间。此法是最常见的。如包子、饺子、汤圆等。但由于这些品种的成型方法不相同，如无缝、捏边、卷边、提褶等，因此上馅的多少、部位、方法也就随之不同。

（二）卷馅法

其操作方法是：先将面剂擀成一片，再全部抹馅（一般是细碎丁馅或软馅），然后卷成筒形，熟后切成块，露出馅心，如卷糕、豆沙花卷、卷筒蛋糕等。

（三）夹馅法

其操作方法是：对每一层粉料一层馅，上馅要均匀而平，可以夹上多层。对稀糊面的制品，则要蒸熟一层后再上馅，再铺另一层，如三色蛋糕等。

（四）拢馅法

其操作方法是：将较多的馅心放在坯皮的中间，上好馅后轻轻将坯皮拢起捏住，不封口，要露馅。此法多用于制作各式烧卖等品种。

第三节　面点成型技术

面点成型技术是指利用调制好的面团，按照面点的要求，运用各种方法制成多种多样形状的半成品或成品的一项操作技术。它同时又是面点制作工艺中一项技术要求高、艺术性强的重要的操作环节。它通过形态的变化，丰富了面点的花色品种，并体现了面点的特色。如龙须面、船点等面点，就是以独特的成型手法而享誉海内外。

面点的形态丰富多彩、千姿百态，其成型方法也多种多样，归纳起来有卷、包、捏、切、按、叠、剪、模具成型、滚沾、镶嵌等多种方法。

一、卷

卷是面点成型中的一种常用的方法。

（一）中点的卷法

在中式点心的成型中，卷又有"双卷"和"单卷"之分。无论是双卷还是单卷，在卷之前都要事先将面团擀成大薄片，然后或刷油（起分层作用）或撒盐或铺馅，最后再按制品的不同要求卷起。卷好后的筒状较粗，一般要根据品种的要求，将剂条搓细，然后再用刀切成面剂，即制成了制品的生坯。

"双卷"的操作方法是：将已擀好的面皮从两头向中间卷，这样的卷剂为"双螺旋式"。此法可适用于制作鸳鸯卷、蝴蝶卷、四喜卷、如意卷等品种。

"单卷"的操作方法是:将已擀好的面皮从一头一直向另一头卷起成圆筒状。此法适用于制作蛋卷、普通花卷等。

(二)西点的卷法

在西式点心的成型中,卷又有"双手卷"和"单手卷"之分。无论哪种都是从头到尾用手以流动的方式,由小到大地卷成(见图 2 - 14a、图 2 - 14b)。

"双手卷"的操作方法是:将蛋糕薄坯置于工作台上,涂抹上配料,双手向前推动卷起成型,卷制时不能有空心,粗细要均匀一致。如制作蛋糕卷等品种。

"单手卷"的操作方法是:用一只手拿着形如圆锥形的模具,另一只手将面坯拿起,在模具上由小头轻轻地卷起,双手配合一致,把面条卷在模具上,卷的层次要均匀。如制作清酥类的羊角酥等品种。

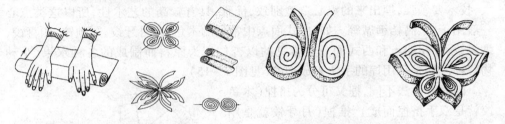

图 2 - 14a 卷的方法及各种造型　　　　图 2 - 14b 卷的各种造型

二、包

包是将馅心包入坯皮内使制品成型的一种方法。它一般可分为无缝包法、卷边包法、捏边包法和提褶包法等几种。

(一)无缝包法

其操作方法是:先用左手托住一张制好的坯皮,然后将馅心上在坯皮的中央,再用右手掌的虎口将四周的面皮收拢至无缝(即无褶折)。此法的关键就在于收口时左右手要配合好,收口时要用力收平、收紧,然后将剂顶揪除(最好不要留剂顶)。由于此法比较简单,常用于糖包、生煎包等品种的制作。

(二)卷边包法

其操作方法是:在两张制好的坯皮中间夹馅,然后将边捏严实,不能露馅,有些品种还需捏上花边。此法常用于酥盒、酥饺类等品种的制作。

(三)捏边包法

其操作方法是:先用左手托住一张制好的坯皮,将馅心放在坯皮上面,然后再用右手的大拇指和食指同时捏住面皮的边沿,自右向左捏边成褶即成。此法常用于蒸饺等品种的制作。

（四）提褶包法

其操作方法是：先用左手托住一张制好的坯皮，然后将馅心放在坯皮上面，再用右手的大拇指和食指同时捏住面皮的边沿，自右向左，一边提摺一边收拢，最后收口、封嘴。此法要求成型好的生坯的褶子要清晰，以不少于 18 褶（最好是 24 褶）为佳，纹路要稍直。此法的技术难度较大，主要用于小笼包、大包及中包等品种的制作。如：苏式面点中的甩手包子实际上就是指提褶包子。由于甩手包子皮软、馅心稀，所以在包制时要求双手配合甩动，使馅和皮由于重力的作用产生凹陷，便于包制。

三、捏

捏是以包为基础并配以其他动作来完成的一种综合性成型方法。捏的难度较大，技术要领强，捏出来的点心造型别致、优雅，具有较高的艺术性，所以这类点心一般用于中、高档筵席等。如：中式面点中常见的木鱼饺、月牙饺、冠顶饺、四喜饺、蝴蝶饺、苏州船点和西式面点中常见的以杏仁膏为原料而制成的各种水果、小动物，等等，均是采用捏的手法来成型的（见图 2 – 15）。

因捏的手法不同，捏又可分为挤捏（木鱼饺就是双手挤捏而成）、推捏（月牙饺就是用右手的大拇指和食指推捏而成）、叠捏（冠顶饺就是将圆皮先叠成三边形，翻身后加馅再捏而成）、扭捏（青菜饺就是先包馅后上拢，再按顺时针方法把每边扭捏到另一相邻的边上去而成型的），另外还有花捏、褶捏等多种多样的捏法。

图 2 – 15 捏的手法及造型

捏法主要讲究的是造型。捏什么品种，关键在于捏得像不像，尤其是中西面点中的各种动物、花卉、鸟类等，不仅色彩要搭配得当，更重要的是形态要逼真。

四、切

切是借助于工具将制品（半成品或成品）分离成型的一种方法。此法分为手工切和机械切两种。手工切适于小批量生产，如：小刀面、伊府面、过桥面等；机械切适于大批量生产，特点是劳动强度小、速度快，但其制品的韧性和咬劲远不如手工切。此法多用于北方的面条（刀切面）和南方的糕点等品种的制作。

五、按

按是指将制品生坯用手按扁压圆的一种成型方法。在实际操作中，它又分为两种：一种是用手掌根部按；另一种是用手指（将食指、中指和无名指三指并拢）

按。按的方法比较简单,比擀的效率高,但要求制品外形平整而圆、大小合适、馅心分布均匀、不破皮、不露馅、手法轻巧等。此法多用于形体较小的包馅品种(如馅饼、烧饼等,包好馅后,用手一按即成)的制作。

六、叠

叠是将坯皮重叠成一定的形状(弧形、扇形等),然后再经其他手法制成制品生坯的一种间接成型方法(见图2-16)。叠的时候,为了增加风味往往要撒少许葱花、细盐或火腿末等;为

图2-16 叠的造型

了分层往往要刷上少许色拉油。此法多用于酒席上常见的兰花酥、莲花酥、荷叶夹、猪蹄卷等包馅品种的制作。

七、剪

剪是用剪刀在面点制品上剪出各种花纹。如:苏式船点中的很多品种,就必须在原成型的基础上再通过剪的方法才能得以完成;酒席点心中寿桃包的两片叶片,也可在成熟后用剪刀在基部剪制而成。

八、模具成型

模具成型是指利用各种食品模具压印制作成型的方法。模具又叫模子、邱子,有各种不同的形状,如:花卉、鸟类、蝶类、鱼类、鸡心、桃叶、梅花、佛手等。用模具制作面点的特点是形态逼真、栩栩如生、使用方便、规格一致

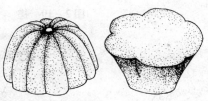

图2-17 模具成型制作的面点

(见图2-17)。在使用模具时,不论是先入模后成熟还是先成熟后压模成型,都必须事先将模子抹上熟油,以防粘连。

九、滚沾

其操作方法是:先以小块的馅料沾水,放入盛有糯米粉的簸箕中均匀摇晃,让沾水的馅心在干粉中来回滚沾,然后再沾水、再次滚沾,反复多次即成生坯(见图2-18)。此法适用于元宵、藕粉圆子、炸麻团、冰花鸡蛋球、珍珠白花球等品种的制作。

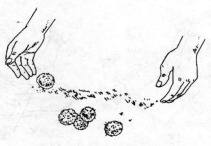

图2-18 滚沾

十、镶嵌

其操作方法是:将辅助原料直接嵌入生坯或半成品上。用此法成型的品种,不再是原来的单调形态和色彩,而是更为鲜艳、美观,尤其是有些品种镶上红、绿丝等,不仅色泽雅丽,而且也能调和品种本色的单一化。镶嵌物可随意摆放,但更多的是拼摆成有图案的几何造型。此法常用于八宝饭、米糕、枣饼、百果年糕、松子茶糕、果子面包、三色拉糕等品种的制作。

除了以上介绍的成型方法外,还有一些独特的成型方法,如:搓、抹、挤注、抻、削、拨、摊、擀、钳花等,见图 2 - 19 ~ 图 2 - 24,在此不再一一叙述。

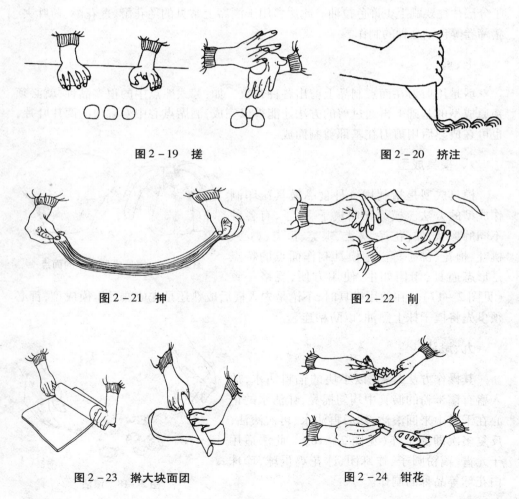

图 2 - 19　搓　　　　　　　　　　　　图 2 - 20　挤注

图 2 - 21　抻　　　　　　　　　　　　图 2 - 22　削

图 2 - 23　擀大块面团　　　　　　　　图 2 - 24　钳花

第四节　面点成熟技术

面点成熟技术是指在制作中西点心的过程中,利用不同的加热方法使制品生坯成熟,并使其在色、香、味、形等方面达到工艺性能要求的一项操作技术。它同时也是中西面点制作过程中的一道最重要的工序。因此,行业中有"三分做功、七分火功"之说。

在日常生活中,有些面点是先熟制而后成型的,例如糕点中的清水蛋糕、夹心奶油蛋糕等,而大多数面点制品都是先成型而后熟制的,这些制品的形态、特点基本上都在熟制前一次或多次定型,熟制中除部分品种在体积上略有增大、色泽上有所改变外,基本上没有什么"形"的变化。

使面点成熟的方法较多,归纳起来,在实际生产中主要有烤、炸、煎、蒸、煮、烙六种最常用的方法。

一、烤

(一)基本概念

烤是利用烤炉内的辐射、对流、传导三种方式同时使制品生坯成熟的一种方法。此方法是中西面点制作中最常用的成熟方法,它的使用范围较广,主要适用于面包、蛋糕、浆皮类点心、清酥类点心、层酥类点心、饼干等品种的成熟,如戚风蛋糕、泡芙、软质面包、广式莲蓉月饼、叉烧千层酥等。

烤又叫烘烤、烘焙。制品生坯在烘烤过程中的受热成熟,是通过同时存在的辐射、对流和传导这三种方式来实现的。目前常用烤炉的特点是:炉温可在0℃～300℃进行变化,可使制品受热均匀至成熟。

制品生坯在烘烤的过程中,由于在高温的作用下,就会发生一系列的物理化学变化。其主要表现是:一方面,制品表面的水分急剧蒸发,淀粉糊化、蛋白质凝固、糖分焦化,使制品表面形成一层金黄色、韧脆的外壳;另一方面,当表面温度逐渐传到制品的内部时,温度不再保持原有的高温,降为100℃左右,这样的温度仍可使淀粉糊化和蛋白质凝固,再加上内部气体受热膨胀、水分散发少,这样就形成了制品内部松软而富有弹性的特性。

因此,烤制品具有色泽鲜明、形态美观、外部酥香、内部松软、富有弹性等特点。

(二)注意事项

1. 正确识别火候

烤制的关键在于火候的掌握,它比炸、煎、蒸、煮等其他成熟方法要复杂。烤箱内上下左右的温度对制品质量均有重要影响。

对于烤炉的火候,在行业中有不同叫法,如:按火候的大小可分为微火、小火、中火、旺火;按部位可分为底火、面火。同时,每种烤箱的体积、结构、火位不同,火候也不相同,致使烤箱内不同部位的温度也不一样。在实际中,对烤箱内的温度分类大致如下:120℃～150℃微火,150℃～180℃小火,180℃～210℃中火,210℃～240℃旺火。

一般来说,在烤制时主要是根据制品的要求来调节烘烤温度和烘烤时间。由于不同品种、不同阶段需要用不同的火力,技术较为复杂,因此很难作出统一的规定。

2. 使用炉温要适当

在烘烤的过程中,大多数品种外表受热以150℃～200℃为宜,即炉温应控制在200℃～220℃。如温度过高,制品易呈外焦内生的现象;如温度过低,制品既不能形成光亮金黄的外壳,也不能促使制品内部成熟。

3. 要善于调节炉温

现在大多数品种都采用"先高后低"的调节方法,即刚入炉时,炉温要高,使制品表面上色。外壳上色后,降低炉温,使制品内部慢慢成熟,达到外脆内软的目的。但也有一些品种则采用"先低后高"的调节方法,即让制品组织发生变化后,逐渐提高炉温,使制品成熟定型。所以,炉温的调节应该根据具体品种来确定。

4. 掌握烤制时间

制品烤制的时间应根据具体品种而定,如制品的体积较小、较薄则时间要短;较厚、大的时间要长。此外,由于面点特色不同,在烤制时间上也有许多差别,如制品质地松软的烤制时间要短;质地偏硬的则时间要稍长些。总之,其总体要求是内外必须成熟。

5. 注意操作安全,防止被烫伤或触电事故的发生

二、炸

(一)基本概念

炸是以油脂为传热介质,使制品生坯成熟的一种方法。此方法的使用范围较广,它主要适用于油酥面团、矾碱盐面团、米粉面团等类品种的成熟,如奶油炸糕、糖耳朵、酥盒、油条、油饼、萨其马、馓子、麻花等。

由于油脂在加热过程中能产生从常温20℃～340℃(燃点)的温度变化,因此,在炸制时使用较多的油量,通过人为的操作和控制其温度,就可使制品生坯在成熟过程中发生淀粉糊化、蛋白质凝固、糖分焦化、水分挥发等现象,从而也使得炸制品具有了外酥里嫩、膨大松发、香脆、色泽美观等与众不同的显著特点。

(二)注意事项

1. 明确油温的分类

炸制品在其成熟时应该需要多少度的油温,通常是根据该制品的风味和面团的特性等方面来确定的,这也就是说不同的品种需要用不同的油温来成熟。而在实际操作中,如果要使用温度计来测试实际油温则是不太现实的。再加上油脂在加热后所产生的温度升温和变化也较快,如果对油温控制调节不好,成品则容易出现焦、煳、不熟、色浅、不酥、不脆等问题。

在实际操作中如何来识别油温呢? 在行业中一般以成数来测定,即每升高一成油温,温度则升高了 30℃左右。从面点的炸制情况来看,最常用的油温可分为两类:一类是温油,它一般指 3 ~ 4 成油温,即 90℃ ~120℃;另一类是热油,它一般指7 ~ 8 成油温,即 210℃ ~240℃。需要在此指出的是,此划分法虽然不够科学,且各地的标准也不一样,但在实际运用中,大都是使用温油和热油这两种油温的。

2. 正确调控好油温

由于不同品种需要不同的油温,如:有的需要温度较高的热油,有的需要温度较低的温油,有的需先高后低或先低后高,情况极为复杂。因此,我们要根据制品所要求的口感、色泽及制品体积大小、厚薄程度等灵活掌握油温。一般情况下,需要颜色浅或个体较大的品种,油温要低些,炸制时间要稍长些,如奶油炸糕、烫面炸糕等;需要颜色较深或制品体小而薄的,油温可稍高,而炸制时间则相应缩短。有些品种需急火快炸以达到外焦脆而里松软的要求,如油饼、油条等;而有些品种则需小火慢炸,以达到酥脆要求,如麻花、开口笑等。

3. 掌握制品成熟时间

凡制品生坯较小、较薄或受热面积相对较大时,炸制的时间应短些,并及时起锅;反之,坯形较大、较厚或受热面积较小时,炸制的时间就应较长一些。

4. 炸制时用油量要充分

一般来说,用油量宜多不宜少,有时可达生坯的十几倍或几十倍,这样才能使生坯有充分的活动余地。否则,用油量少易使生坯拥挤,影响其成熟或造成色泽不匀,严重的还会使生坯之间互相粘连,影响成品外观形状。

5. 油质要清洁

不洁的油会影响热传导或污染制品,不易成熟,色泽变差。如用新的植物油,还应预先烧热,以除掉异味。对使用过一次的油,要经过过滤后再用。

6. 注意操作安全,防止被烫伤或火灾事故的发生

油是易燃物质,且温度变化很快,在操作时,精神一定要高度集中,如稍有疏忽,则极易发生热油烫伤或火灾事故。

三、煎

(一)基本概念

煎是利用油脂及锅体的金属热传递使制品生坯成熟的一种方法。此方法的使

用范围较广,它主要适用于易成熟或复加热的品种,如煎班戟、三鲜豆皮、煎年糕等。

根据制品的特点,煎有下列两种方法:一种是油煎法,即将较少量的油加入平底锅中,使生坯在受热锅体及油温双重加热的作用下,煎至两面焦黄、香脆后即成熟。此方法在煎制时要经常翻身,挪动位置,它主要适用于加工各种饼类品种,如馅饼、盘香饼等。另一种是水油煎法,即将锅内放入少量油,烧热后将制品生坯放入,待煎至底面焦黄后再加入少量水,盖上锅盖,将这部分水烧开变为蒸汽,然后以蒸汽传热的形式使生坯成熟,即又煎又焖,致使生坯底部焦脆、上部柔软,最后成熟即可。此方法在煎制时一般都不翻身,不挪动位置,只有煎两面脆的制品才要翻一次,它主要适用于加工煎包、煎饺等品种。

因此,煎制品具有香脆、柔软、油润、光亮等特点。

(二)注意事项

1. 掌握火力

煎制时,火力要均匀,且不宜过高。在生坯成熟过程中,为使其达到受热均匀,还要经常移动锅位,或一排一排移动生坯位置,防止焦煳。另外,还要掌握好翻坯的次数。在一般情况下,煎制时间应视品种大小、厚薄而定。总之,要使制品成熟恰到好处,才能保证成品的特色和风味。

2. 放油量和放生坯的方法均要适当

锅底抹油不宜过多,以薄薄一层为宜。个别品种需要油较多,但也不宜超过所煎生坯厚度的一半。否则,制品水分挥发过多,易失去煎制品的特色。在煎多量生坯时,放生坯要从锅的四周外围放起,逐步向中间摆放,这样可以防止焦煳和生熟不匀。

3. 掌握好洒水量

在使用水油煎法时,洒水量及次数要根据制品成熟的难易程度而定。每煎制一锅,需洒上几次少量的水(或和油混合的水)。洒水后必须盖紧锅盖,使水变成蒸汽传热焖熟,防止出现夹生现象。

4. 注意操作安全,防止被烫伤

四、蒸

(一)基本概念

蒸是指在常温、常压下,将已成型好的制品生坯放入蒸笼里,利用水蒸气的热传导使其成熟的一种方法。此方法是中式面点制作中最常用的成熟方法。它主要适用于膨松面团、米粉面团、水调面团等类品种的成熟。

当制品生坯入蒸笼受热后,生坯面皮中所含的蛋白质和淀粉就会逐渐发生变化:蛋白质受热后开始变性凝固;温度越高,变性越大,直至蛋白质全部变性凝固;淀粉受热后膨胀糊化,并在糊化的过程中,吸收水分变为黏稠胶体,出笼后因温度下降又冷凝成凝胶体,使成品表面光滑。

因此,蒸制品具有形态完整、口感松软、馅心鲜嫩、易被人体消化吸收等特点。

(二)注意事项

1.蒸锅内的水量要适当

蒸锅内的水量如过满,当水热沸腾时,易冲击浸湿蒸笼,影响制品的质量;水量如过少,则产生的蒸汽不足,也会影响制品成熟。所以,蒸锅内的水量一般以八成满为宜。

2.要待水开汽足才能上笼蒸制

上笼蒸制时,必须水开汽足后才蒸,如蒸锅内是冷水或温水时就将生坯上笼蒸制,则会严重影响制品的质量。

3.在蒸制过程中要保持旺火大汽,并盖紧笼盖

即要一次蒸熟、蒸透,防止漏汽,中途不能开盖,不宜加冷水。以免因走汽或温度不足而延长成熟时间,使面点出现走碱、粘牙、坍塌等现象。

4.不同体积的蒸制品,应掌握不同的蒸制时间

当制品成熟后,要及时下笼。如蒸制时间过长,则容易出现水状斑点等现象,进而影响到制品的质量。

5.保持蒸锅内水的清洁

大量蒸制后,蒸锅内的水质会发生变化(如水发黄呈碱性或有油腻浮层等),影响蒸制品的质量。因此,要注意经常换水,以保持锅中水的清洁。

6.注意操作安全,防止被蒸汽或开水烫伤

五、煮

(一)基本概念

煮是指把已成型好的生坯,下入沸水锅中,利用水分子的热对流作用,使其成熟的一种方法。此方法的使用范围较广,它主要适用于面制品和米制品等类品种的成熟,如:面条、馄饨、汤圆、元宵、粥、饭、粽子等。

根据品种风味的不同,煮又可分为出水煮与带汤煮两种。出水煮主要用于半成品的成熟,成熟后加上烹调好的调配料、汤汁再食用,如抻面、水饺等。带汤煮主要指汤汁或清水连同主、配、调料一同煮制,或先后加入,使制品成熟。带汤煮主要用于原汁原汤的品种,如三鲜米粉、八宝粥等。

由于煮的温度在100℃或100℃以下,所以,煮制品生坯的加热时间较长,成熟较慢,其表皮易糊化,除体积上略有增大、色泽上有所改变外,基本上没有什么

"形"的变化。

煮制品具有爽滑、韧性强、有汤汁等特点。

（二）注意事项

1. 锅内加水要足

即行话所说的"水要宽"，一般水量比制品要多数倍，这样才能使制品在水中有充分的滚煮余地，并使之受热均匀，不致粘连，汤也不容易混浊。

2. 开水下锅并保持旺火沸水

煮时要待水开才能将生坯放入锅内，并且要始终保持水呈沸而不腾的状态。若滚腾较大时可添加适量的冷水，行话称为"点水"。一般来说，每煮一锅，要点水三次以上。

3. 生坯下锅的数量要适当

同一锅中煮制制品的生坯数量要适当，数量过多（或水量不足）时易造成煮制品粘锅、粘连、糊化、破裂等现象。煮制时应边下生坯边用勺推动，防止煮制品堆在一起，受热不匀，相互粘连。

4. 制品成熟后，要及时起锅

制品成熟后，若不及时起锅，极易造成制品糊烂、露馅等。不管什么制品，煮制时既要达到成熟，又要恰到好处，其关键在于起锅及时，这样才能保证制品的质量和风味特点。

5. 保持锅内水的清澈

在连续煮制时，要不断加水，当发现水变混浊时，要更换新水，以保持汤水清澈，使制品质量优良。

6. 注意操作安全，防止被开水烫伤

六、烙

（一）基本概念

烙是通过金属传热使制品生坯成熟的一种方法。此方法主要适用于水调面团、米粉面团、发酵面团等品种的成熟，如家常饼、大饼、春饼、荷叶饼、烧饼等。

烙的热量直接来自温度较高的平锅锅底。烙制时，将金属的锅底加热，使锅体含有较高的热量。当制品生坯的表面与锅体接触时，便立即得到锅体表面的热能，同时生坯表面的水分迅速汽化，使其表面产生韧脆的外壳，不至于粘锅，然后慢慢地进行热渗透。经两面反复与热锅面接触，生坯就逐渐成熟了。由此可见，锅底受热的均匀程度将直接影响到制品的质量。

根据不同的品种需要，烙主要有下列三种方法之分：一是干烙，即将空锅架火，在底部加温使金属受热后，不刷油、不洒水、不调味，使制品生坯的正反两面直接与受热的金属锅底表面接触而使其成熟。二是油烙,其烙制方法与干烙基本相似,不同之处是在烙制之前要在锅底的表面刷上适当的油,以达防粘和着色之目的。三是加水烙,即在烙制前预先在锅底表面上淋少许油,再将制品生坯置于锅内烙制,待着色之后再洒入适量的水,使水变为蒸汽后盖上锅盖焖熟。

因此,烙制品具有皮面香脆、内部柔软、呈类似虎皮斑的黄褐色等特点。

(二)注意事项

1.预热锅体

在每一次烙制时,都必须先烧热平锅锅底后,再放生坯。若凉锅放生坯,则会出现粘底现象。

2.保持锅底表面清洁

在烙制过程中,每一次烙完后都要及时用潮湿干净的抹布把锅体表面擦净,以达保持清洁并相应降低温度的目的,保证后面烙制品的质量。

3.烙制时要使生坯受热均匀

即要做到及时的移动锅位和翻动生坯的位置,以促进统一成熟。

4.控制好烙制的火候

一般较厚或带馅的生坯要求火力适中或稍低,成熟时间则稍长;饼坯薄,要求火力稍大,成熟时间稍短。锅体温度越高,汽化水分越快,热渗透也相应加快。当锅体热度超过成熟需要时,就要进行压火、降温,以保持适当的锅体热量,适合成熟的需要。

5.加水烙的"洒水"要洒在锅最热的地方,使之产生蒸汽

如一次洒水蒸焖不熟,要再次洒水,直至成熟为止。每次洒水量要少,宁可多洒几次,不要一次洒得太多,防止蒸煮烂糊。

6.注意操作安全,防止被烫伤

本章小结

本章主要学习了面团调制基本技术、面点成型基本技术、面点成型技术和面点成熟技术等中西面点制作中的最重要的基本技术,这些技术在行业中通常被称之为面点制作的"基本功"。面点基本功既是学习各种面点制作技术的前提,又是保证制品质量的关键,它与成品制作有着相互依存的关系,最能充分体现出面点制作人员的技术水平。因此,要求每一个学生都必须正确、熟练地掌握好这些专业基本功,为进一步学好面点制作技术打下扎实的基础。

【思考与练习】

一、职业能力测评题

（一）判断题

1. 和面是在粉制原料中加入水，经拌和并使之成团的一项技术。　　　（　　）

2. 揉的方法只适合于水调面团。　　　　　　　　　　　　　　　　　（　　）

3. 搓条是将和好的面团搓拉成粗细均匀、圆滑光润的一项操作技术。（　　）

4. 擀皮的方法是根据所选用的工具而定的。　　　　　　　　　　　　（　　）

5. 运用单手杖擀的皮适用于包制水饺、小笼包、蒸饺。　　　　　　　（　　）

6. 上馅是包馅品种必不可少的工序，也是制皮后和成型前的一道工序。

　　　　　　　　　　　　　　　　　　　　　　　　　　　　　　　（　　）

7. 按的成型方法只适用于形体较小的包馅品种和小饼等。　　　　　　（　　）

8. 蒸是利用水传导热量，使制品受热成熟的一种熟制方法。　　　　　（　　）

9. 蒸鲜肉包的操作程序是：先在电蒸锅内加冷水，然后放上有鲜肉包生坯的蒸笼，盖上笼盖后开通电源，待水开包子成熟后即可取出。　　　　（　　）

10. 煮水饺时生坯放得越多越好。　　　　　　　　　　　　　　　　　（　　）

11. 烙是指通过金属传导热量，使制品成熟的一种熟制方法。　　　　　（　　）

12. 水煎包是使用烙的方法成熟的。　　　　　　　　　　　　　　　　（　　）

13. 一般情况下，需要颜色浅或生坯较大的品种，可采用高温炸使其快点成熟。

　　　　　　　　　　　　　　　　　　　　　　　　　　　　　　　（　　）

14. 在点心的熟制中，烘烤是应用最广泛的一种熟制方法。　　　　　　（　　）

15. 烘烤蛋糕的关键在于根据生坯的大小、厚薄及成品要求来掌握炉温。

　　　　　　　　　　　　　　　　　　　　　　　　　　　　　　　（　　）

16. 在蛋糕的烘烤环节中，正确的操作是先将装有生坯的烤盘放入烤炉中，然后再开启电源开关，待其自然升温。　　　　　　　　　　　　　　　（　　）

17. 用高炉温烘烤出的蛋糕，易造成外焦里不熟的现象。　　　　　　　（　　）

（二）选择题

1. 和面的常用手法有（　　）。

　　A. 抄拌法　　　　　　B. 调和法　　　　　　C. 搅和法

2. 揉面的主要技术动作有（　　）。

　　A. 揉　　　B. 捣　　　C. 搋　　　　D. 摔　　　　E. 擦

3. 揉面的正确姿势应该是（　　）。

A. 身体稍离案台　　B. 双脚站成丁字步　　C. 身体正直　D. 上身稍前倾

4. 制皮的主要方法有(　　　)。

  A. 擀皮　　　　　　　B. 压皮　　　　　　　C. 按皮

  D. 拍皮　　　　　　　E. 捏皮　　　　　　　F. 摊皮

5. 在品种的成型过程中,根据制品的形态,包又可细分为(　　　)。

  A. 无缝包　　　　　　B. 捏边包　　　　　　C. 卷边包　　　　　　D. 提褶包

6. 捏是一种综合性的成型方法,其主要手法有(　　　)。

  A. 挤捏　　　　　　　B. 推捏　　　　　　　C. 叠捏

  D. 扭捏　　　　　　　E. 折捏

7. 蒸制蚝油叉烧包时,要注意以下几个关键(　　　)。

  A. 蒸汽要足　　　　　B. 盖严笼盖　　　　　C. 掌握好蒸制时间

  D. 蒸的过程中要掀开一次笼盖　　　　　　E. 要用小火

8. 煮鲜肉水饺时,要注意以下几个关键(　　　)。

  A. 掌握煮制的时间和火力　　　　　　　B. 必须煮熟煮透

  C. 煮制时生坯的数量要适当　　　　　　D. 炉温的高低

9. 烙大致有下列几种形式(　　　)。

  A. 干烙　　　　　　　B. 油煎　　　　　　　C. 油烙

  D. 水油煎　　　　　　E. 加水烙

10. 煎可分为(　　　)。

  A. 油煎　　　　　　　B. 油烙　　　　　　　C. 水油煎　　　　D. 干烙

11. 影响炸制品质量的因素主要有(　　　)。

  A. 油的选择　　　　　B. 油的纯度　　　　　C. 生坯的形态大小和厚薄

  D. 控制好油温　　　　E. 控制好炸制时间

12. 烘烤的三种传热方式是(　　　)。

  A. 辐射热　　　　　　B. 热空气　　　　　　C. 对流热　　　　D. 热烤盘

  E. 传导热　　　　　　F. 电炉　　　　　　　G. 炭火　　　　　　H. 煤火

13. 烘烤的关键在于掌握(　　　)。

  A. 炉温　　　　　　　B. 设定烤炉时间　　　C. 火候

  D. 生坯大小　　　　　E. 烤制时间的长短　　H. 生坯中的水分

二、职业能力应用题

(一)实践分析题

1. 刚刚和丁丁既是好朋友又是好同学,两人同在一个班学习点心制作。在进行揉面基本功练习中,丁丁揉得既快又好,得到老师的好评。而刚刚则急得满头大汗仍不能在规定时间内将面团揉至达标。后来丁丁将自己的操作体会告诉刚刚后,刚刚的揉面技术也迅速提高了。请你指出原因。

2. 小杨在进行揪剂的练习中,所揪出的剂子大小不一,长短各异。而下剂的标准是生坯不毛、光洁、圆整、大小一致、分量准确。请你指出他存在的技术缺陷。

3. 小蒋在进行用单手杖擀皮的练习当中,擀出的皮都是长形或椭圆形的,而擀好的皮应该是中间稍厚、四周略薄的圆形皮子。请你指出她存在的技术缺陷。

4. 小李在包捏完小笼包后,只见有五六个褶,且大小不均匀。这离花纹清晰、均匀、达 18 个褶以上的标准还差很远。大伙都嘲笑她是个大笨蛋,小李非常气馁。请你告诉她包捏的技巧,以便她尽快地提高技术。

5. 小曾是第一次蒸制点心,当她掀开笼盖看到笼里的叉烧包个个呈白色、膨松之后,就将整笼叉烧包从蒸锅上端了下来。才一会儿,笼里的叉烧包个个体积均变小了,并呈下塌状。小曾顿时傻了眼。请你帮她找出原因。

6. 小薛在实习中,发现师傅在煮水饺的过程中多次加入冷水。结果煮出的水饺个个完整。问师傅为什么要这么做,师傅又不说。请你帮助她解开这个疑团。

7. 小丁炸出的开花枣个个都呈焦黑色,而开花枣成品的色泽应为棕黄色。他检查来又检查去,最后发现问题出在成熟的环节上。请你指出小丁操作失误之处。

8. 小莫第一次烘烤叉烧餐包时,用 120℃～140℃ 的炉温,结果烤出的餐包每个均是色泽淡黄、不松软、吃时还有点粘牙的感觉,她百思不得其解。请你帮她指出原因所在。

(二)操作应用题

1. 现有甜年糕成品 500g,请你在 15 分钟内,将其改刀切件后,再加热煎至柔软。

2. 现有松糕成品 500g,请你在 15 分钟内,将其改刀切件后,蒸至柔软。

3. 在 3 分钟内,将 500g 面团下剂成 50g/个 的坯子,并排列整齐。

4. 运用炸的操作方法,完成 10 件生坯的熟制过程。

5. 运用煎的操作方法,完成 10 件生坯的熟制过程。

6. 运用蒸的操作方法,完成 10 件生坯的熟制过程。

7. 运用烘烤的操作方法,完成 10 件生坯的熟制过程。

8. 运用煮的操作方法,完成 10 件生坯的熟制过程。

9. 运用烙的操作方法,完成 10 件生坯的熟制过程。

第3章

制 馅

学习目标

● 了解馅心在面点中的作用和制作特点
● 掌握馅心原料的选用和分类
● 掌握常用馅心的制作方法、技术要领及运用

　　制馅,就是利用各种不同性质的原料,经过精细加工,调制或熟制,制成型状多样、口味各异、具有面点特色的成品或半成品。

　　制馅是制作面点品种的一个重要工艺过程,馅心质量、口味的好坏直接影响面点品种的风味特色。要制出口味佳、利于面点成型的馅心,不仅要有熟练的刀工、烹调技巧,而且要熟悉各种原料的性质和用途,善于结合坯皮的成型及熟制上的不同特点,采用不同的技术措施,这样才能取得较好的效果。

第一节　馅心及馅心分类

　　馅心是用各种不同性质的原料,经过加工调制或熟制,包入面点皮坯内的心子。馅心制作对面点的色、香、味、形、质,都起着很重要的作用。

一、馅心在面点中的作用

(一)影响面点的口味

　　凡包馅的面点,馅料对整个点心来说一般都占有较大的比重(少则皮馅各占50%,多则馅量可高达60%～90%),因此馅心的味道对点心的口味起着重要的决定性作用。许多面点之所以闻名,深受广大人民群众的喜爱,其主要原因是用馅讲究、制作精细、巧用调料,达到了鲜、香、油、嫩、润、爽等特色,如 薄皮鲜虾饺、蟹黄灌汤包、三丁包子、翡翠烧卖、天津狗不理包子等,都是由馅心体现的。

（二）影响面点的形态

馅心制作与面点的成型有着密切的关系，有的面点由于馅料的装饰，使形态更优美、生动逼真。另外制品成熟后，形态是否能保持"不塌""不走样"，馅心也起着重要的作用。在制作面点时，必须根据具体品种的要求，将馅心制作恰到好处，这样才能对面点皮坯起到一定的支撑作用，熟后不变形。烤制、炸制的各类点心，其馅心应先成熟后再包制成型，否则容易出现外焦内不熟的现象。对于有特色的花色饺子，馅心既要有鲜嫩度，而且还要有一定的粘连性，如北方的打水馅，一定要打黏稠不泄水，只有这样才可以保持包子的完美形态。由此可见馅料与成型关系的密切。制作馅心，必须根据面点的成型特点作不同的处理和制作。一般馅心以稍有黏连性、凝固性、湿而不泻、干而不硬为好，这样制出的馅心与皮坯相得益彰，利于成型。

（三）形成面点的特色

各种面点的特色，虽与所用坯料以及成型加工和成熟方法有关，但所有馅心往往亦可起到衬托甚至决定性的作用，形成浓厚的地方风味特色。如广式面点鸡仔饼，它的馅心所占比重较大，质地松中带脆，味道甘香柔软，整个鸡仔饼的特点，都是由馅心反映出来的；苏式面点馅心讲究色、香、味、形俱佳，口味鲜美、汁多肥嫩、风味独特，如汤包馅心、烧烧馅心；京式面点馅心注重咸鲜适口，并喜用葱、姜、黄酱、芝麻油等，肉馅多掺水，使馅心鲜嫩油润。所以说特色风味的形成取决于馅心。

（四）形成面点品种的多样化

面点的花色品种主要由用料、做法、成型等的不同而形成，但由于所用馅料的品种不同、味道各异，亦使花色品种更为丰富多彩。例如大包、汤包、水饺、蒸饺等花色名称，大都以馅料来区别。如：大包类有菜肉大包、三鲜大包、豆沙大包、枣泥大包；小笼汤包有菜肉、鲜肉、蟹粉、虾仁等品种；蒸饺则有牛肉、羊肉、三鲜、韭菜、鲜肉等品种。北方元宵亦多因所用馅料不同而形成多类品种，如菠萝馅、红果馅、黑芝麻馅、百果馅、麻蓉馅、豆沙馅等。广式月饼馅料有几十种，馅料一变口味就变，品种也就不同。用于馅料的原料多、范围广、方法各异、口味不同，馅心的多种多样使得面点品种变化无穷，形成了面点品种的多样化。

综上所述，馅心和面点的品质、成型、特色、花色品种等各方面都有密切的关系。因此，制馅是面点制作中重要的一个生产环节。

二、馅心的分类

中式面点的馅心品种繁多、种类复杂，一般以口味不同分类，主要分为咸馅、甜馅和复合味馅三大类；从馅料制作方法上，馅心又分为生馅、熟馅两大类。

咸馅按所用原料可分为荤馅、素馅、荤素馅等。

常见的馅心分类见表3-1：

表3-1 馅心分类表

类 别			品 名
咸馅	生咸馅	荤馅	鲜肉馅、三鲜馅、滑鸡馅、鱼饺馅、虾饺馅
		素馅	翡翠馅、素菜馅、韭菜鸡蛋馅
	熟咸馅	荤馅	叉烧馅、三丁馅、咖喱牛肉馅
		素馅	素什锦馅
甜馅	生甜馅	糖馅	麻蓉馅、玫瑰馅、水晶馅
		果仁蜜饯馅	五仁馅、百果馅、腰果馅
	熟甜馅	泥蓉馅	莲蓉馅、枣泥馅、豆沙馅、奶黄馅
复合味馅	—	—	椒盐麻蓉馅、肉松馅、五香南乳馅

第二节 咸馅制作工艺

咸味馅是使用最多的一种馅心,用料广、种类多,按馅心制作方法可分为生咸馅、熟咸馅两大类;按原料性质分,常见的有菜馅、肉馅和菜肉馅三类。素菜馅指的是只用蔬菜不用荤腥原料,而加适当的调味品所调成的馅心;肉馅多是用牛、羊、猪、鱼、虾等原料经加工制成的馅心;菜肉馅是将肉类原料与蔬菜原料经加工调制而成的荤素混合馅,是一种大众化的馅心,其在口味、营养成分上的配合比较合适,在水分、黏性等方面也适合制馅的要求。

一、生咸馅

生咸馅是用生料加调料拌和而成的。生咸馅能保持原汁原味,具有清鲜爽滑、鲜美多卤的特点,适用于煮、蒸、煎的面点中。

(一)生咸馅制作的一般原则

1.选料加工要适当

生咸馅用料主要为动物性的原料,其次是时令鲜蔬。在选料上要注意选择最佳部位,如猪肉最好选用猪前腿肉,也叫"前胛肉"或"蝴蝶肉",此部位的肉肉丝络短、肥瘦相间、肉质嫩、易吸水,搅得的馅心鲜嫩味香、无腥味;若用牛肉,应选择较嫩的部位,如果肉较老,则应适当加点小苏打和嫩肉粉使其变嫩;蔬菜大多需要焯水,一是便于制品的成熟,二是原料焯水后软化去除过多的水分,利于包馅,如萝卜切丝后焯水。

2. 馅料形态要正确

馅料形态大小要根据生咸馅及制品的特点来确定。肉末有粗、细、蓉等不同规格,如天津包子的馅,猪肉需要剁得较粗些,因为粗馅搅的馅心成熟后较松散。而一般的饺子馅则要稍细点。各种鱼蓉馅、虾蓉馅需要剁成蓉泥,细小的形态可增加原料的表面积,扩大馅料颗粒之间的接触面,增强蛋白质的水化作用,提高馅吸附水的能力,因而使馅心黏性增强、鲜嫩、多卤。

3. 馅心打水要适宜

掌握好生咸馅的水分含量,这关系到馅心的口感,是保证馅质量的一个关键因素。肉馅根据肥瘦的比例调制,肥肉吃水少,瘦肉吃水多,水少黏性小,水多则泄水。为保证馅稠浓、易包捏,在打水的基础上,需要将馅静置冷藏后才能黏稠。南方制作咸馅时习惯加皮冻,称"掺冻",作用同样是增加馅心的黏性,增进馅心的口味,增加馅心的卤汁量。

4. 调味要鲜美

调味是保证馅心鲜美、咸淡适宜、清除异味、增加鲜香味的重要手段。各地由于口味和习惯的不同,在调味选配和用量上存有差异,北方偏咸,江浙喜甜。各地应根据本地的具体特点、食用对象来进行调味,味薄的要加入各种鲜味料如鸡汤、味精、鸡精粉及各种调料,使味道更鲜美。北方喜用葱、姜、香油提味,南方喜用胡椒、大油(猪油)、糖来提鲜。馅心调味时,各种调料的配合比例要正确,加入调料的顺序、入味的时间应掌握得当,使馅心鲜美可口、咸鲜适度。

(二)生咸馅制作实例

鲜 肉 馅

鲜肉馅是生咸馅的基本馅,使用范围极广,其馅的调制是基本功,应很好地练习、掌握。

用料:

猪前胛肉1000g、精盐25g、浅色酱油(或生抽)50g、白糖40g、味精20g、熟油100g、芝麻油20g、葱白50g、姜末25g、胡椒粉3g、水淀粉75g、清水约400g

制作方法:

(1)将前胛肉洗净剁成蓉(或用绞肉机绞成蓉),加精盐拌挞起胶上筋后,逐步加清水,边加水边搅拌,直至其软硬程度符合要求。

(2)将香葱末、姜末、白糖、味精、酱油、胡椒粉、水淀粉调入拌匀。

(3)加入熟油、麻油调拌均匀即可。

质量要求:

肉质滑嫩,色泽鲜明,鲜美有汁,软硬度符合要求。

技术要领:

(1)选料应掌握好肥瘦比例。夏季可用 8 分瘦、2 分肥的比例;冬季可用 7 分瘦、3 分肥的比例。肥瘦的比例还可根据各地情况、品种而定。

(2)注意掌握吃水量。吃水量不足,馅心卤汁少,吃口"碴口";吃水量过多,馅心过于稀软,难以成型。如馅心要掺"冻",吃水量应适当减少。加水量可根据品种要求适当增减。

(3)投料顺序不宜颠倒,否则搅拌不易上筋。应先加盐搅拌,利用盐的渗透性,使肉的吃水量增大,然后再调入其他调料。另外,加了水淀粉后才落油。如先投放了油再加水淀粉,这样肉蓉裹不上淀粉,馅心久置后易出现泄水现象,影响馅心的滑嫩度。

(4)打水或掺"冻"的馅心要注意冷藏,避免泄水、变质。

皮冻制法

用料:

猪肉皮 1000g、姜 30g、葱 30g、料酒 50g、精盐 25g、味精 20g、胡椒粉 3g、清水约 5000g

制作方法:

(1)将生肉皮刮净,加清水用大火煮开后加入姜、葱、料酒,改用小火煨煮。

(2)肉皮煨到酥烂后捞出,用绞肉机绞碎,再放入锅同汤一起煮熬,并撇净浮面的污沫,直至肉皮溶烂。

(3)将熬好的皮汤用洁净纱布过滤去除渣滓,调入盐、味精、胡椒粉,冷却后即成皮冻。

质量要求:

晶莹透亮,味鲜美,软硬度符合要求。

技术要领:

(1)煨煮时汤中可加入猪骨或鸡骨,使皮冻更为鲜美。

(2)用水量要掌握好,一般 1000g 肉皮可制冻 3000g 左右。煮时应根据所需软硬度预放煨制过程中蒸发的水分,使皮冻软硬度符合要求。

(3)盛装皮冻的容器必须干净,制好后的皮冻须冷藏。

韭菜肉馅

用料：

韭菜 3000g、猪前胛心肉 1000g、精盐 40g、味精 30g、白糖 100g、酱油 30g、熟油 250g、芝麻油 50g、胡椒粉 3g、水淀粉 50g

制作方法：

(1) 韭菜摘选干净，切碎调入精盐拌匀，挤干水分。

(2) 猪肉剁成蓉，加精盐搅拌上筋，调入白糖、味精、酱油、胡椒粉、水淀粉。

(3) 将调好味的韭菜和猪肉拌和在一起，加入熟油、麻油拌匀即可。

质量要求：

口味清鲜，色泽鲜明、油润，软硬度符合要求。

技术要领：

(1) 蔬菜的选择可根据地方及时令选用。

(2) 菜肉馅为荤素结合的馅心，蔬菜和肉的比例可根据具体情况灵活变化。

(3) 一些蔬菜需焯水后挤出多余的水分，调味后与猪肉拌匀，如大白菜、萝卜等。

虾饺馅

用料：

虾仁 1000g、肥膘肉 200g、笋丝 200g、精盐 20g、味精 10g、白糖 25g、鸡蛋清 30g

制作方法：

(1) 虾仁洗净，挑去虾肠，用洁净干白布吸干水分，用刀稍斩成粒。

(2) 肥膘肉焯水切成细粒，笋丝焯水拧干水分待用。

(3) 虾仁加精盐，在碗中搅拌至起胶上筋后，加入味精、白糖、肥膘粒、笋丝、鸡蛋清拌匀，入冰箱冷藏，随用随拿。

质量要求：

色白净，成团不散，软硬符合要求，成熟后爽口鲜美。

技术要领：

(1) 虾饺馅工艺过程严格细致，虾仁必须冲洗干净，去除虾肠、血水，否则影响馅心的色泽。

(2) 虾仁、肥膘肉颗粒大小要均匀，不宜过粗大或过细小。过粗大不利包裹，过细小影响口感。

(3) 调馅时不宜放酱油、料酒、葱、姜等，以免影响馅心的口味及颜色。

二、熟咸馅

熟咸馅即馅料经烹制成熟后制成的一类咸馅。其烹调方法近似于菜肴的烹调方法,如煸、炒、焖、烧等,此类素馅的特点是醇香可口、味美汁浓、口感爽滑。

熟咸馅运用的烹调技法较为复杂,味道变化多样,是制作特色面点常用的馅。

(一)熟咸馅制作的一般原则

1. 形态处理要适当

熟咸馅要经过烹制,其形态处理要符合烹调的要求,便于调味和成熟,既要突出馅料的风味特色,又要符合面点包捏和造型的需要。如叉烧馅应切成小丁或指甲片等形状,切得过碎小就难体现出鲜香的风味;鸡肉馅常切成丝或小丁,才可突出鲜嫩的口感。在煸炒馅时如形态过大,则难入味,达不到干香的口味。因此在馅料形态要细碎的原则下,合理加工,选择适当的形态是十分重要的。

2. 合理运用烹调技法

熟咸馅口味变化丰富,有鲜嫩、嫩滑、酥香、干香、爽脆、咸鲜等,要灵活地运用烹调技法,结合面点工艺合理调制,方能达到较好的效果。如素什锦馅的各种素料,需用的火候不一样,且先后顺序要根据质地来决定。如动物性原料较难成熟,而植物性原料易过火,所以要选好烹调方法,把握火候,才能制出味美适口、丰富多彩的各式馅心。

3. 合理用芡

熟咸馅常需在烹调中勾芡。勾芡是使馅料入味、增强黏性、防止过于松散、提高包捏性能的重要手段。

常用的用芡方法有勾芡和拌芡两种。勾芡是指在烹调馅料的炒制中淋入芡汁;拌芡是指将先行调制入味的熟芡拌入熟制后的馅料中。勾芡和拌芡的芡汁粉料可用淀粉或面粉。

(二)熟咸馅制作实例

三 丁 馅

三丁馅是熟咸馅中用途极广泛的馅心,它将三种不同的原料切成丁,经过调味烹炒后,形成味美爽口、干湿适度的馅心,故名三丁馅。苏式面点中的扬州富春三丁包子的三丁馅很有特色。

用料:

鸡肉 200g、前胛心肉 300g、冬笋 300g、油 50g、精盐 15g、味精 5g、白糖 50g、酱油 20g、料酒 30g、水淀粉 50g、鲜汤 300g、葱、姜末适量

制作方法：

（1）将鸡肉、前胛心肉煮熟去骨切成丁，冬笋去壳衣焯水切丁。

（2）炒锅加油，用葱、姜末炝锅，将鸡肉丁、前胛肉丁、冬笋丁倒入煸炒调味，加鲜汤稍煮进味，加水淀粉勾芡出锅。

质量要求：

馅粒均匀，味鲜美醇正，芡亮不泻、不粘糊，色泽微酱色。

技术要领：

（1）煸炒时要炝锅，使烹炒出的馅心增加香气。

（2）勾芡厚薄要准确，馅粒清爽、丰满，味浓香，有油润感。

（3）如在三丁料的基础上增加虾仁、海参丁便为五丁馅。

叉 烧 馅

叉烧馅是广式点心中常用的馅心，其口味大甜大咸。叉烧馅工艺独特，肉与芡汁分别制作后再调拌而成，以形成叉烧馅卤汁浓厚油亮的风味。广式点心中蚝油叉烧包、叉烧千层酥是典型使用叉烧馅的品种。

用料：

瘦猪肉 1000g、精盐 10g、酱油 60g、白糖 100g、料酒 20g、味精 15g、葱 100g、姜 50g、红曲米粉或食用红色素少许

制作方法：

（1）猪肉洗净切成长约 10 厘米、厚约 3 厘米的长条，用精盐、酱油、糖、料酒、味精、葱、姜、红曲米粉或食用色素少许搅拌均匀，腌制约 2 小时。

（2）将腌好的肉用吊钩挂好或用烤盘摆放，入烤炉中烤至金黄焦香成熟。

（3）将烤好的叉烧切成丁或指甲片，拌入适量的面捞芡（工艺附后）即可。

质量要求：

色泽酱黄，大甜大咸，油亮入味。

技术要领：

（1）猪肉切条时最好顺着肉的纹路直切，以免吊烤时断裂。

（2）叉烧也可用锅烧的办法，先用葱、姜炝锅，投入腌好的肉，加水加盖煮至卤汁收干，色泽红亮。

面 捞 芡

面捞芡是专用于拌制叉烧馅的芡汁，拌入叉烧粒中，使叉烧馅成熟后油润光亮，入味有汁。

用料：

面粉 500g、花生油 500g、白糖 500g、酱油 200g、味精 50g、葱 150g、清水约 2000g

制作方法：

(1)用油将葱炸至金黄,捞出,将面粉投入炸至金黄。

(2)加入清水、白糖、酱油、味精调味,制成芡汁便可。

质量要求：

色泽酱黄,大甜大咸、不稠不泄,芡汁油亮。

技术要领：

(1)炸面粉时,不可不上色或焦苦。

(2)如调蚝油叉烧馅,在此基础上调入蚝油 250g 便可。

春 卷 馅

春卷是我国较有代表性的面点之一。春卷馅常以肉丝、冬笋、银芽(绿豆芽)、香菇丝、韭黄等为原料调味烹炒而成,也可在此基础上加入其他原料,形成各具特色的春卷馅。

用料：

猪瘦肉 500g、冬笋(去壳)100g、水发香菇 100g、韭黄或葱 75g、精盐 15g、白糖 25g、味精 5g、料酒 25g、熟油 100g、麻油 25g、胡椒粉 3g、水淀粉 35g、鲜汤约 250g

制作方法：

(1)将肉、冬笋、香菇切成丝状,韭黄或葱切成段。

(2)肉丝加精盐、水淀粉调拌,入温热油中滑油刚熟捞出控干油分,冬笋丝用鲜汤焖煮进味。

(3)炒锅留底油,投入姜末、葱白炝锅,投入瘦肉丝、冬笋丝、香菇丝煸炒调味,勾芡、加入熟油便可。

质量要求：

三丝均匀,味鲜美适口,色泽鲜明、油亮,芡汁厚薄合适。

技术要领：

(1)三丝粗细、长短要尽量一致,以利包馅。

(2)如用银芽做馅时,银芽应先滑油,炒馅待起锅时才投入,以免银芽出水泻芡。

(3)芡量要适度,不糊不泻。

第三节　甜馅制作工艺

甜馅是以食糖为基础,配以果仁、干果、蜜饯、油脂等原料,经调制形成的风味别致的一类馅心。甜馅品种繁多,从总体上来说,甜馅的特点是甜而不腻、香味浓郁。按加工工艺甜馅可分为生甜馅和熟甜馅两大类。

一、生甜馅

生甜馅是以食糖为主要原料,配以各种果仁、干果、粉料(熟面粉、糕粉)、油脂,经拌制而成的馅。果仁或干果在拌之前一般要去除壳、皮,进行适当的熟处理。生甜馅的特点是甜香、果味浓、口感爽。

(一)生甜馅制作的一般原则

1. 选料要精细

生甜馅所用果料品种多,各具有不同的特点,在制馅中正确选配原料是直接关系到馅的质量的关键。如选用含油性较强的小料,如核桃、花生、腰果、橄榄仁等,由于它们吸潮性较大易受潮变质,又因含油大、易氧化而产生哈喇味,并易生虫或发霉,所以必须选新鲜料,不能用陈年老货,只有这样炒熟后味才香。如果选用质量不好的原料,制成的馅心质量也较差。为保持原料的新鲜,购进的料要存放在干燥的地方。

2. 加工处理要合理

生甜馅的加工处理包括形状加工和熟化处理。形状加工要符合馅的用途要求,如核桃仁形体较大,在制馅时应适当切小,但也不能切得过碎,配馅时最好用烤箱烘香味儿会更好。芝麻在炒制时火候要合适,若是黑芝麻则较难辨别,只有注意观察炒香,调出的馅才能香气扑鼻。合理的加工处理,就是要最大限度地发挥原料应有的效能,使香气突出,口味更美。

3. 擦拌要匀、透

生甜馅制作中要用搓擦的方法拌制。擦糖是指将绵白糖"打潮",与粉料黏附在一起,俗称"蓉",从而使馅料粘成团,不易松散便于包制。白糖、粉料的比例要适当,还要适量加入少许饴糖、油或水,使其有点潮性,再搓擦。因粉料有吸水强的特点,故蒸熟后糖溶化而不软塌、不流糖。为了使生甜馅内容较为丰富,在馅心中可掺入炒熟的碾碎麻仁、蜜饯、鲜果、香精香料等原料。

4. 软硬要适当

生甜馅中粉料与水量的比例,直接影响到馅的软硬度。加入粉料和水有粘接作用,便于包馅且易于填充,使馅熟制后不液化、不松散。但过多掺入粉料,会使馅结成僵硬的团块,影响馅的口味和口感。检验的方法是用手抓馅,能捏成团不散,用手指轻碰散开为好。捏不成团、松散的为湿度小,可适当加水或油、饴糖再搓擦,使其捏成团而碰不散。黏手则水分多,应加粉料擦匀。

由于生甜馅没有经过加热成熟工序,其存放时间较短,故一般是现调制现用,避免长时间存放,以免出现发酸现象。

(二)生甜馅制作实例

五 仁 馅

五仁馅是极受欢迎的甜馅,常用于制作月饼、酥饼等烘烤制品。五仁是指榄仁、瓜仁、麻仁、核桃仁、杏仁等,各地可根据情况选用原料。

用料：

白糖2000g、核桃仁200g、榄仁150g、杏仁100g、瓜仁100g、麻仁200g、甜橘饼150g、瓜糖600g、桂花糖50g、水晶肉400g、猪油600g、糕粉700g、水约600g

制作方法：

(1)将五仁选洗干净,然后烤香。将大粒的核桃仁、榄仁、杏仁斩成小粒,甜橘饼、瓜糖斩成小粒。

(2)将加工好的果仁、蜜饯、桂花糖、水晶肉与白糖拌匀,然后加水、油拌匀,最后加入糕粉调和成团便可。

质量要求：

成团不松散,软硬合适,利于包馅,稍有光泽,有浓郁的果仁、蜜饯香味。

技术要领：

(1)五仁、蜜饯的用量可根据情况投放,但油、水、糕粉的比例要恰当,否则馅心松散不成团或成熟时馅心泻塌,影响成品的形状。

(2)大颗粒的果料要加工成小粒,如果料颗粒过大,在面点造型时会破皮露馅。

(3)原料的投放应按程序进行。

麻 蓉 馅

麻蓉馅是以芝麻、绵白糖、生猪板油为主料,经搓擦成的一种馅心,常用于制作香麻汤圆、麻蓉包、烧饼等制品。

用料：

绵白糖250g、黑芝麻150g、生猪板油250g、熟面粉25g

制作方法：

(1)将芝麻炒香碾碎成粉末。

(2)生板油去网衣搓擦成蓉。

(3)将绵白糖、芝麻末、猪板油、熟面粉搓擦均匀即可。

质量要求：

芝麻香味浓,香甜可口。

技术要领：

(1)芝麻一定要炒香,火候适度,突出风味特点。

(2)如果使用花生、腰果,也应该炸香擀成蓉末,制法同上。

百 果 馅

百果馅是以各种蜜饯配以白糖、香油等原料制成的一种馅心,是北方制作月饼的常用馅。

用料：

白糖250g、青梅20g、瓜条10g、苹果脯20g、葡萄干20g、杏脯10g、核桃仁20g、糖渍油丁50g、香油50g、猪油30g、熟面粉30g、饴糖10g、桂花酱20g

制作方法：

(1)将青梅、瓜条、苹果脯、葡萄干、杏脯、核桃仁切成小方丁,然后与香油同在盆内搅拌均匀,静置1小时备用。

(2)糖渍油丁与白糖拌均匀,静置1小时备用。

(3)将猪油、熟面粉、饴糖、桂花酱与上述已静置1小时以上的所有原料拌在一起搓匀即可。

质量要求：

果料味浓,色泽美观,香甜适口。

技术要领：

(1)果脯丁切好后要用香油拌匀,制出的馅味道才醇正。

(2)糖渍油丁渍的时间越长,味道越香。

二、熟甜馅

熟甜馅是以植物的果实、种子及薯类等为原料,经熟化处理后制成的一类甜馅,因大多数原料都制成蓉泥状,也称为泥蓉馅。

这类馅心南北方使用都较普遍,虽制作方法有所不同,但其特点基本相同,在面点工艺中使用范围较宽。常见的有豆沙馅、枣泥馅、莲蓉馅、薯蓉馅、奶黄馅等。

(一)熟甜馅制作的一般原则

1.加工处理要精细

熟甜馅的原料要精心选择,红小豆要选个大饱满、皮薄的;莲子要选用质好的湘莲;红枣要选用肉厚、核小的小枣;薯类要选用沙性大的。在加工过程中一般应去皮、澄沙或去核,只有原料加工得细腻,炒出的馅心才符合标准。

2.炒制火候要恰当

熟甜馅都要经炒制或蒸制成馅,与烹制菜肴一样,火候是决定质量的关键。

熟甜馅炒制的主要作用:一是炒干水分,使馅内水分蒸发,以便于入味和稠浓,便于包捏成型;二是炒制入味使香味突出。糖、油的香味和甜味只有在原料成熟的过程中才能体现,因此炒制使原料在熟化过程中更为香甜。但此种馅心在炒制时很容易产生煳味,因为含糖量高,糖易焦化变色,而淀粉易吸水糊化产生粘锅现象。因此炒馅时要掌握好火力,先用旺火,使大量水分蒸发后一定改用小火慢慢炒制,将其炒浓、炒香、炒变色。应防止煳锅现象,一点煳味都会影响整锅馅的质量。

3. 软硬要适度

各种蓉馅的软硬度一定要根据品种特色而定。馅太软,对成型要求严格的点心不利于包捏;馅如果过硬,则吃口干粗、不细腻。在配料时,主料、糖、油比例要正确。一般500g豆子炒制后可出大约1500g左右的馅,500g枣出1000g左右的馅。总之,馅的软硬度对馅的口味、成品的形态都起着决定性作用。

(二)熟甜馅制作实例

豆 沙 馅

用料:

红小豆500g、白糖500g、熟花生油150g、清水2500g

制作方法:

(1)将红小豆洗净,加入清水,旺火烧开,待豆子膨胀,转用中火焖煮,当豆子出现破皮开口时转用小火,直至将豆子焖煮酥烂。

(2)将焖煮酥烂的豆子放入细筛内加水搓擦、沉淀,然后沥干水分。得出的豆沙放入锅中,并加熟花生油50g、白糖500g同炒,炒至水分基本蒸发殆尽时,将熟花生油70g分多次加入,直至油被豆沙吸收便可离火。

(3)装入容器中冷却后,面上抹上熟花生油30g以防干皮。

质量要求:

色泽红亮,质地细腻,口感爽滑,软硬合适,无颗粒、焦苦现象。

技术要领:

(1)煮豆时水应一次性放足,中途加冷水豆子难以酥烂,中途也避免用铲或勺等工具搅动,以免豆子间的碰撞加剧,豆肉破皮而出,使豆汤变稠,容易造成煳锅焦底的现象。

(2)擦沙时应选用细眼筛,以保持馅心的细腻程度。

(3)炒沙时要注意掌握火候。防止发生焦煳而影响口味。

(4)炒出的豆沙不能接触生水,否则不利于存放。应放于干燥容器中,抹平,面上淋上熟油,起到隔绝氧气、水分的作用,利于存放。

莲 蓉 馅

莲蓉馅是甜馅中档次较高的馅心,有"甜馅王"的美称。莲蓉馅根据工艺的不同可分为红莲蓉和白莲蓉两种。红莲蓉色泽金黄油润,口味香甜;白莲蓉色泽白中略带象牙色,口味清香。以下是红莲蓉的制作工艺。

用料:

通心白莲 500g、白糖 750g、熟花生油 250g

制作方法:

(1)白莲加热水(以浸过莲子为准),入蒸锅中蒸至酥烂开花,趁热将酥烂的莲子用磨浆机磨成泥。

(2)起炒锅,先将100g的白糖炒至金黄色后,倒入莲子泥、白糖、部分花生油,用中火翻炒。

(3)待水分挥发馅料黏稠后改用小火,并分几次将花生油加入,直至油被吸收,软硬合适便可离火。

(4)装入容器中,面上抹上熟花生油以防干皮。

质量要求:

色泽金黄,油润细腻,软硬适中,口味香甜,无颗粒,无返沙,无焦苦现象。

技术要领:

(1)莲子不能用冷水浸泡或蒸时加过多的冷水,防止莲子出现"返生"现象,不宜酥烂。

(2)落锅后要勤翻铲,火候先旺、继中、后慢,防止焦锅。

(3)炒蓉最好用铜锅或不锈钢锅,用铁锅炒蓉色泽欠金黄。

(4)如炒制白莲蓉,可不经炒糖色工序。

枣 泥 馅

枣泥馅是以枣为主料(红小枣、大枣、黑枣),加入糖、油等原料,经熟化处理后的一种馅心。此馅口味上乘、营养丰富,是制作各类点心的熟甜馅。

用料:

红小枣 500g、白糖 300g、澄粉 25g、猪油 15g、桂花酱 30g

制作方法:

(1)将红小枣加工成枣泥。

(2)铜锅或不锈钢锅上火,放入枣泥、白糖、猪油、桂花酱用中火煮沸,边煮边铲炒至浓稠状,筛入澄粉,铲匀至光润即成馅。

质量要求：

纯甜柔软,枣香味浓。

技术要领：

(1)枣有一定的甜度,所以糖的比例要小点。

(2)炒制时注意火候的调整。

(3)根据不同的面点品种掌握好软硬度。

奶 黄 馅

用料：

鸡蛋1000g、白糖2000g、黄油500g、精面粉400g、玉米粉100g、鲜奶1000g、吉士粉50g

制作方法：

(1)将鸡蛋放入盆中打匀,加入鲜奶、精面粉、玉米粉、白糖、黄油、吉士粉搅匀。

(2)将盆放入蒸笼内蒸,蒸5～10分钟打开笼盖搅一次,如此反复至原料成糊状熟透即可。

质量要求：

蛋奶香浓郁,细滑光亮。

技术要领：

(1)调搅生料时要注意细滑不起粒,蒸时要边蒸边搅,成品才细腻软滑。

(2)火候不宜过大,应用中火。

(3)如有椰酱,则可直接用椰酱制作,其配料以1000g椰酱加鸡蛋250g、澄面150g调匀,然后上笼边蒸边搅至熟。用椰酱制的奶黄馅质量口味更佳。

本章小结

本章强调了馅心在面点制作中的重要性。对馅心的分类进行了归纳,讲授了各类馅心调制的一般规律,介绍了常用馅心的制作方法。制作咸馅要有烹调技术的基本功,才能更好地掌握制作方法。

【思考与练习】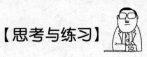

一、职业能力测评题

（一）判断题

1. 在拌馅时,由于调味品不易渗透进去,因此要将整块原料切碎。　　（　　）
2. 在包馅点心制品中,只要换上一种馅心,即可形成一个花色品种。　　（　　）
3. 生馅就是指原料经刀工处理后,还需要进行烹炒、调味。　　（　　）
4. 馅心调制适当与否,对制品成熟后其形态能否保持不走样有着很大关系。

　　　　　　　　　　　　　　　　　　　　　　　　　　　　（　　）
5. 调制虾饺馅的主要原料有熟虾肉、肥肉、瘦肉、笋丝、鱼肉等。　（　　）
6. 制作莲蓉馅的主要原料有莲子、绿豆、黄豆、白糖、油等。　　（　　）
7. 在调馅打胶时,应该是先将猪肉(预先剁好或搅蓉)与水充分拌和,否则打
　　不起胶。　　　　　　　　　　　　　　　　　　　　　　　（　　）
8. 在蒸制奶黄馅时,要边蒸边搅,5 ~ 10 分钟搅一次,直至成熟。　（　　）
9. 蒸奶黄馅不要用旺火,要用中火蒸至熟透。　　　　　　　　　（　　）

（二）选择题

1. 馅心对包馅品种具有重要的意义,其具体表现在(　　　　)。
　　A. 体现点心的口味　　　　　　　B. 影响点心制品的形态
　　C. 形成点心的特色　　　　　　　D. 形成点心品种多样化
　　E. 体现了顾客要求　　　　　　　F. 美观适口

2. 甜馅按其制作特点,又可分为(　　　　)。
　　A. 奶黄馅　　　　　　　　　　　B. 泥蓉馅
　　C. 果仁蜜饯馅　　　　　　　　　D. 五仁叉烧馅
　　E. 糖馅　　　　　　　　　　　　F. 宁波汤圆馅

3. 馅心以生熟程度分为(　　　　)。
　　A. 荤馅　　　　　　　　　　　　B. 生馅
　　C. 素馅　　　　　　　　　　　　D. 熟馅
　　E. 肉馅

4. 奶黄馅的品质要求是(　　　　)。
　　A. 甜香　　　　　　　　　　　　B. 甜香、软滑
　　C 甜香、软滑、色泽鲜明

二、职业能力应用题

(一)案例分析题

1. 小于制作出的水饺个个饱满,成熟后无破皮现象,但吃时味淡。请指出原因。

2. 托马斯不论怎样做蚝油叉烧包,都是馅心中只有叉烧、无芡汁。请你在 20 分钟内,帮助他制作出 500g 的叉烧包芡汁。

3. 奶黄馅的品质要求是甜香、软滑、色泽鲜明。可盖克蒸出的奶黄馅不软滑,师傅问他:是否称错了原料? 他说绝对没有。请指出其原因。

(二)操作应用题

1. 在 30 分钟内,制作完成鲜肉馅成品 500g。

2. 在 30 分钟内,制作完成韭菜馅成品 500g。

3. 在 30 分钟内,制作完成虾饺馅成品 500g。

4. 在 30 分钟内,制作完成三丁馅成品 500g。

5. 在 180 分钟内,制作完成叉烧馅成品 500g。

6. 在 30 分钟内,制作完成春卷馅成品 500g。

7. 在 30 分钟内,制作完成五仁馅成品 500g。

8. 在 30 分钟内,制作完成麻蓉馅成品 500g。

9. 在 60 分钟内,制作完成奶黄馅成品 500g。

第4章
实面面团与运用

学习目标

● 了解实面面团的形成原理和特性
● 掌握实面面团的调制方法及代表性品种的制作

　　实面面团就是将面粉和水直接拌和(有些品种需加入适量的添加剂,如盐、碱等)、揉制形成的组织较为紧密的面团。这类面团在饮食业中应用极为普遍,花色品种也十分丰富。根据调制面团水温的不同,水调面团又可分为冷水面团、温水面团、开水面团三种。

第一节　冷水面团

一、性质和用途

　　冷水面团筋性好、韧性强、质地坚实、筋力大、延伸性强,制出的成品爽口而筋道、耐饥、不易破碎,但面团暴露在空气中容易变硬。此类面团一般适宜制作一些水煮的制品,如面条、水饺、馄饨、刀削面等。如炸制或煎制成熟,则成品吃口香脆、质地酥松。

二、调制方法

1. 用料
面粉、水,有的品种还需加盐、碱等(如制拉面、刀削面、汤包皮等时)
2. 工艺流程
下粉→掺水→抄拌 →揉搓→醒面(备用)
3. 制作方法
先将面粉倒在案板上(或面缸里),中间扒一小窝,加入冷水(为防止水外溢,水不宜一次加足,应分几次加),用手从四周慢慢向里抄拌,待形成雪花片状(有的也称麦穗面、葡萄面)后,再用力揉成面团。揉至面团表面光滑并已有筋、质地均匀时,盖上干净湿布静置一段时间(醒面),再稍揉即可使用。

4. 调制要点

(1)水温适当

冷水面团劲足,韧性强,因此要求面筋的形成率要高。面粉中的蛋白质在冷水条件下才能充分形成面筋网络,所以调制时必须用冷水才能保证面团的质量标准。冬季调制面团时可用稍温的水,但不得超过30℃;春秋季用凉水;夏季调制时不仅要用冷水,有时为防止面团筋力减小,在调制时还需要掺入少量的食盐,这不仅可以增强面团的筋力,面团的色泽也会变得较白。

(2)准确掌握用水量

掺水量的多少,直接影响着面团的性质,也直接影响着面点的成型。水量过多过少,都会给面点制作带来不便。大多数制品面粉与水的比例约为2:1,即100g面粉掺水约50g,此时面团软硬适宜,制品吃口爽滑,适用广泛。春卷、拨鱼面等每100g面粉掺水80~100g,面团较稀,可塑性差,制品色白柔软爽滑;押面每100g面粉掺水50~60g,面团较软,制品爽滑筋道;水饺每100g面粉掺水40~45g,面团较软,韧性强;面条、馄饨每100g面粉掺水35~40g,面团较硬,制品耐煮筋道,吃口耐咀嚼;汤包每100g面粉掺水仅30g,皮虽薄却能包住卤汁。影响水的用量的因素还很多,应根据具体情况灵活运用。气候的冷暖、空气湿度和面粉的质量等都对水的用量有影响。天气热,空气湿度大,掺水量要少一些;天气冷,空气湿度小,掺水量可多一些。含水量多的面粉,掺水量可少些;干爽的面粉,掺水量可多一些。

(3)面团要揉透

行话说:“揉能上筋”。冷水面团中致密的面筋网络主要靠揉搓力量形成,揉得越透,面团的筋性越强,面筋越能较多地吸收水分,其延伸性能和可塑性越好。在揉制的同时,还要运用揣、捣、摔等技术,以增强面团的筋力。对于拉面,在揉制面团时还需有规则、有次序、方向一致,使面筋网络变成有序的整体。

(4)要静置醒面

揉好的面团需盖上湿布静置10~25分钟,行业上叫作“醒面”。醒面的主要作用是使面团中粉粒有一个充分吸收水分的时间。经过醒面,面团中就不会再夹有小硬粒或小面碎片,能促进面筋网络的形成,避免成熟后有夹生、粘牙、滴卤等现象的发生。因此醒面是保证制品质量的一个重要环节。醒面时必须加盖干净的湿布,以免风吹后发生结皮现象。

三、品种实例

鲜肉韭菜饺

水饺又叫煮饺,是用冷水面做皮,包入馅心,捏成木鱼形,采用水煮成熟方法制作的。因馅心的变化可以制作出10多种水饺。下面介绍鲜肉韭菜饺:

用料:

皮料:低筋粉500g、冷水200g左右

馅料:猪前胛肉500g、韭菜500g、盐、味精、糖、胡椒粉、生粉、麻油适量

工艺流程:

和面→揉面→搓条→下剂→擀皮→上馅→成型→煮制

制作方法:

(1)将面粉过筛加入冷水拌和成团,揉至光滑上筋静置片刻。

(2)将肉绞蓉,加入盐拌至起胶,逐渐加入适量的水、味精、糖、胡椒粉拌均匀,加入生粉最后加油,再加到韭菜中拌匀即成馅心。

(3)面团下剂15g擀成直径5cm的圆形坯皮,包入15g馅心对折捏成木鱼形饺子生坯。

(4)水烧开,放入生坯,用手勺略推动水旋转以防粘底。待饺子浮起时,加入些冷水再煮,反复三四次,见饺子无白心、个体丰满时即可起锅。

质量要求:

成品饱满,大小均匀;吃口爽滑,皮薄馅大,馅鲜适口。

技术要领:

(1)制面团要揉和上筋,醒面后软硬适度,便于操作。

(2)擀的皮要厚薄均匀,不要粘过多的干面粉。

(3)煮制过程中,水要"宽","点水"要及时,否则容易软烂、掉筋,影响口感。

(4)食用时,可配香醋、生抽、姜丝、大葱丝佐食。

馄 饨

馄饨是我国古老面点小吃,史书中多有记载,馄饨在四川称"抄手",在广东称"云吞",各地的做法大致相同,只因配料不同导致其口味各有不同。如三鲜馄饨、鲜菇馄饨、红油馄饨、鱼皮馄饨等。下面介绍鲜肉馄饨。

用料:

皮料:低筋粉500g、冷水约200g、食碱、盐适量

馅料:鲜肉馅400g

工艺流程：

和面→揉面→擀面→切型→上馅→成型→煮制

制作方法：

（1）面粉过筛开窝，加入盐、碱、冷水调制成上筋面团。

（2）静置片刻后，擀成大张薄皮，然后切成6cm见方的馄饨皮，逐个包上鲜肉馅，捏成燕尾形或元宝形。

（3）锅中水烧开，将馄饨生坯下锅，用手勺略推动水旋转，待馄饨浮起，沿锅边加些冷水，水再开时，将馄饨捞入盛有鲜汤的碗中，撒上胡椒粉、姜葱末并淋上少许香油即可。

质量要求：

馄饨形状完整，皮薄爽滑，汤清味鲜。

技术要领：

（1）加碱不宜过多，以吃不出碱味为宜。

（2）擀皮时要厚薄均匀，粘粉不宜过多。

（3）成熟时，掌握火候，以防煮烂。

拉 面

拉面也叫抻面，被称为中国四大面食之一，具有工艺性强、成型手法独特、品种繁多等特点。

用料：

面粉1000g、食碱5g、精盐10g。

工艺流程：

和面→溜条→出条→煮制

制作方法：

（1）和面。将面粉过筛开窝，加入食碱、精盐及600g冷水，揉成光滑上筋的面团，再用少许碱水扎面边扎边叠，直到水干，使面团柔润光滑，盖上干净湿布，醒面30分钟。

（2）溜条。将醒好的面团取出放在案板上搓成长条面坯，然后抓握住面的两端，在案板上摔打，并反复对折长条，不断摔打，约7～8次，使经摔抻抖的面团面筋溜顺，利于拉抻。

（3）出条。溜好的面放在案板上，撒上铺面，用两手将面条搓得粗细均匀，再将面条两头合并，放在左手指缝内；右手中指朝下勾住打扣，手心上翻，使面条形成绞索形，两手朝两边抻拉，顺面筋把条拉长，再把右手一头套在左手指缝中，第二次打扣，用右手中指朝下钩住打扣，手心上翻，边绞边抻如此反复抻拉即可出条。一般细匀条为7扣。

（4）在拉面的同时把大锅水烧沸。面拉好后，两手捏去面头，顺势把面条投入沸水锅中，面条翻滚时，用长竹筷把面条翻4~5次，立即用大漏勺捞出。

（5）卤汁。卤汁可根据需要熬煮，一般有炸酱、肉丝、虾仁、温卤、大卤、清汤等几十种卤汁。

质量要求：

面条粗细均匀，吃口筋道，卤汁清鲜。

技术要领：

（1）应选用面筋含量高的面粉。

（2）和面时要先加盐、后加碱，并充分搓揉上劲。

（3）溜条时用力均匀，要适可而止，不能溜得过度，过度会出现面条粗细不匀的现象。

（4）用力均匀，铺面适当，干净利落。

干蒸烧卖

干蒸烧卖是广式面点的代表性品种，也是广式茶点中的一个最常见的大众化的品种，几乎所有茶楼都有制作。

用料：

皮料：中筋粉500g、鸡蛋50g、盐5g、碱2g、水175g

馅料：瘦猪肉500g、虾仁100g、肥肉50g、盐10g、白糖20g、味精1g、胡椒粉0.5g、生抽5g、猪油25g、麻油10g

工艺流程：

和面→揉面→擀皮→制馅→上馅→成型→蒸制

制作方法：

（1）面粉加蛋、盐、碱、水和成面团，揉至光滑，静置20分钟。

（2）面团擀成1mm厚的皮料，切成边长6cm的正方形皮料。

（3）瘦肉、肥肉分别切成丁，虾仁放适量盐、碱、生粉拌匀腌制30分钟，洗净吸干水分。

（4）瘦肉与虾仁放在大碗内，加盐顺同一方向搅拌起筋，放入白糖、生抽、味精、胡椒粉拌匀，再加入肥肉丁、猪油拌匀，最后加入麻油拌匀即成。

（5）取皮料一张，包入馅心呈圆柱形生坯，入笼猛火蒸6~7分钟，熟后即成。

质量要求：

皮薄馅足，滑爽不腻，口味鲜美，油润透亮。

技术要领：

（1）掌握面团的软硬度。

（2）擀皮时要擀成厚 1mm 的皮料。

（3）包馅时以皮子、馅心相平为准。

（4）蒸制时要掌握好时间和火候。

第二节 温水面团

一、性质和用途

温水面团色白、有韧性，但较松软，筋力比冷水面团稍差，可塑性强，便于包捏，制品不易走样。温水面团一般适宜制作各种花色蒸饺及家常饼。花色蒸饺是工艺较为复杂的品种，用温水面团经过擀皮、上馅、捏制、着色、成熟等工序，能制出花鸟虫鱼、飞禽走兽及果品等象形蒸饺。

二、调制方法

1. 用料

面粉、温水（50℃ ~60℃）

2. 工艺流程

下粉→$\begin{bmatrix}掺温水→拌和→揉搓→散热→揉和\\沸水烫面、冷水和面→和起揉搓→散热 →揉和\end{bmatrix}$→盖上湿布（醒面备用）

3. 调制方法

温水面团的调制方法和冷水面团基本上相同，只是用水温度高些（但不超过60℃），在调制时，可分为两种调制方法：一是只用温水调制的面团，二是用一半沸水烫面、一半凉水和面，然后再掺和在一块揉成的面团。

4. 调制要点

（1）灵活掌握水温。冬天面粉本身温度低，热量易散发，故水温可相应高一点；夏天可相应低一点。但原则上要求水温在 50℃ 左右，水温过高或过低都会影响温水面团的特点。

（2）散尽面团中的热气。温水面团调制好后，要摊开，将面团中热散尽，再揉匀，然后盖上湿布备用，这样才能保证成品质量。

三、品种实例

各式花色饺

花色饺的成型工艺在面点制作中有一定的代表性，它具有艺术性、技术性较强,造型美观大方的特点。它是以温水面团为面皮,通过包、捏、搓、钳、剪等成型手法,可以制作出 10～20 种造型。以下介绍常见花色饺的制法。

用料:

皮料:低筋粉 500g、温水 250g

馅料:鲜肉馅 500g

点缀料:咸蛋黄末、葱末、香菇末、火腿末

工艺流程:

和面→揉面→搓条→下剂→擀皮→上馅→成型→蒸制

制作方法:

(1)面粉过筛与温水合成面团,揉匀至光滑,静置 15 分钟。

(2)面团下剂每个 15g,擀成直径 8～10cm 的圆皮,包上 15g 馅心,做成各种花色饺,摆放在蒸笼内,用旺火蒸 5 分钟熟后即成。

A.月牙饺(见图 4-1)

左手拿皮,挑上馅心,将皮子分成内四成外六成,左手大拇指曲起用关节顶住内皮,然后用右手拇指和食指逐一捏出褶裥,呈月牙形。月牙饺褶数为 12～14,要求边皮平齐,两角对称、落地。

B.三角饺(见图 4-2)

皮子挑上馅后,将皮子四周三等份向上包拢成三个大孔洞,中间还留三个小孔洞,然后捏出三只尖角,配以红、黄、绿三种馅心末即为三角饺。

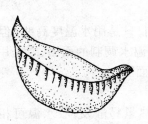

图 4-1　月牙饺

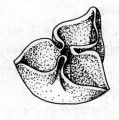

图 4-2　三角饺

C.四喜饺(见图 4-3)

皮子挑上馅后,左手托住,右手拇指与食指将两边皮子捏住中间,转 90 度再对捏,形成四个孔洞,然后,将每个孔洞的一边与另一孔洞的一边捏紧,形成四个大孔洞的中心有四个小孔洞,再将每个大孔洞角上捏尖,并在四个大孔洞填满四种颜色的馅心末,即成四喜饺。

D.梅花饺(见图 4-4)

皮子挑上馅后,分五等份挑上捏紧,成五个孔洞,填满蛋黄末,中间用火腿末点缀,五个孔洞边缘用花钳钳出花边或用手搓成花边,即形成梅花饺。

图4-3 四喜饺

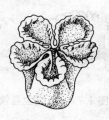

图4-4 梅花饺

E.蝴蝶饺(见图4-5)

皮子挑上馅心后,将皮子向上包拢,其中60%折成两只大洞,40%折成两只小洞,大洞间留一长形孔洞作身体,并在大洞边剪出两根触须,每个洞外角分别捏成尖角形成大小翅膀,翅膀中填入火腿末、蛋黄末,身体孔洞填入香菇,即形成蝴蝶饺。

F.双尾金鱼饺(见图4-6)

皮子挑上馅后,用右手捏出一小嘴,并取皮子的1/4复推形成二只眼睛(另一面用左手二指顶住)。然后将未捏合的皮边从尾部中心向上复成扇形,用手推捏出花边,双眼填上火腿末,即形成双尾金鱼饺。

图4-5 蝴蝶饺

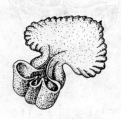

图4-6 双尾金鱼饺

G.单尾金鱼饺(见图4-7)

嘴和眼睛与双尾金鱼饺制法相同。余下的皮边比齐捏紧,自上而下推出双花边作为背鳍和尾鳍,两眼填上火腿末,即形成单尾金鱼饺。

H.冠顶饺(见图4-8)

皮子分成三等份折起呈三角形,翻过身来,放上馅心,将三条边各自对折捏起,捏紧后用拇指和食指推出双花边,然后将反面原折起的边翻出,顶端留一孔洞放上红色蜜饯点缀,即形成冠顶饺。

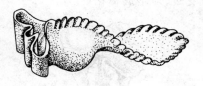

图4-7　单尾金鱼饺

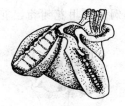

图4-8　冠顶饺

I. 鸳鸯饺(见图4-9)

皮子挑上馅后,用拇指和食指将皮子两边对称捏紧成两个相同的孔洞,然后转90度,双手同时将二孔洞的边对捏,形成一个大孔洞套两个小孔洞的形态,大孔洞边缘推捏出花边,另二小孔洞填上火腿末和蛋黄末即成鸳鸯饺。

J. 青菜饺 (见图4-10)

取少量面团调成绿色,擀开,包入白色面团,搓成条,下剂,擀成皮子。挑上馅后,分五等份捏紧成五条边,每条边用拇指和食指推出花纹成叶脉。将前一瓣菜叶的根部提上粘在后一瓣菜叶的边上,依此类推,即成青菜饺。

图4-9　鸳鸯饺

图4-10　青菜饺

K. 知了饺(见图4-11)

取少量面团加入可可粉调成褐色面团。白色面剂擀成直径约8cm的皮子,褐色面剂擀成直径约5cm的皮子。两张合拢圆边相切,以相切点为中心,两边各取1/3边皮向反面(白面皮)处折起,光的一面挑上馅心。将两直边分别对折捏紧,推出花边,再将反面折起处翻出成翅膀。其余1/3面皮边取中心点捏出小尖嘴向里推进,形成两个眼孔,填入香菇末即成知了饺。

质量要求:

形态美观,造型逼真,色彩鲜明,规格一致。

技术要领:

(1)掌握面团的软硬度。

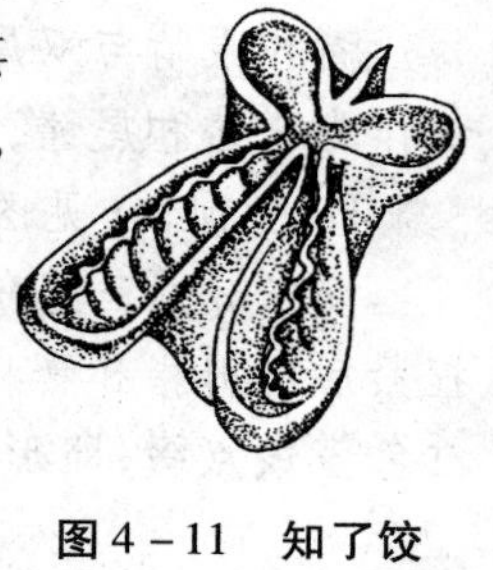

图4-11　知了饺

(2) 皮要擀成中厚边薄、直径 8～10cm 的圆皮。

(3) 上馅要注意不能将馅粘在边上。

(4) 注意蒸制的火候和时间。

家　常　饼

用料：

面粉 500g、生油 50g、盐少许

工艺流程：

和面→揉面→搓条→下剂→擀皮→成型→煎制

制作方法：

(1) 面粉一半和成开水面团，一半和成温水面团，混合一起揉匀成面团。

(2) 面团下剂每个 160g，擀成长方形，表面刷油，撒上盐卷成条，拿住两头盘成螺纹形，然后按扁，擀成直径 18cm 的扁圆形生坯。

(3) 煎锅烧热，放入少量油，放入生坯，煎至两面油黄即成。

质量要求：

表面金黄油亮，口味韧脆咸香。

技术要领：

(1) 掌握面团的软硬度。

(2) 擀皮厚薄一致，盐要撒得均匀合适。

(3) 掌握煎制的火候和时间。

第三节　开水面团

一、性质和用途

开水面团黏、糯、柔软而无筋，但可塑性好，制品不易走样，带馅制品不易漏汁，易成熟。开水面团成熟后，色泽较暗，呈青灰色，吃口细腻软糯，易于人体消化吸收。开水面团一般适宜制作煎、炸品种，如牛肉锅贴、炸盒子，另外蒸饺、烧卖也用开水面团。

二、调制方法

1. 用料

面粉、热水(80℃以上)

2. 工艺流程

下粉→ $\left[\begin{array}{l}\text{加热水→搅拌→散热→洒冷水}\\\text{制沸水面团、冷水面团→揉和→散热}\end{array}\right]$ →揉搓→盖上湿布（醒置备用）

3. 调制方法

将面粉放在面缸内，中间扒一浅坑，先倒入沸水，边加水边用工具搅拌均匀，和成"雪花状"。然后摊开晾凉，再淋上一些冷水揉成面团（其目的是使制品在食用时不粘牙）。揉好后盖上一块湿布，防止被风吹干。根据制品的不同特点，有时将烫面与冷水面团并和揉，调制方法是把面粉的 50%～70% 用沸水烫制调好，再加入 30%～50% 用冷水调制的面团一起揉匀，这也就是所谓的"二生面""三生面""四生面"（"四生面"就是将 60% 的面粉用热水烫制调成面团，40% 的面粉用冷水调制成面团，然后将两块面团和在一起揉和成团）。

4. 调制要点

（1）热水要浇匀。和面时，将热水浇匀，一方面可促使面粉中的淀粉均匀吸水，充分糊化产生黏性；另一方面可使蛋白质变性，避免产生筋力，并且面粉烫匀后，面团中不会夹有生粉，制品成熟后，里面也不会有白茬，表面光滑、质量好。

（2）掺水量要准确。调制热水面团时，掺水最好一次成功，不宜在成团后调整。如果水少，则面粉烫不匀、烫不透，面团干硬；如果水掺多了，面团太软，不利于成型，再加生粉，既不易调匀，又影响质量。

（3）散尽面团中的热气。面粉中掺入热水，和成"雪花状"后，要将面摊开，散尽热气。否则，面团表层会结皮、粗糙、易开裂，并且应淋入适量的冷水后再揉成团，这样面团糯性更好，制品吃口糯而不粘牙。揉搓面团时揉匀、揉透即可，不可揉过度，以防面团筋力增加，影响烫面特点。

三、品种实例

京都锅贴饺

京都锅贴饺是京式面点的代表品种，它的成型手法讲究造型美观，工艺精细，是一道久负盛名的传统名点。

用料：

皮料：面粉 500g、水 250g

馅料：三鲜肉馅 750g、猪肉 500g、水发香菇 50g、冬笋 100g、葱 50g、水 150g、盐 10g、白糖 20g、味精 5g、生抽 25g、麻油 10g、胡椒粉 1g、水淀粉 40g、熟油 50g

工艺流程：

调制面团→制馅→擀皮→上馅→成型→煎制

制作方法：

（1）将 200g 面粉和成开水面团，300g 面粉和成冷水面团，然后将其揉和在一起成"六生"面，静置待用。

（2）水发香菇、冬笋、葱分别切成细粒。猪肉洗净绞成蓉，加入盐拌挞起胶上筋后，逐步加入清水搅拌匀，再加入白糖、味精、胡椒粉、生抽、水淀粉等拌匀，最后加入香菇粒、冬笋粒、葱粒、熟油、麻油等拌匀即可。

（3）面团下剂 15g 一个，擀成直径为 8cm 中厚边薄的圆皮，包入 15g 馅心，捏成 12～14 褶的月牙形生坯。

（4）煎锅烧热刷少许油，摆上生坯，稍煎一会，淋上适量面粉乳（清水 500g，面粉 25g 调匀即成）加盖，用中火焖熟，煎干，放尾油，煎至底部呈金黄色香脆即成。

质量要求：

底部金黄、脆香，面皮柔润、光亮，馅心鲜香适口。

技术要领：

（1）面团要揉至纯滑。

（2）皮子要擀成直径 8cm、中厚边薄的圆皮。

（3）成型时要捏成 12～14 褶的月牙形生坯。

（4）煎时掌握好火候，注意转动锅，使生坯受热均匀。

弯梳鲜虾饺

弯梳鲜虾饺是以澄粉面团作皮，包入上档的虾饺馅，捏折成弯梳形生坯，经蒸制而成的制品。它是广式面点中极具代表性的品种。

用料：

皮料：澄粉 500g、生粉 100g、水 1000g、油 25g、盐 10g

馅料：虾仁 500g、熟肥肉 100g、笋丝 100g、盐 10g、味精 2g、白糖 25g、蛋清 15g、胡椒粉 1g、麻油 10g、猪油 25g

工艺流程：

烫面→制馅→拍皮→上馅→成型→蒸制

制作方法：

（1）澄粉与生粉混合过筛，倒入盆中，加入盐和开水烫熟，揉匀成面团。

（2）虾仁用盐碱水、生粉腌制 30 分钟，冲洗净吸干水分，用刀稍斩成粒，放入盐拌打起胶，加入笋丝、熟肥肉丁、味精、白糖、胡椒粉、麻油、猪油、蛋清等拌和，冷藏后使用。

（3）面团搓条，切剂每个 15g，用刀拍成 8cm 直径的圆皮，包入 15g 馅心，捏成弯梳形状，入笼蒸 5 分钟即成。

质量要求：

造型美观，皮质洁白透亮，馅心鲜香爽脆。

技术要领：

（1）烫面要熟透，软硬要适度。

（2）虾饺馅必须冷藏稍硬，以利成型。

（3）成型手法正确。

（4）蒸制时掌握好火候和时间。

叉烧糯米烧卖

叉烧糯米烧卖是以开水面团作皮，运用拢上法包馅成型，采用蒸的成熟方法而制成的制品。它是苏式面点的代表品种，也是一种传统的特色面点。

用料：

皮料：低筋粉 500g、开水 250g

馅料：糯米 500g、叉烧丁 100g、葱白 50g、盐 10g、白糖 20g、味精 2g、胡椒粉 1g、猪油 50g、生抽 6g

工艺流程：

和面→揉面→制馅→搓条→下剂→擀皮→上馅→成型→蒸制

制作方法：

（1）将糯米淘洗干净，夏秋季浸泡 3~4 小时，冬春季浸泡 7~8 小时。

（2）蒸笼中铺上湿笼布，撒上糯米，用旺火蒸约 40 分钟（中途洒水 1~2 次）至熟透。

（3）将糯米饭与叉烧丁、猪油、葱白、盐、白糖、味精、胡椒粉、生抽等一起拌匀成馅。

（4）面粉过筛用开水和面，搓揉至光滑，醒面 10 分钟，然后搓条，出 15g 剂子，擀成直径 10cm、中厚边薄起褶的圆皮。

（5）皮料包上馅心 25g，用拢上法制成石榴形生坯，立放在笼中，用旺火蒸 10 分钟熟后即成。

质量要求：

造型美观、形似花瓶，皮透亮油润，馅鲜美糯香。

技术要领：

（1）选择优质糯米，用水泡胀，洗净。

（2）蒸糯米时注意洒水和水量。

（3）皮子要擀成直径 8cm，中厚边薄起皱的荷叶皮。

（4）包馅时以皮子、馅心相平为准。

（5）蒸制时要大火足汽。

香麻煎鸡饼

香麻煎鸡饼是以开水面团作皮、熟咸馅作馅,经擀皮、包馅成型后采用半煎炸法成熟的一道颇具特色的传统面点。

用料:

皮料:面粉500g、开水250g、盐5g

馅:叉烧500g、鸡肉150g、葱白25g、叉烧包芡汁150g、水香菇50g、盐、味精、胡椒粉、麻油、水生粉、白芝麻适量

工艺流程:

和面→揉面→制馅→搓条→下剂→擀皮→上馅→成型→煎制

制作方法:

(1)面粉与开水调制成开水面团,冷后揉至纯滑,待用。

(2)鸡肉、香菇、叉烧分别切成丁,鸡肉用盐水、生粉腌制过嫩油,然后起锅放入鸡丁和香菇丁翻炒,铲出与叉烧丁、麻油、味精、胡椒粉、叉烧包芡汁、葱白等拌匀成馅。

(3)面团下剂每个20g按扁,包入馅心30g,按成扁圆形,两面粘上白芝麻即为生坯。

(4)起煎锅,放入较多的油,用半煎炸法,煎至两面呈金黄色熟透即成。

质量要求:

色泽金黄油亮,皮脆香,馅美味可口、麻香浓郁。

技术要领:

(1)掌握烫面的软硬度。

(2)成熟时要采用半煎炸法,要放较多的油。

(3)煎制时注意转动锅体及翻动生坯,使其两面煎成金黄色。

(4)掌握煎制的火候和时间。

翡翠烧卖

翡翠烧卖是江苏扬州风味名点,距今已有百年历史,与千层油糕一道被称为淮扬"双绝"。其制品具有色如翡翠、晶莹透亮的特点,故名翡翠烧卖。

用料:

面粉400g、青菜叶1500g、绵白糖350g、熟猪油250g、蒸熟火腿末75g、精盐5g

工艺流程:

制馅→调制面团→下剂→擀皮→上馅→成型→点缀→蒸制

制作方法:

(1)调制馅心:将青菜叶择洗干净,放入沸水锅中烫一下,待菜叶转色即捞出,投冷水中浸泡,冷透后捞出挤去水分,剁碎成蓉再挤去水分,倒入盆中,加入绵白

糖、精盐、猪油等调拌均匀。

（2）调制面团：把面粉放入盆中，倒入适量沸水，搅拌成半熟面，再洒少许冷水，搓揉至面团软润光滑。

（3）把面团搓成长条，切小剂（每只约 15g），按扁，在干粉中用烧卖槌擀成中稍厚、边缘薄的荷叶形面皮。

（4）取面皮挑入馅心 30g，随即将面皮收拢，使馅心微露，形如石榴，在口上点缀少许火腿末，入笼中用旺火蒸 5 分钟，待到皮油亮不粘手时即成熟。

质量要求：
皮薄馅绿，色如翡翠，折纹均匀，形如花瓶，不倒不塌，甜润清香。

技术要领：
（1）面皮应稍硬一些，以便成熟后制品不倒不塌，形态美观。
（2）菜叶要剁成蓉泥，调制的馅心要成团，以便包裹成型。
（3）掌握好蒸制时间，切不可蒸过头，否则会出现软烂现象。

本章小结

本章介绍了面点制作中最基本的面团——实面面团的特点、分类、调制方法及运用等。实面面团在饮食业中应用极为普遍，特别适用于皮薄馅多、造型美观的面点。掌握好揉面的基本功、面团的软硬度、面筋力的大小，是学会做好实面面团制品的基础。

【思考与练习】

一、职业能力测评题

（一）判断题

1. 虾饺皮是用捏皮的方法制作出来的。　　　　　　　　　　（　　　）

2. 虾饺皮是用沸水烫熟面粉后而制得的一种不疏松的皮。　（　　　）

3. 实面类制品是指用面粉掺水直接拌和后，揉搓而成面团所制作的点心。
　　　　　　　　　　　　　　　　　　　　　　　　　　（　　　）

4. 水调面团的制品成熟后不易变形，成品美观。　　　　　（　　　）

5. 冷水面团与开水面团的用途是不相同的。　　　　　　　（　　　）

6. 有人说:"吃冷水面团制品爽口、有嚼头、耐饥。"此话对吗? （   ）

7. 反复揉搓冷水面团,就会产生较好的筋力。 （   ）

8. 在夏季调制冷水面团时,加入少量食盐,能增强面团的强度和弹力。

（   ）

9. 和冷水面时,掺水量要视具体情况而定。 （   ）

10. 和好的冷水面要达到软硬适宜、无夹生现象,还要有弹性。 （   ）

11. 花色饺子是实面类制品当中工艺较复杂的品种。 （   ）

12. 用温水面团经过擀皮、包馅、捏制、着色等,能制作出各种花鸟虫鱼、飞禽走兽及果品等形象点心。 （   ）

13. 做有空洞的花色饺(如梅花饺)时应采用叠捏法。 （   ）

14. 花色饺一般只需上笼蒸5~6分钟即可成熟。 （   ）

15. 用开水调制面团,其加水量要比和冷水面团要多些。 （   ）

16. 烫面后,一定要等热气散尽、凉透才揉搓成团,否则做出的成品表面粗糙、开裂。 （   ）

(二) 选择题

1. 指出下列品种中属于实面类制品的有(   )。
    A. 蒸饺   B. 包子   C. 水饺   D. 花卷

2. 实面按调制水温的不同,又可分为(   )面团。
    A. 冷水   B. 温水   C. 浆皮   D. 开水

3. 冷水面团的特点是(   )。
    A. 韧性强   B. 筋大   C. 质地硬实   D. 延伸性好

4. 由于冷水面团的性质所限,它只适合于制作(   )的点心。
    A. 水煮   B. 烘烤   C. 蒸制   D. 煎烙

5. 调制冷水面团的关键是(   )。
    A. 使用温水   B. 水温要适当
    C. 正确掌握加水比例   D. 面团要用劲揉搓
    E. 不要大力揉面   F. 静置一段时间

6. 冷水面团在静置时必须加盖湿布,主要是(   )。
    A. 防蚊子   B. 防灰尘   C. 防干皮   D. 防发酵

7. 和冷水面团时,面粉与水的比例是(   )。
    A. 1:0.3   B. 1:0.4
    C. 1:0.5   D. 1:0.6   E. 1:0.7

8. 温水面团具(   )的特点。
    A. 色泽稍白   B. 色泽洁白   C. 有韧性   D. 有延伸性

E. 可塑性较好　　F. 可塑性差　　　G. 便于包捏　　　H. 成品不易走样

9. 温水面团一般适宜制作（　　）。

A. 各种花色酥饼　B. 各类花色饺子　C. 各种花卷馒头

10. 调制温水面团时要注意（　　）。

A. 灵活掌握水温　　　　　　　B. 热天用冷水

C. 要散发面团中的热气后方可操作　D. 保持面团中的热气

11. 在花色饺的成型时，采用推捏手法的有（　　）。

A. 青菜饺的叶子　　　　　　　B. 知了饺的眼睛

C. 知了饺的翅膀　　　　　　　D. 蝴蝶饺的翅膀

E. 月牙饺的边

12. 下列品种中（　　）属于花色饺。

A. 四喜饺　　　　B. 水饺　　　　　C. 金鱼饺

13. 调制开水面团时，水温一般要达到（　　）。

A. 30℃　　　　　B. 40℃　　　　　C. 50℃

D. 60℃　　　　　E. 80℃～90℃

14. 开水面团适宜制作的品种有（　　）。

A. 蒸饺　　　　　B. 水饺

C. 锅贴　　　　　D. 烧卖　　　　　E. 开花包

15. 开水面团的性质是（　　）。

A. 柔软无筋　　　B. 弹性好

C. 可塑性好　　　D. 黏性小　　　　E. 黏性大

16. 烫面的要求是黏、柔、糯，故其操作关键就在于（　　）。

A. 烫透　　　　　B. 揉透　　　　　C. 冷透

17. 制作鸳鸯饺时，常用的手法是（　　）。

A. 拍　　　　　　B. 挤捏　　　　　C. 叠捏

D. 按　　　　　　E. 推捏

18. 制作四喜饺的手法是（　　）。

A. 挤捏　　　　　B. 叠捏　　　　　C. 推捏　　　　D. 扭捏

19. 在梅花饺的造型时，常用（　　）手法。

A. 推捏　　　　　B. 叠捏　　　　　C. 挤捏　　　　D. 扭捏

20. 鲜肉蒸饺又称月牙饺，在其造型时，常用的手法是（　　）。

A. 推捏　　　　　B. 叠捏　　　　　C. 挤捏　　　　D. 扭捏

21. 在烫澄面时，水温应达到（　　）。

A. 30℃以上　　　B. 50℃以上　　　C. 80℃以上

22. 弯梳鲜虾饺的成品质量标准是( )。
   A. 形似弯梳、大小均匀
   B. 花纹清晰、呈半透明状
   C. 馅心色泽嫣红、爽中带湿润

二、职业能力应用题

（一）案例分析题

1. 小贺观察到朱师傅在和冷水面时,每次都是只称粉、不量水,但和出面团的软硬度都符合制作要求。问其原因,朱师傅告之:诀窍在于揉面前要检查粉与水拌和后是否全部呈雪花片状,如果是,则揉出的面一定达标。请你解释此现象。

2. 小朱和出的冷水面团较软,请指出原因。

3. 小赵和出的温水面团与冷水面团无异。请指出原因。

4. 小申和出的温水面团黏性非常大。请指出原因。

5. 小罗制作出的白兔饺耳朵较小,不太像。请指出原因。

6. 丹妮制作出的弯梳鲜虾饺在吃时不爽口、有点粘嘴的感觉,她是完全按照师傅传授的配方制作的,不同之处是成熟时间稍长。请指出原因。

（二）操作应用题

1. 在10分钟内,将500g面粉和成冷水面团。

2. 现有面粉250g,请你在10分钟内,将其和成符合制作要求的温水面团。

3. 请你在1小时内,利用下述原料制作出符合规格的四喜饺成品。
   原料:面粉150g、猪肉150g、干香菇25g、各种调味品适量

4. 请你在1小时内,利用下述原料制作出符合规格的梅花饺成品。
   原料:面粉150g、干香菇25g、猪肉150g、各种调味品适量

5. 请你在1小时内,利用下述原料制作出符合规格的青菜饺成品。
   原料:面粉150g、猪肉150g、干香菇25g、各种调味品适量

6. 现有面粉250g,请你在10分钟内,将其和成符合制作要求的开水面团。

7. 请你在1小时内,利用下述原料制作出符合规格的鲜肉蒸饺成品。
   原料:面粉150g、干香菇25g、猪肉150g、各种调味品适量

8. 请你在10分钟内,将500g澄面调制成符合制作要求的澄面面团。

9. 请你在1小时内,利用下述原料制作出符合规格的桃形饺成品。
   原料:澄面250g、莲蓉馅250g、白糖50g、油50g

10. 请你在1小时内,利用下述原料制作出符合规格的弯梳鲜虾饺成品。
    原料:澄面250g、虾饺馅250g、油50g、各种调味品适量

第 5 章
膨松面团与运用

学习目标

● 了解膨松面团的作用
● 熟悉膨松面团的分类
● 掌握面团调制的基本技艺
● 懂得面团的特性、理解面团的形成原理
● 掌握膨松面团制品的制作方法

    膨松面团就是在调制面团的过程中加入适量的膨松剂或采用特殊的膨胀方法,使面团发生生化反应、化学反应或物理变化,从而改变面团的性质,制成有许多蜂窝孔洞、体积膨大的面团。

    面团要具备膨松能力,必须具备两个条件:

    第一,面团内部要有能产生气体的物质或有气体存在。因为面团膨松的实质,就是面团内部气体膨胀改变其组织结构,使制品膨松柔软,这是面团膨松的前提。

    第二,面团要有保持一定气体的能力。如果面团松散无筋,内部的气体就会逸出,达不到膨松的目的。

    根据面团内部气体产生的方法不同,膨松面团大致可分为生物膨松面团、化学膨松面团和物理膨松面团。

第一节 生物膨松面团

一、概念、原理及用途

(一)生物膨松面团的概念

    生物膨松面团也就是发酵面团,就是在面粉中加入了适当水温的水和酵母菌后,在适宜的温度条件下,酵母菌生长繁殖产生气体,使面团膨松柔软,这种面团就叫生物膨松面团。

（二）生物膨松面团的原理

1. 面团发酵原理

在面团中引入了酵母菌后,它们可利用面粉中淀粉、蔗糖分解产生的单糖作为养分而繁殖增生,进行呼吸作用和发酵作用,产生大量的 CO_2 气体,并同时产生酒精、水和热。CO_2 气体被面团中的面筋网络包住不能逸出,从而使面团出现蜂窝组织,膨大、松软。当面团内温度达到 33℃ 时,在酵母菌繁殖的同时醋酸菌也大量繁殖,并分泌氧化酶,氧化酶将面团发酵生成的酒精分解为醋酸和水,使面团产生酸味。发酵时间越长,产生的酸味就越浓。

2. 饮食业中常见的生物膨松剂

饮食业中常见的生物膨松剂通常有两种:

（1）纯酵母菌,有鲜酵母、活性干酵母和即发活性干酵母三种。使用特点是膨松速度快、效果好、操作方便,但成本高。

（2）酵种（又称面肥、老肥等）,即前一次用剩的酵面,使用特点是成本低、发酵速度慢、发酵时间长、制作难度大、易产生酸味,需加碱中和。

3. 影响面团发酵的因素

（1）面粉

对面粉质量的要求,一是提供酵母养分的能力,二是保持气体的能力,指面筋蛋白质的含量和质量。面粉中单糖的含量很低,大部分单糖都是淀粉在淀粉酶的作用下转化来的,若面粉变质或经过高温处理,那么淀粉酶就会受到破坏,这将直接影响到酵母的繁殖,降低产生能力。面粉中的面筋网络具有抵抗气体膨胀力、阻止气体逸出的性能。面粉面筋质含量过少或筋力不足,酵母发酵所产生的气体就不能保持,面团则不能膨松胀发;面筋过多,筋力过强,也会阻碍面团的膨胀,达不到理想的发酵效果。

（2）酵母

首先是酵母发酵能力的影响。纯酵母发酵力强,但鲜酵母一般都低温保存,与干酵母一样,使用时最好先温水活化,可提高它们的发酵力。面肥发酵,隔天的酵种发酵力较强,膨松质量和效果都较好。发酵时间过长的面肥发酵力将减弱,异味也越大;其次是酵母用量的影响。一般情况下,增加酵母用量可以促进面团的发酵速度。研究表明,加入酵母数量过多时,它的繁殖率反而下降。一般情况下,以加入面粉量的 1% 左右为宜。同时还应考虑气候、水温及制作品种等因素。

（3）温度

酵母菌的活力受温度的影响很大,发酵面团的温度主要来自水温、气温和发酵过程中产生的热量。生产过程中主要根据当时的气候条件,用水温来调节。如夏季用微温水,春秋季用温水,冬季用温热水,使调制好的面团的温度处于30℃左右比较利于酵母的生长繁殖。面团温度过低,发酵速度缓慢;面团温度过高,杂菌繁殖较快,面团酸度将增高。

（4）面团硬度

一般情况下,含水量多的面团,酵母繁殖率高,同时因面团较软,容易膨胀,但水量多又影响面粉中的蛋白质形成面筋网络,气体易散失;掺水量少的面团,酵母繁殖率低,同时因面团较硬,对气体膨胀的抵抗力较强,因此发酵速度较慢。所以面团过软或过硬都会影响发酵的效果。因此和面时的加水量一定要适当,要根据制品的要求、气温、面粉性质、含水量等因素来掌握。

（5）发酵时间

发酵时间的长短对发酵面团的质量是至关重要的。发酵时间过短,面团不胀发,色香质差,影响成品的质量;发酵时间过长,面团变得稀软无筋,若面肥发酵则酸味强烈,成熟后软塌不松发。因此发酵时间长短要根据酵母(或面肥)的数量和质量、水温、气温等因素综合考虑。

以上五种主要因素是互相影响和制约的,要综合考虑,其中时间的控制最为关键。

（三）生物膨松面团的特点和用途

生物膨松面团具有体积膨大松软、面团内部呈蜂窝状的组织结构、吃口松软、有弹性等特点。

生物膨松面团一般适用于面包、包子、馒头、花卷等制品。

二、生物膨松面团的调制方法

（一）酵母膨松面团的调制方法

1.原料

酵母菌、面粉、温水、油、糖、盐、蛋、牛奶

2.工艺流程

$$酵母→培植→\begin{cases}面粉\\温水\\白糖\\其他辅料\end{cases}→和面揉匀→静置发酵$$

3.调制方法

调制时,先将酵母放入容器内加少量温水(25℃～30℃为宜)以及少量的糖、粉调成稀糊状,放置10分钟左右见表面有气泡产生即可放入粉缸中,加入面粉、温水、糖、盐等原料,充分揉匀,揉透至面团光滑后,盖上湿布静置发酵。也可加入少

量的泡打粉起辅助作用。若是制作面包,一般将面团置于温度为 28℃、湿度为 75% 的温箱中发酵 90 ~ 120 分钟即可。

4. 调制要点

(1)严格把握面粉的质量。制作不同的面点品种,对面粉的要求不一样,一般制作包子、馒头、花卷选用中、低筋粉,而制作面包则选用高筋粉。

(2)控制水温和水量。要根据气温、面粉的用量、保温条件、调制方法等因素来控制水温,原则上以面团调制好后面团内部的温度在 28℃ 左右为宜。制作不同的品种,加水量也有差别,要根据具体品种决定加水量。

(3)掌握酵母的用量。酵母用量过少,发酵时间太长;酵母用量太多,其繁殖率反而下降。酵母的用量一般占面粉量的 1% 左右。

(4)面团一定要揉透揉光。否则,成品不膨松,表面不光洁。

(二)酵种发酵面团的调制方法

1. 原料

面粉、老酵、水

2. 工艺流程

面粉、老酵和水→和面→揉面→发酵面团

3. 调制方法

将面粉置于案板上,中间扒一凹坑,加入老酵和水拌匀,和面、揉面至面团表面光滑,发起即成。

4. 调制要点

(1)根据制品要求选择酵面种类。

(2)控制发酵时间。要根据酵面种类、成品的要求、气候条件等掌握发酵时间。

(3)掌握用料比例。要根据不同气候条件灵活掌握比例。

(4)面团要调匀揉透。手工和面揉面劳动强度较大,可用和面机、压面机操作,这样速度快、质量好。

5. 酵面发酵程度

酵面发酵程度,主要通过感观来鉴定,有如下三种类型:

(1)发酵正常。用手按有弹性,质地光滑柔软;切开酵面,剂面有许多均匀小孔,可嗅到酒香味。

(2)发酵不足。用手按面团不膨松,切开酵面无孔或孔小,酒香味无或少。

(3)发酵过头。用手按易断、无盘力,切开酵面,剖面孔洞多而密,酸味很重。

6. 酵种的培养

饮食行业一般将前一次使用剩下的酵面作引子,如果没有或用完了则需重新培养。常用的有白酒培养法、酒酿培养法两种。

（1）白酒培养法

1kg 面粉，掺入白酒 200~300g、水 400~500g，调和揉透后静置使其发酵，即可得到老酵。

（2）酒酿培养法

1kg 面粉掺 500g 酒酿，掺水 400g 左右，揉成团后放入盆内盖严，静置发酵即可。

7. 酵面的种类

酵种发酵面团的种类主要有如下几种：

（1）大酵面

大酵面是将面粉加老酵及水和成面团，经一次发足而成的酵面。老酵的量占面粉量的 20%，加水量约各 50%，发酵时间夏天为 1~2 小时、春秋天 3 小时、冬天 5 小时，发酵程度各 8 成左右。其特点是膨大松软、制品色白。常用于制作各式包子、花卷等制品。

（2）嫩酵面

嫩酵面是没有发足的酵面，即用面粉加入少许老酵及温水调制，稍醒发后即可使用的面团。调制面团时各种原料用量比例均与大酵面相同，只是发酵时间短，相当于大酵面 1/3 到一半的时间。其特点是没有发足、松发中有一定的韧性、延伸性较强、质地较为紧密。可制作小笼包、汤包、千层油糕等制品。

（3）呛酵面

就是在酵面中，呛入干面粉揉成团。这种面团有两种不同的呛制方法：一是用兑好碱的大酵团，掺入 30%~40% 干粉调制而成。用它做出的成品，吃口干硬，有咬劲；二是在老酵中掺入 50% 的干粉调制成团进行发酵，发酵时间与大酵面相同，要求发足、发透，然后加碱制成半成品。特点是面团较软，没有筋性，其制品表面开花，绵软香甜，可制作开花馒头等制品。

（4）碰酵面

是用较多的老酵与温水、面粉调制成的酵面。一般老酵占 4 成，水调面占 6 成，也有 1:1 的。它是大酵面的快速调制法。其特点是：膨松柔软、随制随用，可使饮食店连续生产，但质量略逊于大酵面。常用于制作各式包子、花卷等制品。

（5）烫酵面

就是把面粉用沸水烫熟，拌成雪花状，稍冷后再加入老酵揉制而成的酵面。其特点是筋性小、柔软、微甜。可制作黄桥烧饼等制品。

8. 兑碱

酵面对碱量是用酵种发酵面团、制作发酵制品的关键技法之一。

（1）兑碱量。兑碱量的多少要根据酵面种类、气候条件、水温、成熟方法、成品要求等因素综合考虑。

（2）碱液。目前饮食业常用的食碱，须加温水对成碱溶液后才可加入面团。

（3）兑碱方法。采用揣碱法加碱。操作时在案上撒一层干粉，把酵面放上，摊开酵面将碱水浇在面团上，将面团卷起，横过来，双手交叉，用拳头和掌根向两边揣开，由前向后再卷起。如此反复至碱水均匀分布在面团中即可。

现在条件较好的饭店改用和面机和面、压面机压光的方法调制面团。

9. 感官验碱法

要鉴别发酵面团的兑碱情况，在实际操作中仍以感观鉴定方法为主，见表5-1：

表5-1 感官法鉴定发酵面团兑碱情况

方法	面团或面剂的特征	加碱量
嗅	有面香气味	正碱
	酸味	碱少
	碱味	碱大
尝	面香味、甜滋味	正碱
	酸味、粘牙	碱少
	碱味、发涩	碱大
听	用手拍面，发出敲木鱼的"嘭嘭"声	正碱
	用手拍面，发出松而空的"扑扑"声	碱少
	用手拍面，发出硬实的"叭叭"声	碱大
看	剖面上孔洞均匀，圆形如芝麻大小	正碱
	剖面上孔洞大而多，呈椭圆形，大小不一，分布不均	碱少
	剖面上孔洞小而密，呈扁长形	碱大
揉	软硬适宜，不粘手，有一定筋力	正碱
	松软没劲，黏手	碱少
	筋力大，滑手	碱大
试(蒸、烧、烤)	色白、味香、形态饱满、膨松	正碱
	色暗、味酸、表面结块、呈油色	碱少
	有碱味、涩嘴	碱大

三、品种实例

小笼包

小笼包是以发酵面团作皮,水打鲜肉馅为心,用提褶的方法成型,制成 16～18 褶的圆形生坯,经蒸制而成的一种著名传统面点。

用料:

皮料:低筋粉 500g、白糖 50g、干酵母 5g、泡打粉 5g、水 200g

馅料:鲜肉馅 500g

工艺流程:

和面→压面→卷条→提条→下剂→擀皮→上馅→成型→醒发→蒸制

制作方法:

面粉和泡打粉混合过筛,在案台上开凹,放入白糖、酵母、水搅拌匀,进粉,和成面团,用压面机擀压及卷条,搓至所需大小,下剂每个 15g,擀成 5cm 的圆皮,包上 15g 馅心,用拇指和食指提褶成 16～18 个褶,收口成鱼嘴形生坯,醒发至 8 成,入笼用旺火蒸制 5 分钟,熟后即成。

质量要求:

色泽洁白,形态美观,褶纹均匀清晰,馅心居中,皮质松软有劲,馅心鲜香滑嫩。

技术要领:

(1)调制面团时软硬要适度。

(2)成型时要用提褶法,褶纹要 16～18 个。

(3)生坯要醒发至 8 成,才能蒸制。

(4)蒸制时要旺火足汽。

奶白馒头

馒头是源于我国北方民间的主食,多采用传统的中式发酵法制作。现在经过改良,采用新配方、新工艺制成的馒头,具有色泽奶白、表面光滑、松软带劲、气孔细腻的特点。

用料:

面粉 500g、白糖 50g、酵母 5g、奶粉 40g、水 175g、泡打粉 5g

工艺流程:

和面→压面→搓条→切剂→醒发→蒸制

制作方法:

(1)面粉与泡打粉混合过筛,在案台上开凹,放入白糖、奶粉、酵母、水搅匀,和成面团放入压面机中反复擀压几次,至面团光滑为止。

（2）擀压的面团卷成条，搓至所需的大小，切剂 6 钱一个，醒发至 8 成到表面饱满浮松，即可入笼蒸制约 10 分钟，熟后即成，上碟时配炼乳食用更佳。

质量要求：

色泽洁白，膨松饱满，松软带劲，气孔细密，奶香浓郁。

技术要领：

（1）调制面团软硬要适中。

（2）搓条要大小均匀，表面光滑。

（3）掌握好生坯醒发的时间（约 30 分钟）和程度（8 成）。

（4）蒸制时要旺火足汽。

五香花卷

花卷是酵面制品的常规品种，花样很多。因口味不同，花卷有咸花卷和甜花卷之分；因成型方法不同，有数十种花色卷。普通花色卷有脑花卷、马蹄卷、枕形卷、麻花卷等，较为复杂的有鸳鸯卷、如意卷、四喜卷、蝴蝶卷、菊花卷、荷花卷、佛手卷、桃形卷、双桃卷等，区别在成型上。

用料：

面粉 1000g、面肥 300g、熟油 30g、葱 100g、精盐、食碱适量

工艺流程：

发面→兑碱→擀坯→刷油→铺馅→卷制→切剂→成型→蒸制→成品

制作方法：

（1）面粉加面肥、温水 500g 和成发酵面团，在 30℃左右发酵 3～4 小时，待酵面发起，加入食碱水揉匀，稍饧。

（2）将面团擀成厚约 1cm 的坯皮，刷上油，撒上葱花、精盐，然后由上向下卷成筒状。

（3）用刀先将筒形一端朝右方斜刀切下，接着朝左方再斜刀切成梯形，然后立起小角朝上，用筷子压一下即成生坯（也可用双手翻拧成花）。

（4）入笼屉用旺火足蒸 10 分钟即可。

质量要求：

色白松软，卷层分明，形状美观，葱香油润。

技术要领：

（1）兑碱量要准确。

（2）面团软硬度要合适。过软，花卷的形状受影响；过硬，影响发力。

（3）要旺火汽足，花卷翻花效果才好。

菜肉大包

用料：

皮料：低筋粉 350g、大酵面 1000g、白糖 100g、食碱适量

馅料：菜肉馅 500g

工艺流程：

酵面＋碱＋糖→揉匀→进粉→蒸样→搓条→下剂→上馅→成型→蒸制

制作方法：

（1）大酵面加碱水、糖擦匀，与面粉混合成面团，蒸样。

（2）面团搓条下剂每个 65g，按扁后加上 20g 馅料，用右手的拇指、食指捏折成有整齐花纹的提褶包。

（3）入笼屉用旺火蒸制 15 分钟，成熟即可。

质量要求：

色泽洁白、膨松饱满、提褶均匀、色体端正、馅味美有汁。

技术要领：

（1）调制面团时吃碱要准。

（2）包馅捏形时褶纹清晰而不露馅。

（3）蒸制火候为旺火足汽。

蚝油叉烧包

蚝油叉烧包又称开花包，是以老酵面为主要原料，配以面粉、白糖、碱水、泡打粉调制面团后，经包馅成型、蒸制而成的传统面点，是广式面点的代表性品种。

用料：

皮料：老酵面 500g、面粉 150g、白糖 125g、泡打粉 10g、碱水 3g

馅料：蚝油叉烧馅 250g

工艺流程：

酵面＋碱→闻碱＋白糖→擦化→进粉→蒸样→搓条→下剂→上馅→成型→蒸制

制作方法：

（1）酵面加碱水擦匀，闻碱加入白糖擦化，再与面粉、泡打粉和成面团，蒸样。

（2）面团搓条下剂每个 25g，包入馅心 10g，拢上口，底部垫一方纸，入笼蒸制 10 分钟，熟后即成。

质量要求：

面皮色白，膨松绵软，表面开花，露出叉烧馅汁，口感松软甜润，馅心鲜香有汁，咸甜适宜。

技术要领：

（1）酵面一定要发老、发足。

（2）灵活掌握碱水用量。

（3）面团不能揉搓过多。

（4）蒸制时要旺火足汽。

开花馒头

用料：

低筋粉150g、老酵面500g、白糖150g、泡打粉10g、碱水3g、红、绿瓜丝各15g

工艺流程：

老酵面＋糖＋碱水→擦化→进粉→蒸样→搓条→下剂→成型→蒸制→点缀

制作方法：

（1）老酵面加碱水和糖擦匀、擦化，再与面粉、泡打粉和成面团，蒸样。

（2）面团搓成长条，用手摘每只75g重的面剂，将横截面朝上放在刷油笼内，入蒸锅中用旺火蒸12分钟，至表面开花熟透后出笼，趁热撒上红、绿瓜丝点缀即成。

质量要求：

色洁白，口感绵软，开花自然，香甜。

技术要领：

（1）酵面要发足些以降低面团的筋力，利于蒸制时开花。

（2）蒸制时火力要猛、汽足，利于制品的开花。

秋叶包

用料：

皮料：低筋粉500g、白糖50g、干酵母5g、泡打粉5g、水200g

馅料：鲜肉馅500g

工艺流程：

和面→压面→卷条→搓条→下剂→擀皮→上馅→成型→醒发→蒸制

制作方法：

（1）面粉和泡打粉混合过筛，在案台上开凹，放入白糖、酵母、水搅拌匀，进粉，和成面团，用压面机擀压及卷成条形。

（2）搓至所需大小，下剂每个25g，擀成6cm的圆皮，包上15g馅心，用拇指和食指捏住皮子用提褶法折几折拉起向馅心稍按，再用拇指和食指将皮子两面交叉捏起比齐，边往前移动，边捏，捏出约九至十对叶脉褶纹，中间一条叶脉一直到叶尖，形成秋叶的生坯。

(3)醒发至八成,入笼用旺火蒸制7~8分钟,熟后即成。

质量要求:

形似叶子,色泽洁白,膨松饱满,褶纹均匀清晰,馅心居中、鲜香滑嫩。

技术要领:

(1)调制面团时软硬要适度。

(2)成型时褶纹要清晰均匀。

(3)生坯要醒发至八成,才能蒸制。

(4)蒸制时要旺火足汽。

流沙包

用料:

皮料:低筋粉500g、白糖50g、干酵母5g、泡打粉5g、水200g

馅料:咸蛋黄10个、白糖200g、黄油100g、奶粉50g、牛奶50g、澄面40g

工艺流程:

和面→压面→卷条→搓条→下剂→擀皮→上馅→成型→醒发→蒸制→成品

制作方法:

(1)咸蛋黄蒸熟压成蓉,白糖和黄油擦匀、擦化,加入牛奶一起和匀,最后加入奶粉和澄面和匀成流沙馅。

(2)面粉和泡打粉混合过筛,在案台上开凹,放入白糖、酵母、水搅拌匀,进粉,和成面团,用压面机擀压,卷成条形。

(3)将面团下剂成30g/个的面坯,用包上法包上15g馅心成球形生坯,将生坯收口处朝下,放在蒸拼上。

(4)生坯醒发至八成,入笼用旺火蒸制10分钟,熟后即成流沙包。

质量要求:

色泽洁白,膨松饱满,馅流香甜。

技术要领:

(1)调制面团时软硬要适度。

(4)包馅成型时要居中,收口要捏紧。

(3)生坯要醒发至八成,才能蒸制。

(4)蒸制时要旺火足汽。

蝴蝶卷

用料:

皮料:低筋粉500g、白糖50g、干酵母5g、泡打粉5g、水200g

馅料:豆沙馅250g

工艺流程:

和面→压面→擀皮→上馅→成型→醒发→蒸制

制作方法:

(1)面粉和泡打粉混合过筛,在案台上开凹,放入白糖、酵母、水搅拌匀,进粉,和成面团,用压面机擀压成0.4cm厚的方形皮子。

(2)在皮子上抹上一层薄的豆沙馅,从一头卷向另一头,卷成圆筒,再用快刀一片片切下,取二片对称放好并拢,用尖头筷在圆卷形下三分之一处夹紧,卷头散出的两根作为触须,再用手在翅上捏出翅尖,即成。

(3)醒发至八成,入笼用旺火蒸制10分钟,熟后即成蝴蝶卷。

质量要求:

形象逼真,膨松饱满,色泽洁白,香甜松软。

技术要领:

(1)调制面团时软硬要适度。

(2)面皮的厚薄度要掌握好。

(3)成型时注意夹翅的比例。

(4)蒸制时要旺火足汽。

第二节 物理膨松面团

一、概念、原理及用途

(一)物理膨松面团的概念

物理膨松面团是指利用鲜蛋或油脂作调搅介质,经高速搅打来打进和保持气体,然后加入面粉等原料调制而成的面团。这种面团的膨松性是依靠鸡蛋清的起泡性或油脂的打发性,通过机械的搅打充入空气,成熟时,因其变热膨胀致使制品疏松膨大。

(二)物理膨松面团的膨松原理

物理膨松面团依调搅介质不同,分为蛋泡面团和蛋油面团。

1.蛋泡面团的膨松原理

蛋白是一种亲水胶体,具有良好的起泡性能。蛋液经高速搅打后,使蛋白中的球蛋白降低了表面张力,增加了黏度,有利于空气进入而形成泡沫。蛋白中的黏蛋白和其他蛋白经搅打产生局部变性形成薄膜,将混入的空气包围起来。同时表面张力迫使泡沫成为球形,加上蛋白胶体具有黏度和加入的原料附着在蛋白泡沫层的四周,泡沫层变得浓厚坚实,增强了泡沫的稳定性和持气性,当熟制时,泡沫内气体受热膨胀,使制品呈多孔的疏松结构。

2. 蛋油面团的膨松原理

具有良好的可塑性和融合性的油脂经过高速搅打以后,空气被油脂吸入并保存在内部,油脂与面粉、蛋等物质搅打融合。当熟制时,空气受热膨胀,使制品形成多孔的疏松结构。

3. 影响蛋泡面团泡沫形成的因素

(1) 原料

新鲜的鸡蛋灰分少,含氮物质量高,胶体溶液的稠浓度强,能搅打进较多的气体,保护气体的性能也稳定;而存放时间过久的蛋和散蛋黄,均会使膨松效果受到限制。因此最好选用新鲜鸡蛋。另外,还有面粉的质量的影响,一般情况下,面粉须用低筋粉或将面粉预先蒸熟,这样制成的清蛋糕更为松软。

(2) 温度

蛋液在30℃左右时松发性能最好,形成的气泡最为稳定。温度太高、太低都会影响松发。所以冬天常将打蛋桶置于温水中,使蛋液的温度升高,以提高膨松效果。

(3) 器具

搅打的速度和搅打器接触面积与起泡速度有关。一般来说搅打速度快、搅打器接触面广,则起泡速度快。

(4) pH 值

pH 值对蛋白质泡沫的形式和稳定影响很大,在偏酸性下泡沫较稳定,因而打蛋时有时需加入酸性物质。

4. 影响蛋油面团形成的因素

(1) 油脂

油脂的性质决定了它的打发性。制作蛋油面团的油脂要求可塑性、融合性好,熔点较高。氢化油、起酥油的打发性好于奶油和人造奶油。

(2) 搅拌桨的形状

可塑脂的黏度较大,硬度较高,开始搅打宜用叶片式搅拌桨,待油脂软化后再改用球形搅拌桨搅打,这样更利于充气。

(3) 糖颗粒的大小

糖颗粒的大小影响着油脂结合空气的能力和搅拌时间的长短。糖的颗粒越小,油脂结合空气能力越大,搅拌时间越短。

(4) 温度

温度低、油脂硬,搅打时间较长,可采用热水加温。但温度过高,超过油的熔点,也打发不起来。

（三）物理膨松面团的特点与用途

物理膨松面团呈较稀软的糊状，必须现制现用。制成的成品酥松性好、营养丰富、柔软适口，用于制作各式蛋糕，如卷蛋糕、夹心蛋糕等。

二、物理膨松面团的调制方法

（一）蛋泡面团的调制方法

1. 用料

鸡蛋、白糖、面粉、奶水、蛋糕乳化剂、油脂、盐、发粉等

2. 工艺流程

糖、蛋、盐搅至糖溶化→加蛋糕乳化剂搅匀→加面粉、发粉后慢速搅拌→分几次加入奶水高速搅拌→慢速搅拌→加入流质油、用手搅匀

3. 调制方法

将糖、蛋、盐放入专用搅拌器中，先慢速搅至糖溶化，再加入蛋糕乳化剂搅匀，面粉过筛与发粉拌匀一起加入到搅拌器中慢速搅拌两分钟，再高速搅拌 5 分钟，同时分几次加入奶水，最后再慢速搅拌两分钟，加入 60℃ 油脂用手拌匀。

4. 调制要点

（1）掌握合理的搅打方法。

（2）合理使用乳化油，蛋糕乳化剂的使用量多少，对其制作工艺有很大的影响。当蛋糕油使用量大（5% ~8%），调制时，粉、蛋、糖等原料可以一次加入搅拌；蛋糕油使用量减少时，则面粉应尽量推后加入，这样有利于蛋液起泡。

（二）蛋油面团的调制方法

1. 用料

面粉、白糖、油脂、鸡蛋、盐、发粉、奶水等

2. 工艺流程

（1）粉油拌合法

面粉、油脂、发粉中速打法→加糖、盐中速搅匀→加奶水慢速搅匀→中速加入鸡蛋→蛋油面团。

（2）糖油拌合法

糖、油、盐中速打法→鸡蛋分几次加入搅匀→面粉、发粉分几次与奶水交替加入慢速搅匀→蛋油面团。

3. 调制方法

（1）粉油拌合法

将面粉与发粉过筛，与油脂一起放入搅拌容器内，先慢速搅打，使油脂黏附于面粉表面，再改用中速搅打粉油 10 分钟至膨松。接着加入糖盐继续搅打 3 分钟，

改用慢速搅匀,缓慢加入奶水,再改用中速加入鸡蛋,继续搅拌至糖粒全部溶化。

（2）糖油拌合法

将糖、油、盐加入搅拌器中,用中速搅打10分钟至糖油膨松成乳白色状。将蛋分几次加入已打发的糖油中搅匀,使蛋与糖、油充分乳化融合。过筛的面粉、发粉与奶水分几次交替加入上述混合物中,并用低速搅拌均匀细腻。

4. 调制要点

（1）油脂的使用。选择可塑性强、融合性好、熔点较高的油脂为好。

（2）搅拌桨选用。开始时宜使用叶片式拌桨,将油脂搅打软化,最后宜用球形搅拌桨搅打充气。

（3）搅打温度的影响。温度过低、油脂不易打发;温度过高,超过其熔点,也打发不起来。

（4）糖颗粒大小的影响。糖的颗粒越小,油脂打发时间越短,油脂结合空气的能力越强。

三、品种实例

雪花蛋糕

用料：

①鸡蛋1000g、细糖500g、盐5g

②低筋面粉450g、吉士粉50g、蛋糕油40g

③水125g、蛋及奶及香精适量

④色拉油75g

⑤椰蓉100g

工艺流程：

慢速搅打①→加②原料→快速搅打→加③→加④→倒盘→烘烤→抹奶油→成型→点缀→切件

制作方法：

（1）慢速搅打①3分钟,加入②快速打至充分起发。

（2）中速加入③拌匀,改用慢速搅拌3分钟,加入④拌匀。

（3）倒入垫纸抹油的烤盘内,抹平、入炉,用面火200℃、底火170℃烤熟。

（4）冷却后,倒出对半切开,抹上奶油、夹起,在蛋糕表面抹上奶油,然后撒上椰蓉,切件即可。

质量要求：

膨松柔软,气孔细密,有弹性,口味香甜。

技术要领:

(1)蛋糕油和水的用量不宜过多,否则蛋糕容易下塌。

(2)成型时要整齐、均匀。

(3)要掌握好烘烤的炉温。

酥皮卷蛋糕

用料:

①鸡蛋 1000g、白糖 450g、蛋糕油 20g

②低筋面粉 400g、玉米粉 50g

③色拉油 75g

④酥皮 1 块、甜奶油 300g

工艺流程:

搅打①→起发→加②原料→搅拌均匀→加③原料→拌匀→倒盘→烘烤→卷制→定型→卷制酥皮→刷蛋烘烤

制作方法:

(1)将①放入搅拌桶内,快速搅打起发,加入②原料搅拌均匀,再加入③原料拌匀。

(2)将蛋糕浆倒入垫纸烤盘内,抹平,入烤炉中用 220℃ 的温度烤全表面呈棕黄色,熟透取出。

(3)待蛋糕坯冷却后脱出,另垫上白纸,抹上甜奶油,将蛋糕卷成圆筒形,静置 20 分钟。

(4)将卷蛋糕卷上酥皮,在表面切出刀痕,刷蛋入炉烘烤(炉温 220℃),让表面呈金黄色,熟透取出,冷却后切件即可。

质量要求:

表面色泽金黄酥脆,内膨松柔软。

技术要领:

(1)将①原料充分打发后拌入②原料,再加③原料。

(2)注意烘烤炉温。

(3)蛋糕卷制后须定型 20 分钟。

双色卷蛋糕

用料:

①水 250g、色拉油 250g、细糖 150g

②低筋面粉 450g、泡打粉 5g

③蛋黄 375g　　　　　　　　　④蛋白 900g

⑤细糖 500g、塔塔粉 10g、盐 5g　⑥橙红、香芋色香油适量

工艺流程：

拌匀①→加②→加③拌匀→搅打④→混合拌匀→加入色香油→倒盘→烘烤→冷却→卷制→切件

制作方法：

(1)①拌匀至糖溶解。

(2)②过筛后加入①中拌匀，再加入③拌匀。

(3)④快速打至温性发泡，加入⑤打至干性起发，再与蛋黄面糊混合拌匀，分成两份，分别调上橙红、香芋色香油拌匀。

(4)将两种不同颜色的蛋浆倒入烤盘，各占一半，刮平表面，用面火 180℃、底火 150℃烤熟。

(5)冷却后，在蛋糕表面抹上奶油或果酱，卷起，定型 20 分钟左右切件。

质量要求：

色泽艳丽鲜明，质地松软，富有弹性，卷形规整。

技术要领：

(1)掌握好蛋白的起发度。

(2)卷条要紧，须定型后才能切件。

果酱蛋糕

用料：

①鸡蛋 900g、白糖 500g、蛋糕油 25g、水 200g

②面粉 500g、吉士粉 25g

③果酱 250g、忌廉 300g

④奶油 75g

工艺流程：

搅打①→起发→加②拌匀→加④搅匀→倒盘→烘烤→成型→装饰

制作方法：

(1)将①原料搅打起发，加入②原料拌匀，加入④原料搅匀，倒盘刮平。

(2)入炉 200℃的烤箱中烘烤 20 分钟。

(3)蛋糕冷却后切成两半，用忌廉夹层，再用小椭圆形按模压出蛋糕坯。

(4)在蛋糕坯表面抹上忌廉，用花嘴挤上忌廉围边，中间装上果酱即可。

质量要求：

柔软有弹性，香甜湿润，果酱味浓。

技术要领：

（1）掌握好蛋糕的打制方法及成型方法。

（2）注意烘烤的炉温。

第三节 化学膨松面团

一、概念、原理及用途

（一）化学膨松面团的概念

化学膨松面团，是把一定数量的化学膨松剂加入面粉中调制而成的面团，它是利用化学膨松剂在面团中受热后发生化学变化产生气体，使面团疏松膨胀。此类面团一般使用糖、油、蛋等辅助原料的量较多。根据化学膨松剂的不同，化学膨松面团一般可分为发粉化学膨松面团和矾碱盐化学膨松面团两大类。

（二）化学膨松面团的膨松原理

当化学膨松剂调入面团中，有的膨松剂就发生化学反应，有的膨松剂在成熟时受热分解或发生化学反应，产生大量的 CO_2 气体，使制品内部形成多孔组织，达到膨大、疏松的效果，这就是化学膨松的基本原理。

虽然化学膨松剂最终都产生了 CO_2 气体，但由于各自的化学成分不同，它们的化学反应也有差别。下面分别介绍它们使面团膨松的反应原理。

1. 发粉化学膨松面团的膨松原理

当把小苏打、臭粉或泡打粉加入到面团中，经过加热使这些膨松剂受热分解或发生化学反应，产生大量的 CO_2 气体，使制品膨大、疏松。

（1）小苏打。学名碳酸氢钠，为白色粉末，分解温度为 $60℃ \sim 150℃$。其受热时的反应式如下：

$$2NaHCO_3 \xrightarrow{\text{加热}} NaCO_3 + CO_2\uparrow + H_2O$$

碳酸氢钠　　　　　碳酸钠　二氧化碳　水

由于产生 CO_2 的同时产生碳酸钠，使成品带有碱味并呈暗黄色。因此要严格控制小苏打的用量。

（2）臭粉。学名碳酸氢铵，白色结晶，分解温度为 $30℃ \sim 60℃$，加热反应式如下：

$$NH_4HCO_3 \xrightarrow{\text{加热}} NH_3\uparrow + CO_2\uparrow + H_2O$$

碳酸氢铵　　　　　氨气　　二氧化碳　水

因反应中同时产生氨气和 CO_2 气体，因而其膨松能力比小苏打大 $2 \sim 3$ 倍，制品中常残留有刺激味的氨气,影响制品风味。所以使用时也要控制用量。

(3)泡打粉。又称发酵粉,为复合膨松剂。酸剂有酒石酸氢钾、酸性磷酸钙、明矾等,碱剂一般为小苏打,填充剂为淀粉、脂肪酸。

小苏打——酒石酸氢钾发酵粉。

$$NaHCO_3 + HOOC(CHOH)_2COOK \xrightarrow{加热} NaOOC(CHOH)_2COOK + CO_2\uparrow + H_2O$$

　　小苏打　　　酒石酸氢钾　　　　　　酒石酸钾钠　　　　　二氧化碳　水

由于成品中不残留碱性物质,克服了碱性膨松剂的缺点。

2.矾碱盐化学膨松面团的膨松原理

矾是一种强酸弱碱盐,而小苏打是一种强碱弱酸盐,两者在水溶液中互相促进对方的水解而产生大量气体。在受热情况下使制品膨大松软。矾是指明矾,学名钾铝矾,也称硫酸铝钾,分子式是$[KAL(SO_4)2]\cdot2H_2O$,是一种复盐,无色透明的结晶性碎块或结晶粉末,溶液是酸性,有水解作用。

配制明矾、碱与盐的水溶液时,明矾发生水解作用,生成氢氧化铝、硫酸等。

$$KAL(SO_4)_2 + H_2O \rightarrow AL(OH)_3 + K_2SO_4 + H_2SO_4$$

　明矾　　　　　　　　氢氧化铝　硫酸钾　硫酸

硫酸与小苏打或食碱起反应生成CO_2气体

$$H_2SO_4 + 2NaHCO \rightarrow Na_2SO_4 + 2CO_2\uparrow + 2H_2O$$

　硫酸　　碳酸氢钠　　硫酸钠　二氧化碳　水

或

$$H_2SO_4 + Na_2CO_3 \rightarrow Na_2SO_4 + 2CO_2\uparrow + 2H_2O$$

　硫酸　　碳酸钠　　硫酸钠　二氧化碳　水

可见,如果矾大碱小,则生成的氢氧化铝(矾花)减少,因多余明矾留在水溶液中,使制品带有苦涩味;如果矾小碱大,剩余的碱发生水解,使水溶液呈碱性,生成的氢氧化铝是反性电解质,当$pH>7.5$时开始有偏铝酸根生成,氢氧化铝减少而使成品不酥脆。

3.化学膨松面团的调制要点

(1)严格控制用量,尤其是小苏打、臭粉等碱性膨松剂,用量过多会严重影响制品的风味和质量。

(2)懂得使用方法,不同的膨松剂具有不同的使用方法。如臭粉因分解温度较低,往往在制品熟制前和熟制初期即分解完毕,因而不宜单独使用,常和小苏打配合使用,矾碱盐使用时,须先将矾、碱分别溶化后再混合,加入粉料中去。

(3)掌握不同面团的调制和静置时间。不同化学膨松剂有不同的反应过程,调制和静置与反应过程不一致,会造成膨松失败,影响制品质量,如油条面团必须采用捣面的方法成团,并且要静置较长时间膨松效果才好。

（三）化学膨松面团的特点与用途

发粉化学膨松面团,具有工序简单、膨松力强、时间短、制品也较为白净松软等优点,面点在制作成熟时,其膨胀、酥脆性可不受面团中的糖、油、乳、蛋等辅料的限制,适合用于多糖、多油的膨松面团。这类面团适合制烘烤类油炸类制品,如甘露酥、松酥、萨其马等。矾碱盐化学膨松面团主要用于制作油条。

二、化学膨松面团的调制方法

（一）发粉膨松面团的调制方法

1. 原料

面粉、水、油、糖、蛋、膨松剂

2. 工艺流程

面粉、膨松剂→搅拌均匀→水、油、糖、蛋→擦匀成团

3. 调制方法

将面粉放在案板上加入化学膨松剂拌和均匀,再加入水或油、糖、蛋等一起揉透擦匀,成团即可。

4. 调制要点

（1）严格掌握各种化学膨松剂的用量。

（2）调制面团时不宜使用热水,因为化学膨松剂受热会立即分解,一部分二氧化碳气体易散失掉。

（3）和面时要擦透擦匀。否则制品成熟后表面出现黄色斑点,影响起发和口味。

（4）根据制品品种选择适合的膨松剂。

（二）矾碱盐化学膨松面团的调制方法

1. 原料

面粉、矾、碱、盐、水、油

2. 工艺流程

明矾、盐、碱、水→检查矾花→下粉→抄拌→反复捣揣成团→抹油→饧发→备用

3. 调制方法

将矾、碱、盐分别碾细,按比例混合在一起,加水溶化,检查矾、碱、盐比例适当后,加入面粉搅动抄拌,捣揣和成面团。继续按次序地捣揣。边捣边叠,边叠边捣,如此反复四五次,每捣一次要饧 20 ~ 30 分钟,最后抹上油,盖上湿布饧发。

4. 调制要点

（1）掌握调料比例。关键要掌握明矾、纯碱的比例,一般矾与碱的比例为 1∶1,

还须根据季节变化适当调整。

（2）检查矾花的质量。配制矾、碱、盐水溶液时会有"矾花"生成，"矾花"的质量将影响到制品的质量。检验"矾花"质量的方法有三种：一是听声，调成溶液后，若有泡沫声，即为正常，如无泡沫声，就是矾轻；二是看水溶液的颜色，呈粉白色为正常；三是将水溶液溶入油内，若水滴成珠并带"白帽"，则为正常。若"白帽"多，而水珠小于"白帽"的为碱轻。水滴于油内有摆动，水珠结实，不是长弓形的为碱重。

（3）反复捣揣。在和面过程中要使劲抄拌，使面粉尽快吸收水分。成团后要反复捣揣四五次，这是关键。

（4）灵活掌握饧面时间。要根据气温、面团软硬度、面筋强弱而定。气温高、面团软、面筋力弱，则饧面时间稍短，1小时左右，反之，饧面时间要长。

三、品种实例

奶黄猪油包

用料：

低筋粉500g、白糖375g、猪油75g、鲜奶300g、发酵粉25g、白醋10g、奶黄馅300g

工艺流程：

调制面团→下剂→上馅→成型→蒸制

制作方法：

（1）将面粉和发酵粉拌匀，倒在案板上，加白糖、猪油、牛奶、白醋等拌匀，反复揉光滑、成团。

（2）将面团搓条下剂（20g），按扁后包入奶黄馅（10g），捏拢收口，即成生坯。

（3）在生坯底下垫一张小纸片，排放在笼屉里，用旺火蒸10分钟即成。

质量要求：

洁白膨松，口感绵软松化，表面呈蟹盖形。

技术要领：

（1）面团要和匀擦透。

（2）蒸制时要旺火足汽。

（3）随蒸随包，以免下塌。

鲜奶棉花杯

鲜奶棉花杯是采用化学膨松法调制面团，利用模具成型，经蒸制而成的制品，以其色泽洁白，膨松绵软，形似棉花而得名。

用料：

低筋粉 500g、白糖 175g、鲜奶 200g、清水 200g、蛋清 60g、猪油 60g、泡打粉 25g、白醋 20g

工艺流程：

和面→垫模→装模→蒸制

制作方法：

(1)菊花盏洗净擦干,刷上薄油,垫上纸杯待用。

(2)面粉和泡打粉混合过筛。

(3)用盆装上白糖、蛋清、鲜奶、猪油、白醋、水 50g 搅拌至白糖溶化后,加入面粉和泡打粉搅拌匀,再将剩余的水分 3~4 次加入,搅拌匀成细滑面浆。

(4)每只盏内装入面浆至 8 成满,入笼用大火蒸制约 15 分钟,熟后脱模即成。

质量要求：

形似棉花,洁白膨松,口感绵软松化,清甜滋润。

技术要领：

(1)和面时水要分几次加入。

(2)掌握面浆的稀稠度。

(3)装模时以 8 成满为宜。

(4)蒸制时要旺火足汽。

鸡油马拉糕

马拉糕原系新加坡马来族人喜食的食品,原名马来糕,广州方言称作马拉糕,该产品外形虽很平凡,但其质感和口味不同一般。

用料：

酵面 500g、白糖 375g、鸡蛋 350g、面粉 70g、鸡油 150g、泡打粉 4g、碱水 7.5g、小苏打 2g、吉士粉 25g

工艺流程：

酵面→鸡蛋→和匀→白糖→面粉、泡打粉、碱水、小苏打、吉士粉→鸡油→和匀→醒发→倒盘→蒸制→切块

制作方法：

(1)蒸盘洗净擦干,刷上薄油待用。

(2)面粉和泡打粉混合过筛待用。

(3)将酵面放入盆中,鸡蛋分 3~4 次加入与酵面擦匀,再加入白糖拌擦至白糖溶化,然后加入面粉、泡打粉、碱水、小苏打、吉士粉拌匀,最后加入鸡油拌匀成面浆。

（4）面浆加盖醒发1小时以上，待膨松起发，倒入蒸盘中，用旺火蒸制25分钟成熟，冷后倒出切件即成。

质量要求：

质地绵软有弹性，起发度好，色泽浅黄，口味香甜。

技术要领：

（1）鸡蛋要分3~4次加入擦匀。

（2）加入白糖要溶化。

（3）碱水的量要灵活掌握。

（4）调制好面浆后要醒发（1小时以上）至膨松。

（5）蒸制时要旺火足汽。

油 条

油条是历史悠久的大众化传统面点，其配方很多，传统的油条多采用矾、碱、盐面团，而近年来广州油条则采用臭粉和小苏打、泡打粉调制面团，制作时间大大缩短。现以广州油条为例。

用料：

高筋粉250g、低筋粉250g、臭粉2.5g、小苏打2.5g、泡打粉5g、盐10g、水350g

工艺流程：

和面→揉面→醒发→拉面→醒发→拉面→醒发→开坯条→切坯→成型→炸制

制作方法：

（1）高、低筋面粉和泡打粉混合过筛待用。

（2）用盆放上臭粉、小苏打、盐和水搅拌匀，加入面粉和泡打粉揉和成团，反复揉面至光滑，醒发约3小时，每隔1小时拉面一次，最后将面团拿出，开坯条成8cm宽、2cm厚的长方条坯，用刀切成2cm宽的条子，用筷子沾上水在条中按一下，然后两条叠在一起，用刀背轻按，即成生坯。

（3）起油锅将油烧至200℃左右，生坯拉条放入锅中炸至金黄色，熟透即成。

质量要求：

色泽金黄，外形笔直饱满，口味咸香酥脆。

技术要领：

（1）调制面团要充分揉匀上劲。

（2）醒面时温度以30℃为宜。

（3）灵活掌握醒面时间。

（4）开坯条要厚薄一致。

（5）拉条时手法正确，不能捏死面团。

(6)掌握炸制油温和时间。

开 花 枣

开花枣是最为常见的大众化传统面点,以其口味松酥、香甜而闻名。它制作工艺简便,但对和面和炸制技术要求较高,掌握不好就难以达到成品要求。

用料:

面粉 500g、白糖 225g、猪油 30g、水 150g、小苏打 2.5g、白芝麻 100g

工艺流程:

和面→搓条→下剂→搓圆→粘芝麻→炸制

制作方法:

(1)面粉过筛,放在案台上开凹,放入白糖、猪油、水、小苏打搅拌匀至白糖溶化 8 成,进粉,用叠式手法和成面团。

(2)面团搓条,出 40g 剂子搓圆,粘上芝麻,再搓圆即为生坯。

(3)起油锅将油烧至 150℃左右,放入适量生坯炸制成金黄色即成。

质量要求:

形状完整,开口自然,色泽金黄,松酥香甜。

技术要领:

(1)掌握好面团的软硬度。

(2)和面要用叠式手法,不能起筋,否则不开花。

(3)掌握好炸制的油温和时间。油温过高不易开花或开花不好;过低造成松散或乱开花。

(4)一次不能炸制过多,以免影响开口效果。

冰 花 蛋 散

冰花蛋散是家喻户晓的传统面点,是以化学膨松法调制面团后,经擀皮、切坯、成型、炸制、上糖等工序制作而成的油炸制品,因其色泽淡黄,口味酥脆香甜,深受人们的喜爱。

用料:

皮料:面粉 500g、鸡蛋 350g、臭粉 15g、泡打粉 10g

糖浆:白糖 500g、麦芽糖 150g、水 250g

工艺流程:

和面→揉面→静置→擀面→切坯→成型→炸制→煮糖浆→上糖浆→成品

制作方法:

(1)面粉和泡打粉混合过筛,在案台上开凹,放入蛋、臭粉擦匀进粉,和成面团,揉匀揉透至光滑,静置 20 分钟。

(2)用擀棍擀成约 1mm 厚的皮料,用刀切成长方形坯(12cm×6cm)两片叠起,在中间切三刀,一端从中缝穿出成套环状即成生坯。

(3)起油锅将油烧至 180℃,把生坯放入,炸成微黄色酥脆时捞出,即为半成品。

(4)煮糖浆,将白糖、麦芽糖、水放入锅中煮至能拔丝时端离火位,将半成品一面粘上糖浆,即为成品。

质量要求:

色泽淡黄,形状美观,起发度好,口味酥脆香甜。

技术要领:

(1)掌握面团的软硬度。

(2)坯皮要擀得均匀,切得整齐。

(3)掌握糖浆的老嫩程度。

全蛋萨其马

此产品与蛋散同属于化学膨松制品,它们在用料、制作工艺上大同小异,主要区别在成型上。其产品具有色泽淡黄悦目、质地松而不散、油而不腻、绵软香甜的特点。

用料:

皮料:面粉 1000g、鸡蛋 700g、臭粉 10g、泡打粉 17.5g

糖浆:白糖 1000g、麦芽糖 350g、淀粉糖浆 350g、水 250g、炒香芝麻 100g

工艺流程:

和面→揉面→静置→擀皮→切坯→炸制→煮糖浆→上糖浆→上板→切块→包装→成品

制作方法:

(1)面粉和泡打粉混合过筛,在案台上开凹,放入蛋和臭粉擦匀进粉,和成面团,揉匀至光滑,静置 20 分钟。

(2)面团用擀棍擀成 1mm 厚的皮料,切成小长方细条(1cm×5cm)放入 180℃的油锅中,炸至呈淡黄色,成熟即可捞出。

(3)煮糖浆,将白糖、麦芽糖、淀粉糖浆、水一起放入锅中煮至能拔丝时端离火位,将坯料全倒入糖浆中拌匀,倒在框架板(60cm×60cm)上,抹平,待稍冷后切块(12×12=144 块)包装(每包 8 块)即成。

质量要求:

块形方正完整,厚薄一致,色泽淡黄,口味绵软香甜。

技术要领:

(1)掌握面团的软硬度。

（2）煮糖浆注意火候,宜用小火煮,否则糖浆色泽不好。

（3）以能拔丝最合适。过嫩,产品易松散;过老,糖太硬,影响口感。

（4）拌坯时动作要轻快,以免拌碎或糖浆冷后变硬无法拌匀。

（5）上板时要摊平,厚薄要一致。

（6）切块要方正,大小要均匀。

麻 花

用料:

面粉 500g、白糖 125g、鸡蛋 50g、面种 50g、食碱 4g、明矾 3g、麻仁 100g(沾面)

工艺流程:

调制面团→醒面→搓条→成型→炸制

制作方法:

（1）先将白糖、鸡蛋、面种、食碱、明矾用 200g 左右的水调匀,再将面粉倒入拌成麦穗状,然后搓揉成面团,醒面 30 分钟。

（2）将醒好的面团取出放在案板上,案上刷薄油,将面团搓成长条,然后按每只 25g 重出面剂。将面剂搓成细长条,分成两条,粘上麻仁,另一条不粘麻仁,按搓绳形成麻花的方法,把两根小条搓拧在一起,然后对折成双拧麻花状,放置于刷油盘中静置 20 分钟。

（3）炸油烧至 80℃,放入生坯,待泛起后用筷搅动,炸至金黄酥脆即可。

质量要求:

色泽棕黄,形状美观,酥脆香甜。

技术要领:

（1）掌握好面团的软硬度。过软,炸出的麻花变形;过硬,不利于搓麻花。

（2）炸时油温要先低后高,要炸透、炸脆。

（3）麻花的编法很多,可以是一根的,也可以是多根的。

本章小结

　　本章以生物膨松面团、物理膨松面团、化学膨松面团调制的技艺为内容,阐述了这几种面团的基本技艺以及面团的特性和形成原理。明确了这几种面团的调制方法并加以运用。通过本章的学习,让学生懂得这几种面团的作用及调制的基本操作技艺,了解面团的分类、特性,理解常用面团的形成原理,掌握这些面团常见品种的调制方法并能在实践中加以运用。

【思考与练习】

一、职业能力测评题

（一）判断题

1. 引入酵母菌调制的面团称为发酵面团。　　　　　　　　　　　（　　）

2. 面团在发酵过程中其体积会产生变化。　　　　　　　　　　　（　　）

3. 发酵时间越长,则面团产生的酸味就逐渐减少。　　　　　　　（　　）

4. 在发酵面团中,如酵母多,则发酵时间就短;反之,时间就长。（　　）

5. 发酵不足的面团中有呛鼻的酸味。　　　　　　　　　　　　　（　　）

6. 大酵面就是指发足了的酵面。　　　　　　　　　　　　　　　（　　）

7. 在发酵面团的进碱中,进碱越少,就越好。　　　　　　　　　（　　）

8. 行业中常说:发酵面"天冷不易走碱,天热容易走碱。"此话对吗?（　　）

9. 进碱量的多少是保证酵面制品质量的关键。　　　　　　　　　（　　）

10. 用鼻闻进碱正常的面团时,会闻到酒香味(或面香味)。　　　（　　）

11. 用刀切开进碱正常的面团时,就会发现有很多大小不一的孔洞。（　　）

12. 用手揉搓进碱正常的面团时,则会感觉到非常滑手。　　　　　（　　）

13. 面团重碱后,如无老面,则可加入醋精。　　　　　　　　　　（　　）

14. 嫩酵面是指没有发足的酵面。　　　　　　　　　　　　　　　（　　）

15. 面团进碱后,揉的次数越多,则成品的质量就越差。　　　　　（　　）

16. 发酵时间越长,发酵面团就会越软。　　　　　　　　　　　　（　　）

17. 在同一种面团中,酵母用量越多,发酵力就越小。　　　　　　（　　）

18. 当酵母用量确定时,温度越高,则发酵时间就越长。　　　　　（　　）

19. 当发酵时间固定时,温度越低,则越应增加酵母的用量。　　　（　　）

20. 发酵面团中用糖量越多,则发酵速度越会延长。　　　　　　　（　　）

21. 在发酵面团中,水越多,则越会抑制发酵速度。　　　　　　　（　　）

22. 小笼包在成熟时,应该选用小火蒸制。　　　　　　　　　　　（　　）

23. 要使制成的小笼包有汁,在调馅时首先就要将其打起胶。　　　（　　）

24. 制作叉烧包的主要原料是:叉烧、白糖、嫩酵面。　　　　　　（　　）

25. 在叉烧包面皮进完碱后,一般会有欠碱或重碱的现象出现。要及时采取措施予以纠正。　　　　　　　　　　　　　　　　　　　　　　　　（　　）

26. 已成型好的叉烧包生坯,在蒸笼内越放久则蒸时发得越大。　　（　　）

27. 在蒸叉烧包的过程中,至少要揭两次笼盖,不然叉烧包会越发越大。

(　　)

(二)选择题

1. 目前制作酵面点心所用的发酵方法有(　　)发酵。
    A. 酵母　　　　　　　B. 老面　　　　　　　C. 泡打粉

2. 酵面的发酵程度有(　　)。
    A. 发酵正常　　　　　B. 发酵非正常　　　　C. 发酵不足
    D. 发酵过头　　　　　E. 发酵超标

3. 影响面团发酵的因素主要有(　　)。
    A. 投酵量　　　　　　B. 泡打粉　　　　　　C. 掺水量
    D. 发酵温度　　　　　E. 醒发柜　　　　　　F. 发酵时间
    G. 面粉质量　　　　　H. 糖的用量

4. 由于不同的点心对酵面的要求有区别,因而酵面的种类较多,其主要
    有(　　)。
    A. 老酵面　　　　　　B. 大酵面　　　　　　C. 嫩酵面
    D. 抢酵面　　　　　　E. 呛酵面　　　　　　F. 烫酵面

5. 在冬天做小笼包时,如果面发得较嫩,则可以(　　)。
    A. 不进碱　　　　　　B. 少进碱　　　　　　C. 多进碱

6. 对发酵面团进碱的总要求是(　　)。
    A. 面老少进碱　　　　B. 面老多进碱　　　　C. 面嫩少进碱
    D. 面嫩多进碱

7. 使用试碱法检查进碱情况,当其达到正常时,观察面团会发现(　　)。
    A. 色泽偏暗　　　　　B. 色泽偏黄　　　　　C. 色泽洁白

8. 当面团欠碱时,可加入适量的(　　)。
    A. 老面　　　　　　　B. 碱水　　　　　　　C. 面粉
    D. 醋精

9. 在面团发酵过程中,会产生(　　)。
    A. 气体　　　　　　　B. 水分　　　　　　　C. 热量
    D. 酒精　　　　　　　E 醋酸

10. 在小笼包的面皮中,面粉与糖的比例是(　　)。
    A. 1:0.1 ~0.2　　　B. 1:0.3 ~ 0.5　　　C. 1:1

11. 在包捏小笼包时,最容易出现的现象是(　　)。
    A. 收口顺利　　　　　B. 收不起口　　　　　C. 馅心跑出来

12. 在试碱中,当发现叉烧包皮碱大时,应采取的措施有(　　)。

A. 加泡打粉　　　B. 加适量老面　　　C. 加适量醋精

D. 加白糖

二、职业能力应用题

(一)案例分析题

1. 现有一发酵面团,请你在 1 分钟内鉴定出其发酵状况。

2. 小柳的师傅告诉她,制作菜肉大包时,除了严格按配方、操作过程进行制作外,还要特别注意将已成型好的生坯放置约 10 ～ 20 分钟才上笼蒸制。这样处理后,包子的质量就会更好。小柳照师傅说的去做后,果然如此。请你解释此现象。

3. 小吕在实习时所制作出的小笼包不受顾客青睐。馅心味道还可以,就是皮子有点酸味、吃时不松软。请指出其原因。

4. 小傅炸出的笑口枣呈球形、不开花。请指出原因。

(二)操作应用题

1. 现有面粉 1000g,老面种 50g,请你在 3 小时内,将其和成面团,并使其发酵至成熟。

2. 请你在 3 小时内,将干酵母 10g、面粉 1000g 和成面团,并使其发酵至成熟。

3. 在 30 分钟内,综合运用揉酵法等 6 种常用的试碱方法,完成 1000g 发酵面团的进碱。

4. 小黄手上有一团发酵面团须进碱,请你在 10 分钟以内帮他完成。

5. 小萧操作动作慢,技术较差,其手上的一块发酵面团进了几次碱,最后师傅说还是欠碱,不能用于制作鲜肉包。现请你在 10 分钟内代他完成补碱的任务。

6. "招招鲜"包子店的小笼包因其质量好而供不应求,顾客常常是排着队等待购买。小谢一看到排成长龙的顾客,心里就着急,在对一块面团进碱时,手直摇晃,结果造成面团重碱了。请你务必在 10 分钟内帮她解决面团重碱的现象。

7. 在 60 分钟内,利用下列原料制作出奶白馒头成品。

原料:面粉 500g、白糖 50g、酵母 5g、奶粉 40g、水 175g、泡打粉 5g

8. 在 60 分钟内,利用下列原料制作出蚝油叉烧包成品。

原料:老面 500g、白糖 125g、叉烧馅 250g、面粉 100g、碱水适量

9. 在 60 分钟内,利用下列原料制作出冰花蛋散成品。

原料:面粉 500g、鸡蛋 350g、臭粉 15g、泡打粉 10g、白糖 500g、麦芽糖 150g、水 250g

10. 在 60 分钟内,利用下列原料制作出油条成品。

　　原料:高筋粉 250g、低筋粉 250g、臭粉 2.5g、小苏打 2.5g、泡打粉 5g、盐 10g、水 350g

11. 在 60 分钟内,利用下列原料制作出鸡油马拉糕成品。

　　原料:酵面 500g、白糖 375g、鸡蛋 350g、面粉 70g、鸡油 150g、泡打粉 4g、碱水 7.5g、小苏打 2g、吉士粉 25g

12. 在 60 分钟内,利用下列原料制作出麻花成品。

　　原料:面粉 500g、白糖 125g、鸡蛋 50g、面种 50g、食碱 4g、明矾 3g、麻仁 100g

13. 在 60 分钟内,利用下列原料制作出双色卷蛋糕成品。

　　原料:水 250g、色拉油 250g、细糖 150g、低筋粉 450g、泡打粉 5g、蛋黄 375g、蛋白 900g、细糖 500g、塔塔粉 10g、盐 5g、橙红、香芋色香油适量

14. 在 60 分钟内,利用下列原料制作出酥皮卷蛋糕成品。

　　原料:鸡蛋 1000g、白糖 450g、蛋糕油 20g、低筋面粉 400g、玉米粉 50g、色拉油 75g、酥皮 1 块、甜奶油 300g

15. 在 60 分钟内,利用下列原料制作出开花枣成品。

　　原料:面粉 500g、白糖 225g、猪油 30g、水 150g、小苏打 2.5g、白芝麻 100g

16. 在 60 分钟内,利用下列原料制作出秋叶包成品。

　　原料:低筋粉 500g、白糖 50g、干酵母 5g、泡打粉 5g、水 200g、鲜肉馅 500g

17. 在 60 分钟内,利用下列原料制作出流沙包成品。

　　原料:低筋粉 500g、白糖 50g、干酵母 5g、泡打粉 5g、水 200g、咸蛋黄 10 个、白糖 200g、黄油 100g、奶粉 50g、牛奶 50g、澄面 40g

18. 在 60 分钟内,利用下列原料制作出蝴蝶卷成品。

　　原料:低筋粉 500g、白糖 50g、干酵母 5g、泡打粉 5g、水 200g、豆沙馅 250g

第 *6* 章
油酥面团与运用

学习目标

- 了解油酥面团的作用
- 熟悉油酥面团的分类
- 掌握油酥面团调制的基本技艺
- 懂得油酥面团的特性、形成原理及制品的调制方法

　　油酥面团是指以面粉和油脂为主要原料,再配合一些水、辅料(如鸡蛋、白糖、化学膨松剂等)调制而成的面团。其成品具有膨大、酥松、分层、美观等特点。

　　油酥面团的种类很多,大体上可以分为如下几种:

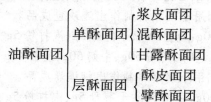

第一节　单酥面团

　　单酥面团是以面粉为主料,加入适量的油、糖、蛋、乳、疏松剂、水等调制而成的面团。成品具有酥性、不分层的特点。单酥面团按制作工艺不同又可分为浆皮面团、混酥面团、甘露酥面团三种。

一、浆皮面团

(一)浆皮面团的性质和用途

　　浆皮面团是以面粉、油脂与糖浆为主要原料调制成的。根据浆皮面团制品的特点及使用的糖料的不同,可分为砂糖浆皮面团和麦芽糖浆皮面团。砂糖浆皮面团具有良好的可塑性,不酥不脆,柔软不裂,在烘烤成熟时着色,主要是制作广式月饼的皮料。麦芽糖浆皮面团适合制作鸡仔饼、炸肉酥等制品。

（二）浆皮面团的调制方法

1.砂糖浆皮面团的调制

（1）用料

砂糖、清水、柠檬酸、面粉、碱水

（2）工艺流程

$$\left.\begin{array}{c}砂糖\\水\\柠檬酸\end{array}\right\}\to 熬制 \left\{\begin{array}{c}糖浆\\花生油\to\ 调匀\ \to\ 面粉\to 拌和\to 揉制\to 成团\\碱水\end{array}\right.$$

（3）调制方法

A.制糖浆:先将白砂糖放入锅中加水煮沸 5~6 分钟,将柠檬酸用少许水溶解后加入锅中改用文火再煮 30 分钟,放入器皿中储存 15~20 天后取出使用。

B.制浆皮:将面粉放在案上,中间扒上一凹,另将糖浆、碱水、花生油混合搅拌成乳状,倒入面粉内拌和揉制成面团,面团要充分揉透呈光滑状。

（4）调制要点

A.严格控制碱水量,碱水过多,则制品烘烤后呈暗褐色,不够鲜艳;过少则皮不易上色。一般每 500g 面粉用 8~9g 碱水。

B.糖浆与碱水必须充分混合后,才能加入食油搅拌。否则制品成熟后会起白点,影响质量。

2.麦芽糖浆皮面团的调制

（1）用料

面粉、麦芽糖、白糖、碱水、花生油、水

（2）工艺流程

$$\left.\begin{array}{c}面粉\\麦芽糖\\白糖\\碱水\\花生油\\水\end{array}\right\}调和均匀\to\ 成团$$

（3）调制方法

先把面粉过筛,放在案板上围成圈。将碱水、麦芽糖、白糖及清水搅匀后倒进花生油混合均匀,把混合液倒入面粉拌和揉制成团。

(4)调制要点

A.面粉不要一次性加入,需留部分以调整面团的软硬度。

B.碱水必须先和白糖等混合后,再放花生油调匀。

二、混酥面团

(一)混酥面团的性质和特点

混酥面团一般由面粉、油脂、糖、鸡蛋及适量的化学膨松剂等原料调制而成。混酥面团多糖、多油脂,一般不加水(或加入极少量的水)。制品不分层次,但具有酥、松、香等特色,适合制作杏仁酥、开花枣等品种。

(二)混酥面团的调制

1.用料

糖、油脂、面粉、化学膨松剂

2.工艺流程

$$\left.\begin{array}{l}糖\\油脂\\鸡蛋\end{array}\right\}\to擦透\to\left.\begin{array}{l}面粉\\化学膨松剂\end{array}\right\}\to搅拌\to均匀\to成团$$

3.调制方法

(1)面粉过筛放入小苏打粉搅拌后置于案板上。

(2)将糖、油脂、鸡蛋搓擦成乳白色,加入面粉中拌和搓擦成软硬适宜的面团。

4.调制要点

(1)必须将蛋液、糖粉、油脂擦成乳白色后才能与面粉拌制。

(2)和面速度要快,要擦匀、擦透。

三、甘露酥面团

(一)甘露酥面团的性质和特点

甘露酥面团是中式面点中多糖、多油脂的酥饼皮类之一,此类面团由油脂、糖、蛋和化学膨松剂调制而成。甘露酥面团无筋、酥松、甘香、润腻,由于使用了一定量的猪油,因而香味浓郁,适合制作莲蓉甘露酥等品种。

(二)甘露酥面团的调制

1.用料

低筋面粉、白糖、猪油、净蛋、发粉、臭粉

2．工艺流程

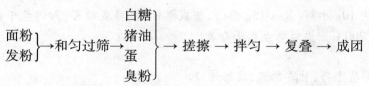

3．调制方法

（1）先将面粉、发粉和匀过筛，放在案板上开一个小坑。

（2）将白糖、猪油、蛋、臭粉用手擦至乳白色时加入面粉内，搓擦均匀。

（3）以复叠的方法轻轻用手叠2～3次即成。

4．调制要点

（1）臭粉和发粉用蛋液溶解后再使用，防止制品出现黄斑。

（2）调制时，手法要灵活，切勿多擦多搓，以防止起筋和泻油。

（3）掌握用料比例，一般为面粉1000g、白糖550g、猪油500g、鸡蛋4个、发粉15g、臭粉7g。油脂的加入量视气温而定，天热少些，天冷可多些。

四、品种实例

鸡 仔 饼

鸡仔饼也称"小凤饼"。传说是一位名叫小凤的女工创制的，因饼形小巧、色泽金黄、形似小鸡，故称鸡仔饼。鸡仔饼已有七百年的历史，以广州成珠茶楼的鸡仔饼最负盛名。

用料：

皮料：面粉750g、糖浆500g、花生油150g、碱水15g、蛋液750g（刷面用）

馅料：白糖1000g、水晶肉500g、炒香麻仁150g、瓜子仁200g、榄仁200g、葱白150g、南乳150g、精盐15g、胡椒粉10g、五香粉15g、花生油200g、糕粉200g、水250g

糖浆用料：白糖500g、水225g、饴糖50g（煮沸冷却）

工艺流程：

调制馅心→调制皮坯→出小剂→包馅成型→刷蛋液→烘烤→成品

制作方法：

（1）调制馅心。将葱白用花生油略炸呈微黄待用。白糖、水晶肉、麻仁、瓜子仁、榄仁、南乳、精盐、胡椒粉、五香粉、葱白、花生油、水等拌匀，然后加糕粉拌匀，放置30分钟，待糕粉充分吸水、馅心成团、软硬度合适。

（2）调制皮坯。将600g面粉开凹（余下150g估做撒粉），放入糖浆、花生油、碱水拌匀后进粉调制面团。

(3)将皮坯出10g小剂,包入15g馅心,搓成椭圆,按扁成饼形,入烤盘中刷上蛋液,用180℃~200℃炉温烘烤至色泽金黄。

质量要求:

色泽金黄,形状小巧,甘香酥脆,咸甜适口。

技术要领:

(1)碱水的用量要根据碱水的浓度掌握,碱水用量过少,成品不酥脆;碱水用量过多,烘烤时过于"抢"色,成品色暗味苦。

(2)皮坯、馅心的软硬度要一致,便于操作成型。

(3)烘烤时应先温度高些,然后温度略下降,充分烤透,使成品酥脆。

核 桃 酥

核桃酥属于混酥面团制品,其特点是外不挂糖、内不带馅,糖油用量较多,其口味酥脆香甜,回味悠长。

用料:

面粉1000g、白糖粉550g、凝结猪油500g、鸡蛋液100g、小苏打15g、臭粉15g、核桃仁100g

工艺流程:

和面→擦面→搓条→下剂→成型→刷蛋液→点缀→烘烤

制作方法:

(1)将白糖粉、猪油、小苏打、臭粉等擦匀,再加入鸡蛋液擦乳化,然后拌入面粉和成面团。

(2)将面团挤出每只50g的面剂,搓成圆形,用手指在中间按出一个深洞,但不穿底、不能有裂痕。面剂于烤盘中码放好,刷上蛋液,在洞内放入一个半瓣核桃仁。

(3)将烤炉升温至180℃,放入生坯,烘烤至成品自然摊开成型、色泽麦黄后,出炉冷却即可。

质量要求:

色泽麦黄,形状圆整,表面裂纹自然,口味酥松香甜。

技术要领:

(1)和面时要擦透、擦匀,但不能有"走油"现象。

(2)造型时生坯不能有裂痕。

(3)掌握好炉温,以先低后高为好。

莲蓉甘露酥

用料：

低筋面粉 500g、白糖 275g、凝结猪油 250g、鸡蛋液 150g、泡打粉 10g、臭粉 5g、莲蓉馅 500g

工艺流程：

和面→擦面→搓条→下剂→包馅→成型→刷蛋→烘烤

制作方法：

(1) 面粉与泡打粉过筛，在案板上拨开凹坑，中间放入白糖、猪油、鸡蛋液、臭粉等擦匀，待白糖溶化 8 成后，拌入面粉，用复叠式手法和成面团。

(2) 将面团按每只 50g 规格下剂，包入 25g 莲蓉馅，稍搓成圆形摆放于烤盘中，面上刷上蛋液。

(3) 将烤炉升温至 180℃，放入生坯烘烤至表面微裂、色泽金黄即可。

质量要求：

色泽金黄，表面微裂，酥松油润，香甜可口。

技术要领：

(1) 调制面团时采用复叠式手法，避免面团过多上劲。

(2) 包馅时馅心要居中，这样烤出的制品才端正、形状一致。

(3) 烘烤时掌握好炉温，应采用先低后高的烘烤方法，防止表面"箍死"、裂纹效果差。

牛　利　酥

用料：

皮料：面粉 1000g、白糖 300g、臭粉 5g、小苏打 5g、泡打粉 10g、水 400g、芝麻 200g (粘面)

馅料：面粉 500g、白糖 250g、猪油 50g、水 150g

工艺流程：

和皮料→和馅心→擀皮→包馅→切块→粘芝麻→炸制

制作方法：

(1) 和皮料。面粉、泡打粉混合过筛，放在案台上开凹，放入白糖、臭粉、小苏打、水等搅拌匀，进粉和成面团。

(2) 和馅心。面粉过筛，放在案台上开凹，放入白糖、猪油、臭粉、水等搅拌匀，进粉用叠式手法和成面团即馅心。

(3) 将皮料擀成 14cm × 20cm 的长方形，刷水，馅心擀成 7cm × 20cm 的长方形，放在皮料上的中间位置，用皮料的前后二端向中点折合成夹心卷，然后切块，每块 50g，截面粘上芝麻即成生坯。

（4）起油锅，烧至150℃，放入生坯，炸至金黄色熟后即成。

质量要求：

色泽金黄，形如牛利，酥心翻开，膨松饱满，外脆中酥。

技术要领：

（1）掌握好皮料及馅心的软硬度及比例（2:1）。

（2）要求皮料起筋，馅心不能起筋。

（3）控制好炸制油温，以150℃为宜。

杏 仁 酥

用料：

面粉500g、糖粉250g、油脂250g、蛋50g、小苏打10g、杏仁50g

工艺流程：

调制面团→搓条→下剂→成型→烘烤

制作方法：

（1）面粉过筛后置于案板上围成圈，再放入糖粉、油脂、鸡蛋、杏仁霜、小苏打与面粉和搓擦成软硬适宜的面团。

（2）将调好的面团分成等量的小块（约500g一块），每块下10个小剂，做成高约1.5cm、直径约3cm的上大下小的圆饼，中间戳一个小坑，放入杏仁后摆入烤盘烘烤（炉温180℃），待饼成麦黄色熟透取出。

质量要求：

色泽呈麦黄色，松酥至脆。

技术要领：

（1）必须将蛋液、糖粉、油脂擦成乳白色，才能与面粉拌制。

（2）和面速度要快，要擦匀、擦透。

（3）制品中间的小坑深浅及大小要适宜，过深过大则摊的片太大，过浅过小又不易摊片。

（4）注意烘烤的炉温。

广式莲蓉月饼

月饼属于时令性面点，季节性很强，每年的八月十五，中国人都有"吃月饼，赏明月"的习惯，月饼寓意着"天上月圆，人间团圆"之意，是中秋节不能缺少的食品。月饼制作历史悠久，用料广泛，工艺精细，造型美观，美味香甜。尤其以广式月饼、京式月饼、苏式月饼最为著名。现介绍广式月饼的制法。

用料：

皮料：面粉 500g、糖浆 375g、花生油 90g、碱水 10g、莲蓉 2450g、蛋液少许

糖浆：白糖 250g、清水 125g、柠檬酸少许

工艺流程：

调制面团→下剂→包馅→印模→成型→刷蛋→烘烤→成品

制作方法：

（1）白糖 250g 加清水 125g 煮沸后，加柠檬酸少许，冷却后使用（一般放 15 天以上使用）。

（2）面粉在案板上开凹槽，加入糖浆、油、碱水和成较稀软的面团，擦透。

（3）按面皮 35g、莲蓉 90g 规格下剂，包馅后入模揿压成型后敲出，摆放于烤盘中，刷上一层薄蛋液，入炉中用 220℃炉温烘烤至色泽金黄熟透即可。

质量要求：

色泽金黄、饼身端正、花纹清晰，无"收腰""青腰"现象，无裂纹。

技术要领：

（1）广式月饼的面皮为浆皮面团，其面团较稀软，要求擦匀、擦透。

（2）包馅时不能露馅，四周面皮厚薄要一致。

（3）入模成型要求用力均匀，敲出后保持饼身端正，花纹清晰。

（4）刷蛋液要薄而均匀，以保持花纹的清晰。

（5）烘烤时要控制好炉温。炉温过高，月饼未熟透，会出现"青腰""收腰"现象；炉温过低，月饼会出现开裂现象。

凤梨月饼

用料：

面粉 500g、糖浆 375g、花生油 90g、碱水 10g、凤梨馅 2450g、蛋液少许

工艺流程：

调制面团→下剂→包馅→印模→成型→刷蛋→烘烤→成品

制作方法：

（1）面粉在案板上开凹槽，加入糖浆、油、碱水和成较稀软的面团、擦透。

（2）按面皮 35g，凤梨馅 90g 规格下剂，包馅后入模揿压成型后敲出，摆放于烤盘中，刷上一层薄蛋液，入炉中用 220℃炉温烘烤至色泽金黄熟透即可。

质量要求：

色泽金黄，饼身端正，花纹清晰，凤梨味浓郁。

技术要领：

（1）调制浆皮面团要擦匀、擦透。

（2）包馅时不能露馅，四周的面皮厚薄要一致。

（3）入模成型要求用力均匀，敲出后保持饼身端正。

（4）刷蛋液要薄而均匀，以保持花纹的清晰。

（5）烘烤时要控制好炉温。

五仁叉烧月饼

用料：

皮料：面粉500g、糖浆450g、花生油125g、碱水10g

馅料：白砂糖400g、冰肉500g、瓜仁250g、核桃仁250g、榄仁250g、杏仁200g、冬瓜糖250g、白芝麻200g、糖橘饼100g、玫瑰糖100g、叉烧250g、糕粉400g、猪油100g、水200g、蛋液少许

工艺流程：

调制皮料→调制馅料→下剂→包馅→印模→成型→刷水→烘烤→刷蛋→烘烤→成品

制作方法：

（1）面粉在案板上开凹槽，加入糖浆、花生油、碱水和成较稀软的面团、擦透。

（2）制馅。将冬瓜糖、叉烧切成粒，橘饼切碎，取白糖和冰肉用清水溶解后，加入猪油、芝麻及其他辅料，抄拌均匀，再加入糕粉，拌匀，成馅。

（3）将饼皮下剂39g，馅料90g，饼皮压成薄圆皮，包入馅心，成圆形，放入木印轻轻压实，小心倒出即成月饼生坯。

（4）在饼坯上刷上清水，入炉以230℃烘烤5分钟后取出，刷上蛋液，再入炉烘烤，饼皮呈金黄色取出。

质量要求：

色泽金黄，口味甘香，五仁风味俱全。

技术要领：

（1）面皮面团较稀软，要求擦匀、擦透。

（2）包馅时不能露馅，四周的面皮厚薄要一致。

（3）入模成型要求用力均匀，敲出后保持饼身端正，花纹清晰。

（4）刷蛋液要薄而均匀，以保持花纹的清晰。

（5）掌握好烘烤的炉温。

椰蓉酥饼

用料：

低筋粉700g、白糖800g、猪油700g、鸡蛋100g、椰蓉640g、泡打粉10g、臭粉

10g、椰子香精少许

工艺流程：

和面→搓条→下剂→成型→烘烤

制作方法：

(1)面粉和泡打粉混合过筛,在案台上开凹,放入糖、油、蛋、香精、臭粉拌匀,加入椰蓉拌匀,进粉用叠式手法和成面团。

(2)面团搓条,下剂每个15g,搓圆放入烤盘,入炉(炉温上180℃,下160℃)烘烤至金黄色熟透取出即成。

质量要求：

色泽金黄,形状小巧呈扁圆,口味香甜松酥。

技术要领：

(1)掌握面团的软硬度。

(2)和面要用叠式手法,不能起筋。

(3)成型时注意到大小均匀。

(4)掌握烘烤的炉温和时间。

芝麻薄饼

用料：

低筋粉500g、细糖310g、猪油100g、牛油75g、鸡蛋25g、奶粉50g、奶水60g、臭粉9g、小苏打3g、黄色水、白芝麻适量

工艺流程：

和面→擀皮→按模→成型→粘芝麻→烘烤

制作方法：

(1)将面粉过筛开凹,放入其他原料搅拌匀,进粉和成面团。

(2)将面团擀成厚0.2cm的皮料,用小圆按模压出饼坯,一面粘芝麻,放在烤盘上,入炉(炉温上170℃,下150℃)烘烤至微黄色熟透取出即成。

质量要求：

色泽淡黄,饼形扁圆小巧,芝麻粘裹均匀,口味香甜酥脆。

技术要领：

(1)掌握面团的软硬度。

(2)擀皮时厚薄要均匀。

(3)掌握烘烤的炉温和时间。

德 庆 酥

用料：

熟面粉 500g、糖粉 450g、猪油 160g、鸡蛋 65g、熟花生碎 50g、熟芝麻 25g、小苏打 2g、臭粉 8g

工艺流程：

和面→按模→出模→烘烤

制作方法：

（1）拌粉：小苏打、臭粉溶于水中，与糖粉、猪油、蛋、花生碎、芝麻拌匀，加入面粉，视干湿度可适量加水。

（2）成型：用木模成型（直径 3.5cm，厚 1cm），将粉料装入木模中，用手按压实，模边刮平，再敲出，放在烤盘上，入炉（炉温上 160℃，下 150℃）烘烤至微黄色，中空起层，厚度增高 1 倍，熟透取出即成。

质量要求：

色泽微黄，底、面火一致，质地酥松不碎裂，中空起层，甘香松化。

技术要领：

（1）掌握粉料的干湿度。

（2）水最好在下粉前先和匀，以免面粉起筋后粘模。

（3）掌握烘烤的炉温和时间。

第二节　层酥面团

层酥类制品是由皮面和酥面两块面团组合而制成的，其色泽白净、外形美观，层次清晰，制作工艺较复杂、精细，制作要求高。根据使用的原料及制作方法的不同，又可分为酥皮面团及擘酥面团，其中酥皮面团的使用最为广泛，而擘酥面团主要在广式点心中使用。

一、酥皮面团

酥皮面团由两块面团构成，一块面团称为水油面，用油、水和面粉拌和揉搓而成，另一块面团称为干油酥，直接用油脂和面粉擦制而成。

（一）油酥面团的成团与起酥原理

用油脂与面粉调制面团时，因油脂具有一定的黏性，便和面粉颗粒粘在一起；同时油脂又具有一定的张力，油脂表面存在及缩趋势，将面粉吸附在油脂表面。通过搅拌、擦制，油脂将面粉颗粒包裹，并相互隔开。经过反复搓擦，扩大了面粉颗粒与油脂的接触面，增强了油脂的黏性，油脂对面粉的吸附能力增强，使面粉和油脂充分结合,形成整体团块。

油酥面团虽然成团,但油脂和面粉并未完全结合,仅是依靠油脂的黏性吸附面粉颗粒,所以仍较松散。油脂在面粉颗粒四周形成油膜,同时,由于调制过程中没有水参与,蛋白质不能形成面筋网络;淀粉也不能膨胀糊化产生黏性,且加热后易炭化而复脆,使制品产生酥性。另外,面粉颗粒被油脂包围、隔开,颗粒之间距离扩大,空隙中有空气存在,并且受热后膨胀,也使制品酥松。

(二)酥皮面团的起层原理

干油酥包入水油面后,经叠擀等操作程序,层层间隔,制成生坯受热时,水油面中的水分就会汽化,使层次中有一定的空隙。同时油脂受热黏性减退,产生酥化作用,便形成非常清晰的层次。

(三)酥皮面团的用途

暗酥适合于制作莲花酥、菊花酥等,明酥适合制作眉毛酥、盒子酥等,半暗酥用于制作苹果酥、寿桃酥等。

(四)酥皮面团的调制方法

1. 干油酥的调制

(1)用料

面粉、油脂

(2)工艺流程

下粉→加油→抄拌→擦透→成团

(3)调制方法

将油脂加入面粉中抄拌均匀后,用双手掌跟一层层地向前推擦,反复擦透、擦润,至无面粉颗粒、无白粉、面粉与油脂充分粘结成软硬适当的团块为止。

(4)调制要点

A. 必须用冷油,不能用沸油或高温油。

B. 面团要反复推擦、擦匀、擦透,冬季使用猪油时更是如此。

C. 掌握用料比例,面粉与油脂的比例一般为2:1。

D. 擦好后静置一段时间,再擦一下,这样效果更好。

2. 水油面团的调制

(1)用料

水、面粉、油脂

(2)工艺流程

面粉
油　}→拌和→揉搓→成团
水

（3）调制方法

将面粉置于案板上，中间扒一小窝，放入油、水。先将油、水搅匀，然后由里向外调和，拌匀后搓匀揉透，盖上湿布稍醒即可使用。

（4）调制要点

A. 严格掌握用料比例。一般面、水、油用料比例为5：2：1。水多油少，面团酥性差，酥层易粘在一起；水少油多，面团韧性、延伸性和可塑性差。

B. 揉面要反复揉匀、揉透，揉制好后盖上湿布，以防结块。

C. 为便于操作，凝固的油脂可加热熔化，但必须冷却后才可使用。

（五）起酥

起酥又称破酥、包酥、开酥等。所谓起酥就是将干油酥包入水油面中，经反复擀薄叠起，形成层次，制成酥皮的加工过程。起酥方法一般有两种，即大包酥和小包酥。

1. 大包酥

大包酥常用于对酥层要求不高的制品或大量制作时用。大包酥一次可制作几十个面剂，速度快、效率高。制作时先把酥面包入皮面内，包好后用手按扁，擀开成长方形坯皮，折叠成三层擀开，再折叠、擀开，反复两至三次，再擀成长方形薄皮，按制品要求切出面剂。

2. 小包酥

小包酥与大包酥的方法基本相同，只是量少一些，一次可制一个至几个剂子，制作速度慢。优点是酥层均匀、面皮光滑、不易破裂。一般用来制作特色品种及明酥制品。

3. 起酥的关键

（1）掌握水油面团和干油酥的比例。水油面团和干油酥的比例一般为3：2，制作花色酥点时为4：3。

（2）软硬程度。水油面与干油酥软硬要一致，否则擀制时水油面易破裂，且酥层不清晰。

（3）起酥擀制时双手用力均匀，轻重适当。

（4）尽量少用生粉，以防酥皮破裂。

（5）卷筒时要卷紧，以防松散。

（6）剂子下好后要盖上湿布，并且尽快制作，以防外皮起壳发硬而影响成型。

（六）酥皮的种类及制法

酥皮的种类较多，起酥后经不同的制作方法，形成不同的酥皮，常见的有明酥、暗酥和半暗酥三种。

1. 明酥

凡是制品的酥皮外露，从表面可以看到非常均匀有层次的，就是明酥。由于具体制法的不同,明酥又分为圆酥、直酥、排丝酥。

(1)圆酥

从制品表面能够看到圆形层次的,
称为圆酥。具体制法为用大包酥或小
包酥的方法起酥,制成筒形卷酥后,用
刀一段一段切开截面向上。用手略按,
然后擀成圆形坯皮或直接擀成坯皮。如图6-1。

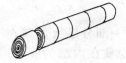

图6-1 圆酥

(2)直酥

从制品表面能看到直线形层次的,称为直酥。具体制法与圆酥基本相同。

起酥后卷成筒形,用刀将其剖成相等的面块,再切成段,剖面向上,用手掌按
扁,或用擀面杖擀成片状,在反面放入馅心,包捏成型。如图6-2。

(3)排丝酥

排丝酥是将起酥后的面擀成厚
片,用块刀切成条状,然后将每条的切
面朝上,互相之间用蛋液粘成整块,放
入馅心,包捏成型。

图6-2 直酥

制作明酥的关键为起酥整齐,厚薄均匀;卷则卷紧,纹路匀细,下刀利落,不能
变形;包擀时坯皮的正反面要分清,要层次清晰整齐的一面向外;收口时,若粘不紧
密,可在封口处涂些蛋液。

2.暗酥

暗酥就是指不能在制品表面看见层次,只能在其侧面或剖面才能看见层次的
酥皮。它的制作有以下两种:

(1)起酥后卷成筒形,再按品
种要求切成面剂。刀切面在两侧,
用手按扁或擀成圆形坯皮。如图
6-3。

图6-3 暗酥①

(2)面团起酥后,擀成方形片,
再用刀切出符合要求的小型坯皮。如图
6-4。

制作暗酥皮时,须掌握以下要点:

(1)根据制品的要求,选用合适的
起酥方法。

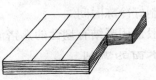

图6-4 暗酥②

(2)卷时面头不露酥。

(3)擀皮时皮不宜过薄。

（4）切剂、下剂干净利落。

3. 半暗酥

半暗酥就是指一部分层次显露在外，另一部分层次隐藏在内部的酥皮。制法为起酥卷成筒形，按品种的规格切成段，刀口截面向上，用手沿45度角斜按下去，按下后部分酥层外露。如图6－5。

图6－5　半暗酥

制作半暗酥须掌握以下要点：

（1）采用卷酥法，酥层细而均匀。

（2）擀皮时中间稍厚，四周稍薄。

（3）层次清晰，且多心的一面向外作面。

二、擘酥面团

擘酥面团是广式面点中常见的一种油酥面团，也是用酥面和皮面两块面团组成，采用折合叠酥法起酥。

（一）酥面的调制

1. 用料

熟猪油（或黄油）、面粉

2. 工艺流程

熟猪油（或黄油）→ 掺入面粉→拌和擦制→压型→冷冻→酥面

3. 制作方法

在熟猪油（或黄油）中掺入少量面粉，拌和擦制均匀，压成板型，放入铁箱内加盖密封，再放入冰箱内冷冻至油脂发硬，成为硬中带软的结实板块时即可。

4. 调制要点

（1）要掌握好用料比例，一般面粉是熟猪油重量的30%。

（2）控制好冷冻时间。

（3）一般选用凝结有韧性的熟猪油、黄油、奶油甘油酯制作。

（二）水面的调制

1. 用料

面粉、蛋液、白糖、清水

2. 工艺流程

面粉＋鸡蛋液＋水→拌和→揉搓→冷冻

3. 调制方法

面粉放在案板上,中间扒凹,将蛋液、白粉、清水放入调匀,再与面粉搅拌均匀。用力揉搓,揉出面团光滑上筋为止。放入铁箱中加盖密封,入冰箱冷冻即成。

4. 调制要点

(1)掌握用料比例,每一种料都要进行称量。

(2)控制冷冻时间。

(3)面团必须揉匀搓透。

(三)起酥

起酥的方法是将冻硬的酥面平放在案板上,用通心槌擀压、平压,再取出水面,也擀压成和油酥面大小相同的长方形块,放在酥面上对正。用通心槌擀压成日字形,将面头向中间折入,轻轻压平叠成四层。再擀成长方形,在第一次叠的基础上,再用通心槌压成日字形,同上述一样第二次折叠,依此再进行第三次折叠。擀成长方形,放入铁箱冷冻半小时即成。

起酥的要点是:

(1)掌握用料比例,控制冷冻时间。

(2)酥面和水面硬度要一致。

(3)操作时落槌要轻,擀制时用力要均匀。

三、品种实例

老 婆 饼

用料:

皮料:面粉 500g、猪油 175g、水 150g、蛋液少许

馅料:白糖 500g、猪油 100g、烤芝麻 35g、烤椰蓉 35g、水 400g、糕粉 300g

工艺流程:

和水油酥面→和干油酥面→制馅→起酥→下剂→包馅→成型→刷蛋液→烘烤

制作方法:

(1)面粉过筛,取面粉 300g,形成凹形,加清水及 75g 猪油调合成面团,搓匀、揉透成水油面团。用湿布盖好,稍醒,取 200g 面粉加 100g 猪油擦透成干油酥面团。

(2)馅料中的各种原料(糕粉除外)搅拌均匀后,再将糕粉放入拌匀,即制得馅心。

(3)水油面团和干油酥面团分别揪成 30 个剂子。干油酥包入水油酥面中,擀开后折三折,再重复一次,压扁包馅收口,呈扁圆形。

（4）放入炉烘烤（炉温200℃），烤成金黄色后取出。

质量要求：

色泽金黄，酥香可口。

技术要领：

（1）制作面块面团的软硬度要一致。

（2）起酥时用力要均匀，以免起酥不好。

（3）掌握好烘烤的炉温。

枣泥小鸡酥

枣泥小鸡酥是用油酥面团，采用小包酥的方法起酥，包入枣泥馅，制成小鸡形状，经烘烤而成的象形面点。

用料：

面粉450g、猪油150g、枣泥馅500g、清水100g、黑芝麻、蛋液少许

工艺流程：

和水油酥面→和干油酥面→包酥→起酥→下剂→包馅→成型→刷蛋液→烘烤

制作方法：

（1）面粉过筛，取300g开成凹形，加清水及75g猪油调和成面团，搓匀、揉透成水油面团。用湿布盖好，稍醒。

（2）将50g面粉加75g猪油擦透成油酥面团。

（3）将水油面团和油酥面团分别挤出40个面剂。水油皮包入油酥，稍压扁，用小擀棍擀开成长形，卷紧成筒，稍压扁，再卷起呈圆形，收口朝下，稍醒（此包酥方法为"小包酥"法）。

（4）擀成圆皮，包入枣泥馅，收口捏紧；搓出小鸡头，捏出鸡嘴，另在鸡身两侧用花镊子夹出翅膀，并在后部夹出鸡尾；头的两侧粘上两粒黑芝麻为眼睛，即成小鸡生坯。

（5）将生坯摆放于烤盘中，再在小鸡的头部刷上少许蛋液，入烤炉中用200℃炉温烘烤至金黄色熟透即可。

质量要求：

形态逼真，小巧玲珑，色泽金黄，酥松香甜，酥层丰富。

技术要领：

（1）水油面团与油酥面团软硬度要一致，以利于包酥、擀酥。

（2）水油面团中也可调入少许黄色素，增加小鸡的乳黄色。

（3）包馅要居中，收口要牢，防止在烘烤中有露馅现象。

（4）除了小鸡造型外，还可以制成青蛙酥、龙虾酥、菊花酥、元宝酥、寿桃酥等形状。

龙 虾 酥

龙虾酥是层酥类制品中的一个花色品种,是以水油酥面团包入干油酥面团,经擀、叠、卷、包、切、捏等工艺过程,制成龙虾形状,经烤制而成的象形面点。

用料:

面粉500g、莲蓉馅200g、熟猪油135g、鸡蛋50g、红色素0.1g、蛋液少许

工艺流程:

和水油酥面→和干油酥面→包酥→起酥→切坯→包馅→成型→刷蛋液→烘烤

制作方法:

(1)将350g面粉放置案板上围成塘坑,放入60g熟猪油,将油、水擦拌至油乳化后,掺入面粉揉和成水油酥面团;150g面粉放案板上,加入75g熟猪油混合,用双手的掌跟反复推送至光滑不粘手,即成干油酥面团。

(2)将水油酥揉匀按扁包干油酥,用擀槌擀成长方形片,折叠成四折,重复一次,再擀成0.3cm厚的长方形皮料,用刀切成5cm宽的梯形皮坯,第一片与第二片间隔1cm,依次摆5片,将皮坯翻身,馅搓成长条,放在皮坯上,对折压在一起,用花滚轮推出虾腿,用剪刀在小头剪成三叉尾,在大头剪虾须,弯曲虾体,将尾巴粘在虾的腰部,用花椒粒做虾的眼睛;鸡蛋液内加红色素,用筷子打匀,用蛋液在虾的表面刷一层,风干之后再刷一层,成大虾生坯,整齐地摆放在烤盘内。

(3)烤炉升温至200℃时放入生坯盘烤约8分钟,呈虾红色时取出。

质量要求:

形似大虾,层次清晰,香甜酥松。

技术要领:

(1)制作酥面时,两种面团要软硬一致。

(2)鸡蛋液内的红色素量要准确。

(3)擀制开酥时要用力均匀,以免将干油酥堆在一起,起酥不好。

(4)形态要逼真、形象。

萝卜丝酥饼

用料:

皮料:面粉500g、猪油180g、水125g

馅料:白萝卜1000g、香肠100g、猪油250g、葱25g、调味品(盐、味精、糖、胡椒粉)适量

工艺流程:

分别调制水油面团、油酥面团→制馅→起酥→下剂→包馅→成型→炸制→成品

制作方法：

（1）将 300g 面粉加 50g 猪油、125g 清水和成水油面团,200g 面粉加 100g 猪油和成干油酥面团,分别用湿布盖好静置 15 分钟。

（2）制馅。将白萝卜切成细丝,用少许盐腌渍后洗净拧干水分,香肠蒸熟切成丁,葱切成小粒,然后将剩余的猪油和萝卜丝拌匀,再加入香肠、葱花、调味品拌匀成馅。放入冰箱稍冷藏。

（3）在水油酥面中包入干油酥,擀成长方形的薄皮（约厚1cm）,一折三层,再擀开成长方形的薄皮,稍抹水,卷成圆长条,搓紧,然后用刀横切出长约4cm 的面剂,再剖开成两半直酥。

（4）将直酥朝下稍按擀薄,包入 20g 馅,成馒头形,表面呈横酥状。

（5）将炸油烧至 80℃,放入生坯,待其酥层出现、浮起后,逐渐提高油温,炸至象牙色即可。

质量要求：
酥层清晰、均匀,形状完整,馅鲜适口。

技术要领：
（1）水油酥与干油酥的软硬度要掌握好。
（2）擀酥时用力要均匀,避免"乱酥"。
（3）制馅时,萝卜要拧干水分。
（4）炸制时油温应先低后高,避免油温过高,不起酥层。

莲 花 酥

莲花酥属于油酥类制品,系京式面点的代表性品种,采用小包酥的方法起酥,因其形似莲花而得名。其产品具有工艺精细、造型美观、栩栩如生的特点。

用料：
水油皮：面粉 500g、起酥油 100g、水 200g
油酥：面粉 250g、起酥油 125g
馅心：莲蓉馅 400g

工艺流程：
和水油皮→和油酥→下剂→包酥→起酥→包馅→成型→炸制

制作方法：

（1）和水油皮：面粉过筛开凹,放入起酥油、水搅拌匀,进粉和成面团,揉匀至光滑,静置 20 分钟。

（2）和油酥：面粉过筛和起酥油充分擦匀至细滑。

（3）将水油皮、油酥分别搓条下剂 5 钱和 3 钱,将油皮逐个包入油酥,用擀棍擀成长形,随即卷起,折三下,再用手按扁,包入馅心3钱收口朝下,在顶端切三刀成六瓣即为生坯。

(4)烧油锅至50℃左右,放入生坯用小火炸至开花后,用中火炸至熟透即成。

质量要求:

造型美观,色如象牙,形似莲花,层次清晰整齐,入口酥化香甜。

技术要领:

(1)掌握面团的软硬度。过软,层次不分明,开花不好;过硬,包馅时收口不牢不紧,易漏馅。

(2)起酥时不能破酥,以免层次不清晰。

(3)切花瓣要均匀,要掌握好深度,否则形态不好。

(4)炸制时应温油下锅浸炸,后用中小火炸制成熟,否则开花效果不好。

佛 手 酥

佛手酥属于层酥类制品以水油酥面包干油酥面,经擀制、折叠,包入豆沙馅搓成鸭蛋形,再做成佛手形状,入炉烤制而成。

用料:

面粉500g、猪油180g、豆沙馅250g、水120g、蛋液少许

工艺流程:

和水油酥面→和干油酥面→包酥→起酥→下剂→包馅→成型→刷蛋液→烘烤

制作方法:

(1)将300g面粉放置案板上围成塘坑,加入80g熟猪油和约120g水,将水、油擦拌至油乳化后,掺入面粉反复揉搓成水油酥面;将200g面粉、100g猪油混合,用手掌跟反复推擦至不粘手成干油酥面。

(2)将水油酥面和干油酥面分别揿成30个剂子,干油酥包入水油酥面中,擀开后折三折,再重复一次,压扁包馅收口。

(3)收口向下,搓成鸭蛋形,稍大的一头压扁,在上面竖切9刀(切透),将中间的7条向下折,两边分别成大拇指和小拇指,制成生坯。

(4)生坯刷蛋液后放入180℃烤炉,烤8分钟后取出,在手指上部及腕部点上红点。

质量要求:

色泽金黄、造型美观、形似佛手、酥香可口。

技术要领:

(1)连接部分不要切得太深。

(2)擀面团时要注意用力均匀,以免起酥不好。

(3)将大头压扁时,要用左手捏住小头,防止将馅心挤压出来。

菊 花 酥

用料:

面粉500g、猪油150g、水125g、豆沙馅300g、蛋液少许

工艺流程:

和水油酥面→和干油酥面→起酥→下剂→包馅→成型→刷蛋液→烘烤

制作方法:

(1)将300g面粉加50g猪油和成水油面团,200g面粉加100g猪油和成干油酥面团,稍饧。

(2)在水油皮面团中包入干油酥,起酥,制成酥皮,包入豆沙馅按成扁圆形,由里向外切成放射状条形,将每条翻转成90℃成生坯。

(3)刷蛋液,入炉烘烤(200℃),呈金黄色取出。

质量要求:

色泽金黄,造型美观,香甜酥松。

技术要领:

(1)起酥时用力要均匀。

(2)成型时条状要切得均匀、整齐。

(3)造型要美观,每条翻转成90°。

盒 子 酥

酥盒是用水油面团、油酥面团,通过包酥、擀酥,并采用捏酥的方法制作的一道面点,形似盒子,酥层清晰,是一道工艺性较强的面点。

用料:

面粉1000g、猪油380g、温水250g左右、莲蓉750g、炸油2000g(耗油300g)

工艺流程:

分别调制水油面团、油酥面团→包酥→擀酥→下剂→包馅→成型→炸制→成品

制作方法:

(1)将400g面粉加200g猪油擦和成干油酥,另将600g面粉加温水250g、猪油180g一起调和成水油酥,搓揉至上筋光滑,用湿布盖好静置15分钟。

(2)在水油酥面中包入干油酥,擀成长方形的薄皮(约厚1cm),一折三层,稍抹上水,卷成圆长条,搓紧,然后用刀横切出厚约1.5cm的面剂。

(3)面剂边缘稍擀,取15g莲蓉放上,将另一块坯皮覆上,边缘对齐捏紧,然后顺周边用拇指和食指捏成绳状花边(即锁边)成生坯。

（4）将炸油烧至 80℃～100℃ 时，放入生坯，待其酥层出现、浮起后，逐步提高油温，炸至微黄发硬即可。

质量要求：

酥层清晰、均匀，形状完整，不破边，不脱酥，香甜酥松。

技术要领：

（1）水油酥与干油酥的软硬度要掌握好。过硬不利于擀酥；过软易粘连，不起酥层。

（2）擀酥时用力要均匀，避免"乱酥"。

（3）炸制时油温应先低后高，避免油温过高，不起酥层。

本章小结

本章以油酥面团调制技艺为内容，阐述了这种面团的基本技艺以及面团的特性和形成原理，明确了这种面团的调制方法并能加以运用。通过本章的学习，让学生懂得这种面团的作用及调制的基本操作技艺，了解掌握这些面团常见品种的调制方法并能在实践中加以运用。通过理论学习和反复操作，将理论应用到实际中，才能使技术水平得以提高。

【思考与练习】

一、职业能力测评题

（一）判断题

1. 混酥类制品是指由面粉、油脂、糖、蛋或少量清水等原料一次性混合揉制而成的点心。　　　　　　　　　　　　　　　　　　　（　　）

2. 在核桃酥的配料中，糖占面粉总量的 50% 左右，所以在烘烤核桃酥生坯时，可以不用刷蛋液就能烤出金黄色。　　　　　　　　　　（　　）

3. 烘烤核桃酥时，炉温应先低（利于塌架）后高（利于上色），中间的差距以不超过 20℃ 为宜。　　　　　　　　　　　　　　　　　（　　）

4. 月饼是一种节令性食品。　　　　　　　　　　　　　　　　（　　）

5. 浆皮类点心是以面粉、油脂与糖浆为主要原料调制而成的。（　　）

6. 制作广式月饼用的糖浆一般要提前三个月煮制。　　　　　（　　）

7. 莲蓉月饼的主要用料有月饼皮、豆沙、咸蛋黄。 （　　）

8. 酥皮类制品是由水油皮和油酥面两块面团经起酥、擀制后制成有清晰酥层的坯皮,再经包捏成型的制品。 （　　）

9. 水油皮是用面粉、油脂及水经拌和揉制而成的。 （　　）

10. 起酥就是把油酥面包入水油皮中,经过不同的擀制使其形成酥层的过程。 （　　）

11. 明酥是指制品的酥层能明显呈现于外面。 （　　）

12. 暗酥是指制品的酥层藏在里面,不外露。 （　　）

13. 为保证酥皮制品的质量,在其制作中不能使用猪油。 （　　）

14. 使用大包酥的方法起酥,在卷筒时一定要卷紧,否则酥层之间不易黏结。 （　　）

15. 制好的酥皮生坯应马上造型,否则坯子干皮后就会影响成型。 （　　）

16. 在操作中如采用大包酥的方法,则在卷筒时卷得越粗越好,这样酥层就会越多。 （　　）

17. 如果水皮硬、油酥软,则在起酥时油酥会跑出来。 （　　）

18. 菊花酥是模仿菊花的形状而造型的。 （　　）

19. 暗酥制品在成熟后不会膨胀。 （　　）

20. 半暗酥制品是指部分层外露的制品。 （　　）

21. 制作擘酥皮最关键的是和面。 （　　）

22. 在夏天制作莲花酥,要借助冰柜(或冰箱)才能制作好。 （　　）

23. 炸盒子酥使用的油量较多,所以一般均选用植物油。 （　　）

24. 制作盒子酥,可选用奶油,也可选用凝结的猪板油。 （　　）

25. 制作龙虾酥,只要馅心居中就行,其形状大小不一致无关紧要。 （　　）

（二）选择题

1. 单酥制品的显著特点主要是(　　)。

    A. 酥松　　　　　　B. 硬脆　　　　　　C. 无层次　　　　　　D. 层次分明

2. 由于配料不同、制作方法不同,单酥制品可分为(　　)。

    A. 浆皮类制品　　　　　　　　　　B. 油炸类制品

    C. 混酥类制品　　　　　　　　　　D. 蛋糕类制品

    E. 甘露酥制品

3. 混酥类制品的主要特点是(　　)。

    A. 酥　　　　　　B. 松　　　　　　C. 脆

    D. 香　　　　　　E. 无层次

4. 在和核桃酥面时,正确的操作手法是(　　)。

A. 大力揉搓法　　B. 摔面手法　　　C. 叠式手法

5. 在核桃酥的配方中,化学膨松剂的总量不能超过面粉总量的(　　)。

A. 1%　　　　　B. 2% ~3%　　　　C. 5% ~6%

6. 烘烤核桃酥时,炉温一般控制在(　　)。

A. 120℃ ~140℃　　　B. 140℃ ~160℃　　　C. 160℃ ~180℃

D. 180℃ ~200℃　　　E. 200℃ ~220℃　　　F. 220℃ ~240℃

7. 炸莲花酥时,对油温的要求是(　　)。

A. 高温　　　　　B. 中温　　　　C. 低温　　　　　D. 先低后高

E. 先高后低

8. 广式月饼皮的配方是(　　)。

A. 粉 500g　　　B. 糖浆 400g　　　C. 油 100g　　　D. 碱水 10g

9. 月饼在烘烤后呈现暗褐色、不够鲜艳,主要原因是(　　)。

A. 糖浆过多所致　　　B. 油过多所致　　　C. 碱水过多所致

10. 广式五仁果子月饼中的“五仁”是指(　　)。

A. 核桃仁　　　B. 花生仁　　　C. 芝麻仁　　　D. 苦杏仁

E. 甜杏仁　　　F. 榄仁　　　G. 瓜仁

11. 层酥根据其使用的原料及制作方法的不同,可分为(　　)。

A. 酥皮类　　　B. 浆皮类　　　C. 擘酥类　　　　D. 混酥类

12. 起酥的方法一般有(　　)。

A. 明酥　　　B. 大包酥　　C. 暗酥　　　D. 小包酥　　　E. 半暗酥

13. 酥皮类的常见坯皮有(　　)。

A. 明酥　　　　B. 大包酥　　　　C. 暗酥

D. 小包酥　　　E. 半暗酥

14. 在起酥时,一般的要求是(　　)。

A. 水皮硬、油酥软　　　　　B. 水皮软、油酥硬

C. 水皮、油酥二者的软硬度一致

15. 在酥皮点心的制作中,水油皮主要起如下作用(　　)。

A. 间隔油酥、使制品分层起酥

B. 使酥皮类面团有韧性、具有良好的包捏性能

C. 层层包裹油酥,使制品膨胀而不散碎

16. 属于明酥类型的制品有(　　)。

A. 菊花酥　　　B. 眉毛酥　　　　C. 圆酥饼　　　　D. 盒子酥

17. 在起酥的过程中,特别要注意(　　)。

A. 手用力要先轻后重　　　　　B. 手用力要均匀

C.手用力要先重后轻

18.属于暗酥制品的有(　　)。

　　A.菊花酥　　　　　B.圆酥饼　　　　　C.长酥饼

19.在烘烤老婆饼时,炉温一般控制在(　　)。

　　A.120℃～140℃　　　　　　B.140℃～160℃

　　C.160℃～180℃　　　　　　D.180℃～200℃

　　E.200℃～220℃

20.在烘烤佛手酥时,对炉温的要求是(　　)。

　　A.底火大、面火小　　　　　B.底火小、面火大

　　C.底火和面火均一致

二、职业能力应用题

(一)案例分析题

1.小张按混酥皮配方认真称好原料后,结果和出的混酥面皮筋力较大、有弹性,不符合制作要求。请指出原因。

2.小龚和出的浆皮面团中间存在有粉粒现象。请指出原因。

3.小邓制作出的莲蓉甘露酥成品呈球形、表面无自然裂纹。师傅鉴定后说不符合质量标准。请指出原因。

(二)操作应用题

1.在20分钟内,利用下列原料和成混酥面皮。

　　原料:面粉500g、白糖250g、油100g、蛋50g、小苏打5g、臭粉10g

2.在20分钟内,利用下列原料和成甘露酥面皮。

　　原料:面粉500g、白糖275g、猪油250g、蛋100g、泡打粉10g、臭粉2g

3.在60分钟内,利用下列原料制作出莲蓉甘露酥成品。

　　原料:面粉500g、白糖275g、猪油250g、蛋100g、泡打粉10g、臭粉2g、莲蓉馅750g

4.在60分钟内,利用下列原料制作出核桃酥成品。

　　原料:面粉500g、白糖粉275g、凝结猪油250g、鸡蛋液50g、小苏打8g、臭粉7g、核桃仁50g

5.在20分钟内,利用下列原料和成浆皮面团。

　　原料:面粉500g、糖浆400g、油100g、碱水10g

6.在60分钟内,利用下列原料制作出广式五仁月饼成品。

　　原料:面粉250g、糖浆200g、油50g、碱水5g、五仁月饼馅心1000g、蛋100g

7.在30分钟内,利用下列原料和制成酥皮面团。

原料：面粉 500g、油 150g

8. 在 60 分钟内,利用下列原料制作出 5 种花色酥饼的成品。

原料：面粉 500g、油 150g、莲蓉馅 400g、蛋 100g

9. 在 60 分钟内,利用下列原料制作出椰蓉酥饼成品。

原料：低筋粉 700g、白糖 800g、猪油 700g、蛋 100g、椰蓉 640g、泡打粉 10g、臭粉 10g、椰子香精少许

10. 在 60 分钟内,利用下列原料制作出芝麻薄饼成品。

原料：低筋粉 500g、细糖 310g、猪油 100g、牛油 75g、鸡蛋 25g、奶粉 50g、奶水 60g、臭粉 9g、小苏打 3g、黄色水、白芝麻适量

11. 在 60 分钟内,利用下列原料制作出德庆酥成品。

原料：熟面粉 500g、糖粉 450g、猪油 160g、鸡蛋 65g、熟花生碎 50g、熟芝麻碎 25g、小苏打 2g、臭粉 8g

第 7 章

米粉面团与运用

● 了解米粉面团的作用、分类、特性及形成原理
● 掌握米粉面团的调制方法,并能在实践中加以运用

　　米粉面团,就是指用米磨成的粉与水及其他辅料调制而成的面团。常用的米粉有糯米粉、粳米粉和籼米粉三种。不同的米粉由于其特性不同,调制出的面团的性质也不一样。

　　米粉的组成成分与面粉基本一样,主要成分也是淀粉和蛋白质。但两者的性质却不相同。面粉中所含的蛋白质主要是能吸水形成面筋的麦胶蛋白和麦谷蛋白,用冷水调制可形成筋性强、韧性足、延伸性好的面团;而米粉中的蛋白质主要是谷蛋白和球蛋白,不能形成面筋。同时米粉中的淀粉在冷水条件下不能吸水膨胀产生黏性。因此用冷水调制的米粉面团松散、无劲、韧性差,不能用其制皮包捏成型,所以一般不能用冷水调制。如果需要调制面团,只有提高米粉的调制温度,使米粉中的淀粉发生膨胀,糊化产生黏性成团,这就是米粉面团的形成原理。如果提高水温或将米粉采用蒸、煮的方法,可调制具有一定黏性、可塑性强、结构紧密的米粉面团。饮食业中常用的方法是泡心法或煮芡法。

　　米粉与面粉的差别还表现在发酵的能力上。面团发酵需要两个条件:一是产生气体的能力,二是保持气体的能力。面粉面团既有活性强的淀粉酶把部分直链淀粉分解为单糖,为酵母繁殖提供养分,产生气体,又有蛋白质形成面筋网络包裹气体,因而可以制作发酵制品。而糯米粉和粳米粉则不具备这两个条件,一是米粉中的淀粉绝大多数都是淀粉酶活力低的支链淀粉,很难将支链淀粉分解为单糖供给酵母养分,不能产生气体;二是米粉中的蛋白质不能形成面筋网络,不能保持气体。所以糯米粉、粳米粉一般不能用来制作发酵制品。但籼米在一定的条件下可以用来发酵,这是因为籼米中含有较多的直链淀粉,若再掺入糖、面肥等增加酵母繁殖的养分和增强保持气体的能力,那么籼米粉就可以用来制作发酵制品。

米粉面团的特性是黏性强、韧性差,除了籼米,一般不能用来制作发酵制品。

第一节　米粉糕类面团制品

米粉糕类面团指用米粉为主要原料,经加糖、水或糖油拌制而成的面团,根据制品的性质,可分为松质糕米粉面团和黏质糕米粉面团。

松质糕米粉面团是先成型后成熟的糕类粉团,它一般不经过揉制过程,韧性小,质地松软,遇水易溶,所以成品吃口松软、粉糯、香甜、易消化,品种有松糕,方糕等。

黏质糕米粉面团是先成熟后成型的糕类粉团,它具有韧性大,黏性大、入口软糯等特点,适合制作年糕、玫瑰百果糕等品种。

一、松质糕米粉面团的调制

1. 用料

糯米粉、粳米粉、糖米粉、糖、水。

2. 工艺流程

$$\left.\begin{matrix}\text{粳米粉}\\\text{糯米粉}\end{matrix}\right\}\begin{matrix}\text{搅拌均匀}\\\text{水}\\\text{糖}\end{matrix}\left\{\begin{matrix}\rightarrow\text{抄拌均匀}\rightarrow\text{静置}\rightarrow\text{筛入模中}\rightarrow\text{蒸制}\rightarrow\text{成型}\\(\text{拌粉})\quad(\text{夹粉})\end{matrix}\right.$$

3. 调制方法

根据制品要求将糯米粉、粳米粉按一定比例掺和后,加入糖或糖油(糖油制法为将锅洗净,放入 1000g 糖、400g 清水,在火上熬制,并不断搅动,待糖溶化泛起大泡,即可离火,稍冷后,用纱布滤去杂质即成),水拌和擦匀,直到糕粉能捏得拢,散得开时,盖上湿布静置一段时间,再筛入各模具中,即可进行下一道工序。

4. 调制要点

(1)掌握好掺水量

粉拌得太干则无黏性,影响成型;粉拌得太潮湿则黏糯而无空隙,易造成夹生现象。掺水量的多少应根据情况而定,一般干磨粉比湿磨粉多,粗粉比细粉多,用糖量多则掺水量相应减少。

(2)掌握静置的时间

静置是将拌制好的糕粉放置一段时间,使粉粒能均匀、充分地吸收到水分。静置时间的长短应根据粉质、季节和制品的不同而不同。

(3)静置后的糕粉需过筛才可使用

静置后的糕粉肯定不会均匀,若不过筛,粉粒粗细不匀,蒸制时就不易成熟。过筛后糕粉粗细均匀,既容易成熟又细腻柔软。

二、黏质糕米粉面团的调制

1.用料

糯米粉、粳米粉、糖、水、植物色素、香料

2.工艺流程

$$\left.\begin{array}{l}\text{糯米粉}\\\text{粳米粉}\end{array}\right\}\longrightarrow\left.\begin{array}{l}\text{掺和}\\\text{粮}\\\text{水}\\\text{植物色素}\end{array}\right\}\longrightarrow\text{拌粉}\to\text{静置}\to\text{上笼蒸熟}\to\text{成型}$$

3.调制方法

先将糯米粉、粳米粉按制品要求的比例掺和,再加入、糖、香料等,拌粉。经静置一段时间后上笼蒸熟,蒸熟后立即将粉料放在案板上搅拌,揉搓至表面光滑不粘手为止。

4.调制要点

(1)粒粉要蒸制成熟

检验糕粉成熟度的方法,将筷子插入糕粉中取出,若筷子上粘有糕粉则表示还未熟透;若筷子上无糕粉,则表示成熟。

(2)掌握揉制方法

糕粉成熟后须立即用力反复揉制,揉制时手上要抹凉开水或油,若发现有生粉粒或夹生粉应摘除。揉制时尽量少淋水,揉至面团表面光滑不粘手为止。

三、品种实例

松糕（广式）

松糕是以大米为主要原料,加入白糖、糕种、小苏打等辅料蒸制而成的产品,其质感与蛋糕相似,可制成甜味的,也可制成咸味的。

用料：

大米 1500g、白糖 750g、小苏打 5g、碱 4g、糕种 25g、水 600g

工艺流程：

磨制干浆→煮熟浆→调制生熟糕浆→发酵→加糖→兑碱→蒸制→切块

制作方法：

(1)大米制成干浆,取干浆 150g 放入锅中,煮成熟浆,倒入盆中,冷却。

(2)将剩下的干浆放在盆中,加入糕种、150g 清水及熟浆一起拌匀发酵 12 小时,成为糕浆(待浆面呈小黄蜂窝状时为发酵适度)。

(3)将白糖及150g清水入锅中,用小火煮至溶化,冷却后倒入糕浆中拌匀,再将碱用少量水溶解后和小苏打一起放入糕浆中拌匀,然后倒入湿布垫底的蒸笼内用旺火蒸熟,冷后切成块即成。

质量要求：

色泽嫩黄、糕本绵软、有弹性,气孔细密、口感甘香而带微酸。

技术要领：

(1)灵活掌握好发酵时间和程度。

(2)兑碱时碱量应灵活控制,发酵时间若长,则多加些碱。

(3)蒸制时要旺火足汽。

年糕（广式）

过春节蒸年糕,在我国很多地区十分盛行,特别在广大农村更为普及。"年糕"蕴含着"年年幸福,步步高升"的祝福之意。

用料：

大米150g、糯米350g、红糖500g、猪油25g、花生油25g、水170g

工艺流程：

泡米→磨粉浆→煮糖水→调制糕浆→蒸制

制作方法：

(1)将大米、糯米用清水泡1个半小时,磨成粉浆,压干水分成干粉浆,放在盆中备用。

(2)将红糖和水煮成糖浆,趁热分两次冲入干粉浆中,边冲边搅,禁止粉浆结块,然后加入花生油拌匀,倒入容器中用中火蒸约1小时,熟后取出冷却,切成小块即可套用,也可煎制食用。

质量要求：

色泽橙色、质地软滑、黏韧、口感清甜糯香。

技术要领：

(1)糖浆要趁热冲入干粉浆中,并不断搅拌。

(2)冲浆时不能起颗粒或结块。

(3)蒸制时要蒸熟蒸透。

擂沙青团

用料：

细糯米粉400g、细粳米粉100g、豆沙馅、芝麻、枣泥、百果等各30g、赤豆粉50g

工艺流程：

制擂米粉→调制面团→下剂→包馅→成型→煮制→粘擂沙粉

制作方法：

（1）将赤小豆洗净，放入锅中，加水煮沸，再改用小火焖煮至豆酥烂，装入布袋中挤压掉水分，放入烤箱中烤至干燥，然后将赤小豆磨细成赤豆粉（又称擂沙粉）。

（2）米粉混合后掺开水约100g，拌成雪花状，略加清水制成粉团后揪取约30g重的团坯，再用手搓圆，捏成小酒杯状，放入约15g馅心，捏拢收口成圆形团子生坯。

（3）清水烧沸将粉团生坯逐个沿锅边放入，并用勺子轻轻推动，以防粘底。沸水中约煮10分钟，粉团浮起点些冷水，略焖煮一会，即可捞起。

（4）煮熟，沥干水粉的团子放入擂沙粉中，均匀地滚粘上一层沙粉，即成擂沙团子。

质量要求：

色泽黄、清香、糯滑、柔软、爽口、别有一种风味。

技术要领：

（1）掌握擂沙粉的制法。

（2）注意调制面团的方法。

（3）掌握好成熟时间。

腊味萝卜糕

腊味萝卜糕是广式面点代表性品种，以其软滑清香、味美咸香而著称，是冬春季节的时令小吃。

用料：

黏米粉850g、鹰粟粉150g、萝卜丝2000g、虾米100g、白糖75g、猪油100g、胡椒粉5g、绍酒10g、水1750g、味精15g、腊肠丁250g、盐60g

工艺流程：

调制面团→倒盘→蒸制→冷却→切块→煎制

制作方法：

（1）黏米粉、鹰粟粉放在盆中用1/2的水调粉浆。

（2）余下的水和萝卜丝一起煮开，至萝卜丝转色熟透时，加入调味料和浆搅拌均匀，烫成半熟糊浆，最后加入猪油、虾米、腊肠丁拌匀。

（3）将蒸盘（32×32×5cm）抹油，倒入粉浆抹平，入笼蒸约1小时，冷透后倒出切块，然后煎到两面金黄即成。

质量要求：

糕身洁白，表面色泽金黄，口味软滑清香，鲜美爽口。

技术要领：

（1）萝卜丝要煮熟透，倒入粉浆后要煮至熟。

（2）煮浆最好用木铲，如用钢铲容易发黑。

（3）蒸制时要抹平，火要旺，并掌握蒸制时间。

（4）萝卜糕冷透后才能倒出切块。

（5）煎制时要掌握好火候和时间。

第二节　米粉团类制品

米粉类面团是将糯米粉、粳米粉按一定比例掺和后采用一定的方法（烫粉、煮芡）揉制成的米粉面团。

一、米粉团类制品面团的调制

米粉团类制品面团的调制方法一般有沸水烫粉调制、煮芡法、熟白粉调制法三种。

1. 用料

糯米粉、粳米粉、水、色素

2. 工艺流程

（1）沸水烫粉调制法

糯米粉
粳米粉 }→掺和→沸水烫→揉制成团

（2）煮芡法

糯米粉
粳米粉 }→掺和→取 1/3 加水拌和→加热成熟
剩余的 2/3 米粉 }→揉制成团

（3）熟白粉调制法

糯米粉
粳米粉
水 }→拌粉→蒸熟→揉制成团

3. 调制方法

（1）沸水烫粉调制法

将米粉放入缸内，冲入沸水，利用沸水的高温将部分米粉烫熟，使淀粉糊化产生黏性，再将米粉揉制成团。沸水用量为米粉的 20% ~ 25%。

（2）煮芡法

取米粉的 1/3，按 1000g 米粉掺水约 200g 的比例，调制成粉团，上笼蒸熟，然后与余下的米粉一起揉制成光滑不粘手的米粉面团。

（3）熟白粉调制法

将米粉加水拌成糕粉，上笼蒸熟后，再反复揉成团。

4.调制要点

（1）掌握好用水量。水多，粉团稀软黏手不易包捏；水少，粉团干硬不易成型。

（2）掌握好水温。制作米粉团类面团，不宜全用沸水，更不能用凉水。全用沸水粉团黏性高、易黏手，不利于制作；凉水制作的粉团黏性低、松散，制品表面也不光洁。

二、米粉团类制品面团的特点与用途

米粉团类制品面团由淀粉糊化产生黏性而形成面团，因而面团软糯有黏性，可包制多卤的馅，成品有皮薄、馅多、卤汁多、吃口黏、糯润滑、黏实耐饥的特点，油汆团子、双馅团子、擂沙团子等就是这类面团制成的。

三、品种实例

宁波汤圆

汤圆又称元宵，因馅料不同，其品种也很多，如麻仁汤圆、桂花汤圆、莲蓉汤圆等。

用料：

皮料：水磨糯米粉 1000g、清水 500g

馅料：黑芝麻 100g、白糖 250g、生猪板油 200g、烤香面粉 100g

工艺流程：

和糯米粉皮→制馅→下剂→上馅→成型→煮制

制作方法：

（1）糯米粉加水搓揉成粉团。

（2）黑芝麻炒香、碾碎，猪板油去网衣，与黑芝麻、白糖、烤香面粉一起搓成馅心。

（3）将糯米粉团下剂 15g 包入 7.5g 馅心搓圆。

（4）将锅中水烧沸，下汤圆生坯，用旺火煮制，待汤圆浮起后，沿锅边加入冷水，反复两次后，捞出盛在有糖水的小碗中即可。

质量要求：

形态圆整，色泽白玉光润，糯香爽滑，皮薄馅多，香甜可口。

技术要领：

（1）米粉团软硬度合适。过软，汤圆变形；过硬，不利于包馅。

（2）包馅时要求馅心居中，不露馅，表面洁白。

（3）煮制时，掌握好火候，防止糊烂。

椰蓉糯米糍

用料：

皮料：糯米粉 500g、熟澄面 125g、白糖 125g、猪油 125g、水 400g

馅料：莲蓉馅 400g、椰蓉 100g（粘面）

工艺流程：

和面→搓条→下剂→包馅→成型→蒸制→粘面

制作方法：

（1）糯米粉用水拌和成湿糯浆，静置 20 分钟，与熟澄面、白糖、猪油擦匀成糯米粉皮。

（2）皮料下剂每个 20g，包入馅心 10g，搓成球形，放入蒸锅内蒸 5 分钟，熟后取出。

（3）趁热逐个粘上椰蓉即成。

质量要求：

外观饱满圆整，香甜软糯，椰香浓郁。

技术要领：

（1）糯米粉要与水和成湿糯浆，再与其他原料混合。

（2）掌握好面团的软硬度。

（3）掌握好蒸制时间。

蕉　叶　粑

用料：

皮料：糯米粉 350g、籼米 150g、红糖 50g、猪油 40g

馅料：黑芝麻 150g、猪板油 150g、白糖 300g、熟面粉 25g

包裹料：粽叶适量

工艺流程：

泡米→磨浆→吊粉浆→调制粉团→调馅→包馅成型→包裹→蒸制→成品

制作方法：

（1）调制面团。将糯米、籼米洗净浸泡发胀，磨成粉浆、吊干。然后加入研细的红糖、熟猪油揉搓成软硬度合适的粉团。

（2）制馅。黑芝麻炒后碾碎，加入炒香的面粉，去衣切丁的猪板油、白糖，搓擦成馅心。

（3）将粉团下剂 35g，包入 15g 馅，搓成圆柱形，然后用刷上油的粽叶包裹，包时只将底部和围边包裹，留面上不包，入笼用旺火蒸 15 分钟即可。

质量要求：

造型简洁,香甜软糯。

技术要领：

（1）米粉磨得越细越好,加猪油后的粉团软硬度要适当。

（2）粽叶应先稍煮,抹干后擦上猪油,以防与制品粘连。

（3）蒸时应旺火足汽。

空心煎堆

空心煎堆是以糯米粉为主要原料,配以白糖、水、生油、臭粉、小苏打等辅助原料,经成型、炸制而成的一款大众化面点,以其空心通透的特点而得名。

用料：

糯米粉500g、白糖200g、水400g、生油20g、臭粉3g、小苏打0.5g、芝麻100g（粘面）

工艺流程：

和面→揉面→搓条→下剂→成型→炸制

制作方法：

（1）糯米粉与臭粉、小苏打混合,用锅将水、白糖煮开,凉至温热与糯米粉调和成团,揉至匀滑,加入生油拌匀成粉团。

（2）下剂40g,搓成圆形,粘满白芝麻,搓紧即为生坯。

（3）起油锅烧至130℃,放入适量生坯,勤搅动,不能使其粘锅或少许着色,炸至上浮时,用捞篱按压,压扁一次,膨发一次,并使其翻动,直至膨胀发大,空心通透,形成皮薄圆整的空心煎堆。

质量要求：

空心通透,皮薄均匀,软韧适中,香脆可口。

技术要领：

（1）选择优质糯米粉,要求细滑、色白、黏性强。

（2）掌握油温,不宜过高。

（3）边炸边按压,使其浮松膨胀,并旋转翻动。

香麻炸软枣

香麻软枣属于米粉类制品,它主要以糯米粉为主要原料,配以白糖、澄面、猪油、水等辅料调制成面团,经包馅、成型、炸制而成的一种颇具特色的传统制品。

用料：

皮料:糯米粉500g、熟澄面125g、白糖125g、猪油125g、水400g

馅料:莲蓉馅 400g、芝麻 100g(粘面)

工艺流程:

和面→搓条→下剂→包馅→成型→炸制

制作方法:

(1)糯米粉用水拌和成湿糯浆,静置 20 分钟,与熟澄面、白糖、猪油擦匀成糯米粉皮。

(2)皮料下剂每个 25g,包入馅心 10g,搓成枣子形状,表面粘上芝麻搓紧,即为生坯。

(3)起油锅,将油烧至 150℃左右,放入生坯炸至成熟即成。

质量要求:

外观饱满圆整,呈枣子形,表面微黄,外脆内软糯,香甜可口。

技术要领:

(1)糯米粉要与水和成湿糯浆,再与其他原料混合。

(2)掌握好面团的软硬度。过软,产品不饱满圆整;过硬,产品易爆裂露馅。

(3)掌握好炸制的油温和时间。油温过高,制品色泽过深,不软糯;过低,产品吸油过多太软,形状不饱满。

珍珠咸水角

此品种与香麻软枣同属于米粉类制品,它们在皮料上非常相似,制作中可以用同一块面团。它们的区别主要在于馅料,香麻软枣一般用蓉状甜馅,表面粘上芝麻,而珍珠咸水角则用熟咸馅,表面不粘芝麻,炸制时起珍珠小泡。

用料:

皮料:糯米粉 500g、熟澄面 125g、白糖 150g、猪油 125g、水 350g

馅料:猪肉 300g、虾米 50g、冬笋 150g、香菇 100g、盐、白糖、味精、生抽、胡椒粉、料酒、麻油、葱白、水生粉适量

工艺流程:

和面→揉面→制馅→搓条→下剂→包馅→成型→炸制

制作方法:

(1)糯米粉与水和成湿糯浆与熟澄面、猪油、白糖擦匀成面团。

(2)面团下剂 25g 一个,包入馅心 15g,捏成角形即为生坯。

(3)起油锅烧至 150℃左右,放入生坯炸至起珍珠小泡,熟透捞出即可。

质量要求:

外脆,内软糯,表面有珍珠小泡,晶莹油亮,形态饱满,咸甜适口。

技术要领:

(1)糯米粉、澄面的比例要适当。如糯米粉过多,起泡过大;澄面过多,则成品过脆,失去软糯的特色,起泡也不明显。

(2)炸时先中火。后用中上火。糯米粉黏性较大,炸时油温不能过低,否则易粘连;过高易炸焦,不起珍珠小泡。应用中火炸至角身略胀起,再用中上火炸至饱满定型。

(3)炒馅时,调味要准,勾芡要适度。

本章小结

本章介绍了米粉面团的调制技艺,阐述了这种面团的作用、分类、面团调制的基本技艺以及面团的特性和形成原理等。通过本章的学习,让学生懂得这种面团的作用及调制的基本操作技艺,了解掌握这些面团常见品种的调制方法,通过理论学习和反复操作,使学生掌握这类面团品种的制作技艺。

【思考与练习】

一、职业能力测评题

(一)判断题

1.糯米是制作米类、米粉类制品的主要原料。 ( )

2.米粉糕类制品是指将米磨成米粉后,经加糖、水拌制成糕粉,然后蒸制形成或成型后蒸制而成的制品。 ( )

3.从米糕的制作技术角度说,米糕大体上可分为松质糕和黏质糕两大类。

( )

4.干磨粉即指将已用水浸泡透并晾干的米磨成的粉。 ( )

5.湿磨粉是指将干燥的大米磨成粉后,再稍稍洒上点水分。 ( )

6.干磨粉的特点是易于保存、使用方便。 ( )

7.水磨粉是指将大米浸泡透,连水带米一起磨成粉浆,然后装入布袋,将水挤出(或滤水)而制成的粉。 ( )

8.水磨粉比湿磨粉细腻。 ( )

9.干磨粉的颗粒比湿磨粉的小(即"细")。 ( )

10. 米粉团子又称米团,它的操作过程一般有拌粉、揉制、搓条、下剂、上馅、包捏成型等。　　　　　　　　　　　　　　　　　　　　　　（　　）

11. 米团的包捏成型是指米粉制作成粉团后到米团制作成型的整个过程。　　　　　　　　　　　　　　　　　　　　　　　　　　（　　）

12. 在制作年糕时,糯米粉中只要掺有粳米粉,成品就会不好吃。（　　）

13. 在腊味萝卜糕的制作中,煮萝卜必须煮至转色熟透。　　　（　　）

14. 汤圆未煮熟透主要是粉多、馅少所致。　　　　　　　　　（　　）

15. 在煮汤圆的过程中,要多加几次冷水,其目的是利于汤圆呈球形。（　　）

16. 制作汤圆应选用干磨粉,这样才能使成品的口感好。　　　（　　）

（二）选择题

1. 米类制品所使用的原料主要是（　　　）。
　　A. 小麦　　　　　　B. 稻米　　　　　　C. 高粱　　　　　　D. 玉米

2. 根据稻米所含淀粉性质的不同,通常分为（　　　）。
　　A. 糯米　　　　　　B. 粳米　　　　　　C. 籼米

3. 为了有效地延缓大米的陈化,一般常将大米储存于（　　　）。
　　A. 低温的地方　B. 常温下　　　　C. 干燥的地方　D. 不通风的地方

4. 从加工角度区分,米粉可分为（　　　）。
　　A. 干磨粉　　　　　B. 湿磨粉　　　　　C. 水磨粉

5. 松质糕的制作工序主要有（　　　）。
　　A. 拌粉　　　　　　B. 静置　　　　　　C. 夹粉　　　　　　D. 蒸制
　　E. 成型

6. 米粉不能适用于制作发酵制品的原因是（　　　）。
　　A. 脂肪含量较多　B. 淀粉含量较多　C. 蛋白质不能形成面筋网络

7. 米粉面团的特点是（　　　）。
　　A. 延伸性好　　　　B. 延伸性差　　　　C. 韧性好　　　　　D. 韧性差
　　E. 弹性好　　　　　F. 无弹性

8. 米粉因大米的种类、磨粉方法有别,故而在使用中是按制品的品种特点进行选用的,如（　　　）。
　　A. 油炸类制品多选用糯米粉
　　B. 糕片类制品多选用粳米粉或粳米、籼米的混合粉
　　C. 拌制类制品多选用炒米粉

9. 在夏天,自己加工的水磨粉容易出现下列现象（　　　）。
　　A. 发酵　　　　　　B. 变味　　　　　　C. 变质
　　D. 发红　　　　　　E. 结块

10. 为了适应品种的制作需要,在米粉糕类制品的生产中,常采用的方法有( )。

 A. 将糯米粉与面粉掺和

 B. 将糯米粉与粳米粉掺和

 C. 将糯米粉与籼米粉掺和

11. 指出下列品种中( )属于米粉糕类制品。

 A. 粽子 B. 松糕 C. 年糕 D. 汤圆

12. 制作甜年糕的主要原料有( )。

 A. 面粉 B. 糯米粉 C. 玉米粉 D. 粳米粉

13. 在甜年糕的配方中,粉和糖的比例一般是( )。

 A. 1∶0.5 B. 1∶1 C. 1∶2

14. 制作好的甜年糕在趁热吃时,出现特别软、糯、粘牙,主要是下列原因影响的( )。

 A. 糯米粉中掺有少量粳米粉

 B. 糯米粉中掺有大量粳米粉

 C. 糯米粉中没掺粳米粉

15. 如果甜年糕在成熟时还没有完全熟透,则吃时会出现下列现象( )。

 A. 较硬 B. 较软 C. 粘牙

16. 糯米粉的用途主要有( )。

 A. 制作甜点 B. 制作咸点 C. 制作热食

 D. 制作冷食

17. 汤圆的成品要求是( )。

 A. 软糯香甜 B. 大小均匀 C. 呈球形 D. 有夹生现象

18. 常用的汤圆成型手法是( )。

 A. 推捏 B. 扭捏 C. 包捏 D. 叠捏

19. 煮汤圆必须是( )。

 A. 冷水下锅 B. 温水下锅 C. 开水下锅

二、职业能力应用题

(一)案例分析题

1. 现有三个桶,分别装有糯米、粳米和籼米,请进行区别。

2. 小柳使用干磨粉制作蕉叶粑,大伙品尝后都说质量一般化。请指出原因。

3. 一个夏季的星期天,小梁专程到菜市场购回了湿的水磨粉,想制作出香麻软枣来慰劳父母。谁知父母吃后说:"软枣是好吃,就是不该有点酸味。"请指出原因。

4. 师傅告诉小柳,制作甜年糕时,一定要记住在糯米粉中掺入一定量的粳米粉,这样制作出的年糕才能保证质量。请指出原因。

5. 小张制作出的甜年糕四周都是淡黄色,中间呈白色。请指出原因。

6. 小程在规定的蒸制时间内蒸出的腊味萝卜糕中间有夹生现象。请指出原因。

7. 老李蒸出的蕉叶粑中间存在有夹生现象。由于在规定的蒸制时间内既没有漏气现象,又保持了火旺汽足。他百思不得其解,请指出原因。

8. 小李煮出的汤圆有夹生现象。请指出原因。

(二)操作应用题

1. 现有糯米粉350g、白糖500g、粳米粉150g等原料。请你在60分钟内,利用上述原料制作出甜年糕成品1个。

2. 请你在20分钟内,操作磨粉机将5000g大米加工成干磨粉。

3. 请你在20分钟内,将已预先浸泡好的大米2500g加工成水磨粉。

4. 在60分钟内,利用下列原料制作出宁波汤圆的成品。
   原料:水磨糯米粉1000g、清水500g、黑芝麻100g、白糖250g、生猪板油200g、烤香面粉100g

5. 在60分钟内,利用下列原料制作出椰蓉糯米糍的成品。
   原料:糯米粉500g、熟澄面125g、白糖125g、猪油125g、水400g、莲蓉馅400g、椰蓉100g

6. 在60分钟内,利用下列原料制作出珍珠咸水角的成品。
   原料:糯米粉500g、熟澄面125g、白糖150g、猪油125g、水350g、猪肉300g、虾米50g、冬笋150g、香菇100g、盐、白糖、味精、生抽、胡椒粉、料酒、麻油、葱白、水生粉适量

7. 在60分钟内,利用下列原料制作出香麻炸软枣的成品。
   原料:糯米粉500g、熟澄面125g、白糖125g、猪油125g、水400g、莲蓉馅400g、椰蓉100g

8. 在60分钟内,利用下列原料制作出空心煎堆的成品。
   原料:糯米粉500g、白糖200g、水400g、生油20g、臭粉3g、小苏打0.5g、芝麻100g

9. 在60分钟内,利用下列原料制作出蕉叶粑的成品。
   原料:糯米粉350g、籼米150g、红糖50g、猪油40g、黑芝麻150g、猪板油150g、白糖300g、熟面粉25g、粽叶适量

第8章

其他原料制品

学习目标

- 掌握杂粮类制品的制作工艺
- 掌握蔬菜类、瓜果类制品的制作工艺
- 掌握其他类制品的制作工艺

第一节 杂粮类制品

杂粮类制品是指以玉米、小米、高粱、红薯、芋头、土豆等为主要原料,经过加工而制成的制品。用杂粮制作食品,一般需将原料加工成粉料或泥蓉,然后加水调制成面团,或者与面粉掺和再加水调制成面团,最后加工成制品。下面介绍一些杂粮类制品的实例。

煎玉米饼

煎玉米饼是以烫面蛋白皮作皮,馅心在干蒸馅的基础上加入玉米和青豆调制而成。此品种是近年来出现的一款颇有特色的面点。

用料:

皮料:面粉500g、蛋白150g、开水125g、冷水100g、盐5g、碱水2g

馅料:瘦猪肉500g、虾仁100g、肥肉50g、水发香菇50g、玉米250g、青豆25g、盐、糖、味精、胡椒粉、生抽、麻油、猪油适量

工艺流程:

和面→制馅→制皮→上馅→成型→蒸制→煎制

制作方法:

(1)面粉75g用开水和成烫面,然后将面粉、烫面、蛋白、盐、冷水和成面团,静置待用。

(2)玉米、青豆用水煮熟,瘦肉、肥肉、香菇分别切成丁,虾仁用适量盐、碱水、

水生粉腌渍30分钟,洗净吸干水分。

(3)瘦肉与虾仁放在大碗内,加盐顺同一方向搅拌起筋,放入白糖、生抽、味精、胡椒粉拌匀,再加入肥肉丁、香菇丁、猪油、玉米、青豆拌匀,最后加入麻油拌匀即成馅。

(4)面团用长擀棍擀薄至1mm,用直径11～12cm的光模印出圆皮,包入馅心30g,按扁成直径6cm的扁圆形生坯。

(5)生坯摆放在刷了油的蒸笼内,用旺火蒸约10分钟,熟后再用煎锅煎至两面金黄熟透即成。

质量要求:

色泽金黄鲜明,皮香脆、油亮,馅鲜香嫩滑,有嚼劲。

技术要领:

(1)掌握烫面蛋白皮的软硬度。

(2)馅心调味要适中。

(3)产品要用复合成熟法成熟,即先蒸后煎。

(4)掌握好煎制的火候和时间。

小 窝 头

用料:

细玉米粉400g、黄豆粉100g、白糖250g、糖桂花10g

制作方法:

(1)将玉米粉、黄豆粉、白糖、糖桂花一起放在盒中,分几次加入约150g温水,搓揉均匀,使面团柔韧有筋力。

(2)面揉好后搓成直径约0.6cm的圆条,下成100个小面剂。

(3)右手蘸水擦在左手心,取一个面团放左手,右手将面剂揉捻几下,将风干的表皮揉软,再用双手将面剂搓成圆球形状。

(4)右手拇指蘸水,在圆球中心钻一个小洞,边钻边移动,左手虎口同时协同捏拢,使洞口由小渐大,由浅到深,并将窝头上端捏成尖形,直到面团厚度约为0.5cm、外表与内壁均光滑时,便成小窝头生坯。

(5)将生坯放入笼内,上蒸锅用旺火蒸10分钟左右,制品成熟即成。

质量要求:

颜色鲜黄,形状别致,制作精巧,细腻甜香。

技术要领:

(1)掌握面团的软硬度,并揉和上筋。

(2)掌握正确的成型手法。

(3)掌握蒸制的火候和时间。

蜂巢荔芋角

蜂巢荔芋角是以驰名中外的以荔浦芋头为主要原料,配以澄面、猪油及调味料和成面团,包入熟粒馅,炸制而成的一道面点。以其质感酥松,口味鲜香醇正,深受人们的喜爱,因其表面呈蜂巢状而得名。

用料:

皮料:荔浦芋蓉 500g、熟澄面 500g、猪油 200g、盐、白糖、味精、胡椒粉适量

馅料:猪肉 500g、冬笋 100g、香菇 50g、葱白 25g、盐、白糖、味精、胡椒粉、麻油、生抽、水生粉适量

工艺流程:

调制面团→制熟粒馅→搓条→下剂→包馅→成型→炸制→成品

制作方法:

(1)荔浦芋去皮,切厚片蒸熟,趁热压成芋蓉。

(2)澄面用开水烫熟(面:水 =1:1.4)与芋蓉、猪油及调味料和匀成面团。

(3)制馅。将猪肉、香菇、冬笋分别切成小粒,肉粒加盐、水生粉过嫩油与其他原料炒制成熟馅。

(4)皮料出 25g 剂子,包入馅心 10g 捏成橄榄形,入180℃油锅中炸至呈蜂巢状、金黄色即成。

质量要求:

大小均匀,色泽金黄,表面呈蜂巢状,质感酥松,口味鲜香纯正。

技术要领:

(1)灵活掌握投料的比例。当荔浦芋粉质差时,澄面稍减,猪油稍多些。

(2)要试炸后,才能包馅成型。如过松散应加些澄面,不起蜂巢则加些猪油。

(3)掌握好炸制油温。油温过低,成品松散,油温过高,成品不起蜂巢。

薯蓉香麻饼

薯蓉香麻饼是选用粉质优良的红薯制作的面点,具有软糯香甜、风味独特的特点,是一道采用蔬菜做原料的时尚面点。

用料:

皮料:花心红薯 500g、糯米粉 100g、澄面 100g、白糖 100g、猪油 50g、芝麻 150g、粳米粉 150g

馅料:豆沙馅 500g

工艺流程:

蒸红薯→制蓉→和皮→包馅→成型→蒸制→炸制

制作方法：

(1)糯米粉、澄面混合过筛，红薯蒸熟去皮制成蓉，趁热加入混合粉和匀，然后加入白糖、猪油擦匀成团。

(2)皮料下剂25g，包入馅15g，按成扁圆形，两面粘上芝麻，压紧，入五成油温中炸至成熟即可。

质量要求：

色泽金黄，软糯香甜，风味独特。

技术要领：

(1)红薯蒸熟马上取出，以免吸收过多水分。

(2)成型时芝麻要洒水，粘牢。

(3)注意炸制油温和时间。

脆皮香芋球

用料：

皮料：芋头500g、糯米粉75g、熟澄面50g、白糖75g、猪油150g

馅料：流沙馅400g、面包糠适量

制作方法：

(1)芋头去皮，切成厚片蒸熟透，趁热压成芋蓉，与熟澄面擦匀，再加入其他原料和匀成面团。

(2)皮料下剂35g，包入馅心15g，搓成圆形生坯，粘上面包糠，放入150℃的油锅中炸至熟透即成。

成品要求：

色泽金黄、外形圆整、质感外酥内软、口味香甜。

技术要领：

(1)掌握皮料的软硬度。

(2)包馅要居中，不能露馅。

(3)掌握好炸制的油温和时间。

第二节 蔬菜类、瓜果类制品

蔬菜类、瓜果类制品，是指以各种蔬菜、水果为主要原料，配以其他辅料，经加工制成的各种点心。下面介绍其常见的品种：

南 瓜 饼

南瓜饼是近年来创制的一款面点品种,它是以南瓜为主要原料,配以糯米粉、澄面、白糖、猪油等辅料,经包馅、成型,熟制后制成的时尚面点。

用料:

皮料:南瓜500g、糯米粉300g、白糖100g、猪油50g、澄面100g

馅料:莲蓉馅500g

工艺流程:

蒸南瓜→制蓉→和皮→包馅→成型→蒸制→炸制

制作方法:

(1)糯米粉、澄面一同过筛,南瓜蒸熟擦成蓉,加入混合粉搓匀,加白糖、猪油擦匀成团。

(2)皮料下剂30g,包入馅心15g,放入饼模中成型,然后蒸熟取出,再放入150℃的油锅中炸成金黄色即可。

质量要求:

色泽金黄,南瓜味浓,香甜软糯。南瓜饼也可先蒸熟后再炸制。

技术要领:

(1)选用质地香粉的南瓜。

(2)南瓜熟后要趁热制成蓉,加进糯米粉和澄面和匀。

(3)最好是先蒸熟后炸,这样形状好些。

九层马蹄糕

马蹄糕系列品种,是以马蹄粉为主要原料,配以白糖、奶粉、水等辅料,经特殊工艺精制而成的制品,它是广式面点的代表品种,尤其以九层马蹄糕最为著名,广泛应用于茶肆和宴席上,是深受人们喜爱的一种名点。

用料:

马蹄粉500g、白糖500g、水3000g、奶粉100g、可可粉25g

工艺流程:

调生浆→煮熟浆→冲生熟浆→分浆→调色→蒸制→冷却→切块

制作方法:

(1)冲生熟浆。用1/3的水调稀马蹄粉成生浆,再用余下的2/3的水和白糖烧开成糖水,将适量生浆冲入糖水中,搅拌煮成较稀的熟浆冷却至60℃左右,与生浆混合成生熟浆。

(2)调色。生熟浆分成两份,一份用奶粉调成白色,另一份用可可粉调成可可色,分别过滤即可蒸制。

(3)蒸制。容器刷上薄油,先蒸一层可可色,熟后再蒸一层白色,熟后又蒸一层可可色,如此反复,蒸至九层即可。待冷透后,倒出切块即成。

质量要求:

软硬适度,富有弹性,层次分明,厚薄一致,口感爽脆,清甜滋润。

技术要领:

(1)一定要冲成生熟浆,防止粉粒沉淀。

(2)掌握好熟浆的浓度。

(3)调色时深浅适度。

(4)蒸制时要蒸熟一层,再蒸第二层。

(5)马蹄糕一定要冷透后才能倒出切块。

酥炸苹果环

用料:

金师苹果5个、丁香粉少许、精面粉250g、鸡蛋2个、牛油50g、奶粉50g、泡打粉7g、蜜糖或苹果酱适量、清水200～250g

制作方法:

(1)苹果削去皮,用刀逐个横切成四块,用圆"铁吸"吸成圆苹果片。再用小圆"铁吸"除去果心,成为苹果圆环。撒上少许丁香粉,粘上一层干面粉。

(2)面粉留少许,鸡蛋、牛油、泡打粉、奶粉与清水混拌成蛋面浆,饧约1小时,使用时再搅匀。

(3)锅内放油,烧至油温达150℃时,将苹果环逐件蘸上蛋面浆,放入油锅内炸。炸至呈金黄色时,捞出沥去余油。

(4)食用时涂上苹果酱或涂上蜜糖。

质量要求:

色泽金黄,苹果松软,果香味浓。

技术要领:

(1)苹果环要拍干面粉。

(2)掌握蛋面浆的稀稠度。

(3)掌握炸制的油温和时间。

炸高丽香蕉

用料:

芝麻香蕉600g、豆沙100g、糖粉25g、鸡蛋10个,干菱粉30g,生油1000g

制作方法：

（1）将香蕉去皮切成5cm长、1.7cm宽、0.7cm厚的长片。

（2）取两片香蕉，中间夹入豆沙，再沾上面粉。

（3）将蛋清用力打发至起泡沫，加入菱粉、面粉，用力打均匀。

（4）生油倒入锅内，待油烧至4成热时，取夹入豆沙的香蕉片粘上蛋白糊，入锅炸至金黄色捞出装盒，撒上糖粉，趁热食用。

质量要求：

色金黄，香甜鲜糯。

技术要领：

（1）掌握蛋清的打发程度。

（2）掌握炸制的油温和时间。

橙汁拉皮卷

用料：

马蹄粉500g、白糖500g、水3000g、奶粉100g、浓缩橙汁50g

制作方法：

（1）冲生熟浆。用三分之一的水调稀马蹄粉成生浆，然后用余下三分之二的水和白糖煮开成糖水，将适量生浆冲入糖水中，煮成较稀的熟浆，冷却到60℃与生浆混合成生熟浆。

（2）调色。生熟浆分成二份，一份用浓缩橙汁调成橙黄色，另一份用奶粉调成白色，分别过滤即可蒸制。

（3）蒸制。方盘抹薄油，先蒸一层橙黄色的，熟后再蒸一层白色的，熟后出笼，趁热卷制成圆形，冷却后切块即成。

质量要求：

层次分明、厚薄一致、软硬适度、富有弹性、口感爽脆、甜度适中。

技术要领：

（1）马蹄粉一定要冲成生熟浆，使粉粒不沉淀。

（2）掌握好熟浆的浓度。

（3）蒸熟一层才能淋上第二层。

（4）掌握好蒸制的火候和时间。

（5）一定要冷透后，才能切块。

金橘香糕

用料：

A 水 600g、白糖 100g、转化糖浆 50g、红糖 50g、橘子皮蓉 200g

B 玉米粉 20g、低筋粉 70g、澄粉 70g

制作方法：

(1)将 B 用适量的水调稀,将 A 煮开,加入 B 煮至糊状离火。

(2)将面糊倒入方盘中,用中火蒸熟,冷透后倒出切块。食用时可粘白糖和花生粉。

成品要求：

色泽鲜明黄亮,件头大小均匀,软硬适度,香甜爽口。

技术要领：

(1)粉料要用适量的水开稀。

(2)煮面糊时要不断搅拌。

(3)掌握蒸制的火候和时间。

(4)冷透后才能倒出切块。

蓝莓软糕

用料：

A 水 600g、蓝莓酱 600g、转化糖浆 50g、红糖 50g

B 玉米粉 30g、低筋粉 50g、澄粉 70g

制作方法：

(1)将 A 搅拌均匀,加入 B 搅拌匀。

(2)将面糊用中火加热煮至糊状离火,倒入模具中,用中火蒸熟,冷却后倒出装饰水果即成。

成品要求：

成型美观,软硬适度,香甜爽口。

技术要领：

(1)下粉后要搅拌均匀。

(2)倒模时以 8 成满为宜。

(3)掌握蒸制的火候和时间。

第三节　其他类制品

其他类制品,是指不包括以上两类品种的部分点心,如用蛋黄、生粉、西米等原料制作的制品。

蜂巢蛋黄角

蜂巢蛋黄角主要是利用咸蛋黄的油性结构,通过加入澄面和起酥油使制品膨松起巢,同时还可以利用粟子、芋头、莲子制作。

用料:

皮料:咸蛋黄 10 个、熟澄面 500g、起酥油 100g、盐、味精、糖适量

馅料:细粒熟馅 300g

工艺流程:

蒸蛋黄→烫面→调制面团→上馅→成型→炸制

制作方法:

(1)蛋黄蒸熟压成蓉状,澄面加沸水烫熟成团与蛋黄擦匀,加起酥油及调味料再擦匀成蛋黄角皮,经试炸起蜂巢状,即可成型。

(2)将蛋黄角皮下剂 15g,包入 10g 馅,捏成角形成生坯。

(3)将生坯放入 180℃油锅中炸至金黄色,起巢后捞出即可装碟上桌。

质量要求:

色泽金黄,起蜂巢,加入起酥油,咸蛋黄香味浓郁。

技术要领:

(1)掌握好用料的比例。

(2)经试炸后起蜂巢才能成型。

(3)掌握炸的油温。

奶黄水晶角

用料:

澄面 150g、生粉 100g、水 500g、奶黄馅 250g、椰蓉适量

制作方法:

(1)将澄面、生粉混合过筛,用约 100g 的水调成粉浆。

(2)将剩余的水煮开,冲入粉浆中搅拌成面团。

(3)面团下剂每个 25g,包入奶黄馅 10g 制成角形,入笼蒸制 5 分钟,取出后粘上椰蓉即成。

质量要求:

色泽洁白,软韧适中,香甜可口。

技术要领:

(1)掌握面团的软硬度。

(2)成型时动作要快。

(3)掌握蒸制的时间不能过长。

榴梿西米角

用料：

西米 500g、生油 50g、生粉 100g、白糖 125g、粟粉 25g、榴梿馅 400g

制作方法：

(1)西米用清水浸泡约 1 小时捞起,放入盆中用沸水烫 5～6 分钟捞出,再放入蒸笼中用旺火蒸 20 分钟,取出趁热加入白糖、生油拌至糖溶化,加入生粉、粟粉拌和成面团,即成西米皮。

(2)西米皮下剂每个 30g,包入榴梿馅 10g 制成角形,放入蒸笼中蒸约 10 分钟即成。

质量要求：

晶莹光亮,软韧适中,洁白香滑,清甜可口。

技术要领：

(1)西米先泡胀,再蒸熟。

(2)掌握西米皮的软硬皮。

(3)包馅要居中,不能露馅。

(4)掌握蒸制的时间。

晶莹香菜饺

用料：

皮料:生粉 150g、澄面 350g、盐 4g、水 520g

馅心:猪肉馅 400g、香菜 150g、胡萝卜 150g、马蹄肉 100g、盐、味精适量

制作方法：

(1)生粉、澄面混合过筛,放入盆中用沸水烫熟,合成面团。

(2)面团下剂每个 15g,拍成圆皮,包入馅 15g 呈鸡冠形,放入蒸笼中蒸约 5 分钟即成。

质量要求：

晶莹光亮,软韧适中,洁白香滑,清甜可口。

技术要领：

(1)皮料一定要蒸熟。

(2)掌握皮料的软硬皮。

(3)包馅要居中,不能露馅。

(4)掌握蒸制的时间。

娥姐粉果

娥姐粉果是广东的传统点心之一,相传粉果是由一名叫娥姐的女佣创制的,故称"娥姐粉果"。传统的粉果是用饭粉作皮的,现改用澄面和生粉作皮。成熟方法可蒸也可炸,用油炸制成的粉果因摇动时有馅心滚动的响声,故又称"响铃粉果"。

用料:

皮料:澄面 400g、生粉 100g、猪油 25g、开水 700g、盐 20g

馅料:瘦肉 100g、熟肥肉 50g、鲜虾仁 150g、叉烧 50g、冬笋 150g、水发香菇 25g、芫荽 50g、盐、糖、味精、胡椒、生抽、麻油、蚝油、葱姜末、水生粉适量

制作方法:

(1)馅料分别切成丁,肉丁调味上浆过嫩油,与其他原料炒制成馅。

(2)澄面、生粉、盐加沸水烫熟,加入猪油搓成面团。

(3)将面团下剂 15g 用刀拍成圆皮,包入二叶芫荽和 20g 馅捏成角形成生坯,入小笼中用中火蒸 5 分钟即成。

质量要求:

皮薄馅足,晶莹透亮,馅鲜嫩爽口,色彩鲜明。

技术要领:

(1)掌握面团的软硬度。

(2)成型时口要捏牢,以防漏馅。

(3)掌握蒸制的火力和时间。

弯梳鲜虾饺

弯梳鲜虾饺是以澄粉面团作皮,包入虾仁馅,捏折成弯梳形生坯,经蒸制而成的制品,它是广式面点中极具代表性的品种。

用料:

皮料:澄面 500g、生粉 100g、水 1000g、猪油 25g、盐 20g

馅料:虾仁 500g、熟肥肉丁 100g、笋丝 100g、盐 10g、糖 5g、味精 3g、胡椒粉 2g、麻油 30g、猪油 50g、蛋清 30g、碱水 5g、生抽 10g

制作方法:

(1)澄面与生粉混合过筛,倒入盆中,加入盐和开水烫熟揉匀成面团。

(2)虾仁与碱水搅拌均匀后腌制 30 分钟,冲洗干净,吸干水分,用刀稍斩成粒,放入盐拌打起胶,加入熟肥肉丁、笋丝、糖、味精、胡椒粉、麻油、猪油、蛋清、生粉,拌匀,冷藏后使用。

(3)面团搓条,切剂每个 15g,用刀拍成 8 厘米直径的圆皮,包入虾仁馅 15g,折

捏成弯梳形生坯,入笼用中火蒸制 5 分钟即成。

质量要求:

造型美观,皮质洁白透亮,馅心鲜香爽脆。

技术要领:

(1)烫面要熟透,软硬要适度。

(2)虾饺馅最好冷藏使之变硬,以利于成型。

(3)掌握好蒸制的火候和时间。

柚蜜香 Q 卷

用料:

柚子蜜 100g、水晶粉 250g、白糖 100g、水 800g、冰皮粉 500g、冷开水 150g,蛋糕一盘

制作方法:

(1)柚子蜜、水晶粉、白糖、水搅拌匀。倒入方盘蒸熟成柚子糕,冷后切成方形条。

(2)薄蛋糕卷上柚子糕成圆形条馅心。

(3)冰皮粉加入冷开水搅拌匀,搓至纯滑,擀薄至 2mm,卷入馅心,切成菱形块即可。

质量要求:

色泽金黄,表面光滑,口感香甜浓郁。

技术要领:

(1)掌握好馅料的软硬度。

(2)掌握好正确的成型方法。

(3)掌握蒸制的火候和时间。

果汁雪梅娘

用料:

皮料:冰皮粉 500g、西芹 500g、胡萝卜 600g、橙子 500g

馅料:边桃 250g、打发鲜奶油适量

制作方法:

(1)西芹、胡萝卜、橙子分别榨汁。

(2)冰皮粉分成三份,分别用果汁与水和成面团。

(3)面团下剂 20g 一个,擀成圆皮,包入馅心 15g 捏成角形即为生坯。

(4)把皮放入圆盏内,挤入鲜奶油,放入边桃粒,捏紧收口,垫上纸杯即可。

质量要求：

形态饱满,色泽洁白,外皮软糯,口味香甜。

技术要领：

(1)掌握面团的软硬度。

(2)鲜奶油打发至八五成为好。

(3)果汁要加少许盐,以保持颜色。

烧鸭丝班戟

班戟意思为"煎薄饼",原是西餐中的甜品。除用于早餐的茶点之外,主要用作餐后的甜品,即早、午、晚餐或宴会中最后的一道甜食。20世纪四五十年代,班戟逐渐演变成"西式中食"的广东美点,既可做成咸味,也可做成甜味。

用料：

皮料:面粉500g、鸡蛋300g、水1100g、盐40g、鹰粟粉25g

馅料:烧鸭丝100g、瘦肉丝200g、香菇丝50g、冬笋丝100g、葱白50g、盐、白糖、味精、胡椒粉、生抽、麻油、生粉、肥膘肉(熨锅用)适量

制作方法：

(1)将鸡蛋打匀,加入适量盐和1/3的水调匀,加入面粉、鹰粟粉合成面团,将剩余的水分三至四次加入,合成较稀的蛋面浆过滤。

(2)炒锅烧热,用肥膘肉在热锅上熨一熨。使锅面有一层薄油。

(3)起锅,用勺舀上50g蛋面浆,摊成直径25cm的圆皮,然后取出,切成四半待用。

(4)肉丝用盐、水生粉拌匀,过嫩油。起锅爆炒香菇丝、笋丝,然后放入肉丝,调味,翻炒一下,勾芡,铲出。放入葱白丝、鸭丝、胡椒粉、麻油拌匀成馅。

(5)取皮一张,摆上30g馅,沿三角尖包起,收口处涂上水生粉粘紧成长方形,即成生坯。

(6)起煎锅放少量油,摆上10~20个生坯煎制,待煎至二面呈金黄色即可。

质量要求：

色泽金黄油亮,口感外脆里嫩,鲜香可口,成型简洁大方。

技术要领：

(1)蛋面浆的稀稠度要合适。过稠,摊出的皮子太厚;过稀,皮子易烂。

(2)调制蛋面浆时水要分几次,保证细滑无颗粒。

(3)摊皮时锅不能太热,油不能多,以薄油为好。

(4)皮子要摊成直径25cm的圆薄皮。

(5)煎制时要掌握好火候和时间。

本章小结

本章学习了杂粮类、蔬菜、瓜果类及其他类等常见品种的制作技能。通过这些富有代表性品种的学习,同学们从中得到启发,可以开动脑筋,举一反三,运用一些新原料,创制新品种。

【思考与练习】

一、职业能力测评题

(一)判断题

1. 制作蜂巢荔芋角时,一定要选用粉质大的芋头。否则,炸时不易起蜂巢。　　(　　)
2. 在炸芋角时,油温一定要控制好。如果油温高了则成品易松散,甚至不成型。　　(　　)

(二)选择题

1. 九层马蹄糕的配方是(　　)。

    A. 马蹄粉 500g、糖 500g、水 3000g、生马蹄肉 1500g

    B. 马蹄粉 500g、糖 500g、水 3000g、可可粉 25g、奶粉 100g

    C. 马蹄粉 500g、糖 500g、水 3000g

2. 在制作九层马蹄糕的工序中,最重要的是(　　)。

    A. 煮糖水　　　　　B. 开生浆水　　　　　C. 勾芡　　　　　D. 冲兑半生熟浆

    E. 倒盘成型　　　　F. 上笼蒸制　　　　　G. 冷却切件　　　H. 煎热上碟

3. 九层马蹄糕的成品质量标准是(　　)。

    A. 表面光滑、呈半透明状

    B. 软韧带爽、有弹性

    C. 清甜、有马蹄香味

4. 蜂巢荔芋角的用料是(　　)。

    A. 芋头 500g、熟澄面 500g、猪油 200g、熟粒馅 300g

    B. 白糖 20g、盐碱 10g、胡椒粉 1g、味精 2g、麻油 2g

    C. 土豆 500g、粘米粉 100g

5. 蜂巢荔芋角的成品标准是(　　)。

A. 色泽金黄、表面呈蜂巢状

B. 质地松香带脆

C. 无露馅、脱皮、夹生现象

6. 制作蜂巢蛋黄角时,如果咸蛋黄不够"粉"(或"沙"),则制作出的成品(　　)。

A. 蜂巢起得好

B. 蜂巢起得一般

C. 不易起蜂巢

7. 制作蜂巢蛋黄角,最关键的环节是(　　)。

A. 和皮　　　　B. 制馅　　　　C. 成型　　　　D. 炸生坯

E. 成熟冷却

二、职业能力应用题

(一)案例分析题

1. 张同学炸出的蜂巢荔芋角不起蜂巢状。请指出原因。

2. 王同学炸出的蜂巢蛋黄角起的蜂巢状非常好,就是成品的色泽过深。请你帮她解决此问题。

(二)操作应用题

1. 在60分钟内,利用下列原料制作出蜂巢蛋黄角成品。

原料:咸蛋黄10个、熟澄面500g、起酥油100g、盐、味精、糖适量、细粒熟馅300g

2. 在60分钟内,利用下列原料制作出榴梿西米角成品。

原料:西米500g、生油50g、生粉100g、白糖125g、粟粉25g、榴梿馅400g

3. 在60分钟内,利用下列原料制作出奶黄水晶角成品。

原料:澄面150g、生粉100g、水500g、奶黄馅250g

4. 在60分钟内,利用下列原料制作出炸高丽香蕉成品。

原料:芝麻香蕉600g、豆沙100g、糖粉25g、鸡蛋10个,干菱粉30g,生油1000g

5. 在60分钟内,利用下列原料制作出酥炸苹果环成品。

原料:金师苹果5个、丁香粉少许、精面粉250g、鸡蛋2个、牛油50g、奶粉50g、泡打粉7g、蜜糖或苹果酱适量

6. 在60分钟内,利用下列原料制作出九层马蹄糕成品。

原料:马蹄粉500g、白糖500g、水3000g、奶粉100g、可可粉25g

7. 在60分钟内,利用下列原料制作出南瓜饼成品。

原料:南瓜500g、糯米粉300g、白糖100g、猪油50g、澄面100g、莲蓉馅500g

8. 在60分钟内,利用下列原料制作出薯蓉香麻饼成品。

原料:花心红薯500g、糯米粉100g、澄面100g、白糖100g、猪油50g、芝麻150g、粳米粉150g、豆沙馅500g

9. 在60分钟内,利用下列原料制作出煎玉米饼成品。

原料:面粉500g、蛋白150g、开水125g、冷水100g、盐5g、碱水2g、瘦猪肉500g、虾仁100g、肥肉50g、水香菇50g、玉米250g、青豆25g、盐、糖、味精、胡椒粉、生抽、麻油、猪油适量

10. 在60分钟内,利用下列原料制作出小窝头成品。

原料:细玉米粉400g、黄豆粉100g、白糖250g、糖桂花10g

11. 在60分钟内,利用下列原料制作出蜂巢荔芋角成品。

原料:荔浦芋蓉500g、熟澄面500g、猪油200g、猪肉500g、冬笋100g、香菇50g、葱白25g、盐、白糖、味精、胡椒粉、麻油、生抽、水生粉适量

12. 在60分钟内,利用下列原料制作出脆皮香芋球成品。

原料:芋头500g、糯米粉75g、熟澄面50g、白糖75g、猪油150g、流沙馅400g、面包糠适量

13. 在60分钟内,利用下列原料制作出橙汁拉皮卷成品。

原料:马蹄粉500g、白糖500g、水3000g、奶粉100g、浓缩橙汁50g

14. 在60分钟内,利用下列原料制作出金橘香糕成品。

原料:白糖100g、转化糖浆50g、红糖50g、橘子皮蓉200g、水600g、玉米粉20g、低筋粉70g、澄粉70g

15. 在60分钟内,利用下列原料制作出蓝莓软糕成品。

原料:玉米粉30g、低筋粉50g、澄粉70g、水600g、蓝莓酱600g、转化糖浆50g、红糖50g

16. 在60分钟内,利用下列原料制作出晶莹香菜饺成品。

原料:生粉150g、澄面350g、盐4g、水520g、猪肉馅400g、香菜150g、胡萝卜150g、马蹄肉100g、盐、味精适量

17. 在60分钟内,利用下列原料制作出娥姐蒸粉果成品。

原料:澄面400g、生粉100g、猪油25g、开水700g、盐20g、瘦肉100g、熟肥肉50g、鲜虾仁150g、叉烧50g、冬笋150g、水发香菇25g、芫荽50g、盐、糖、味精、胡椒、生抽、麻油、蚝油、葱姜末、水生粉适量

18. 在60分钟内,利用下列原料制作出弯梳鲜虾饺成品。

原料:澄面500g、生粉100g、水1000g、猪油25g、虾仁500g、熟肥肉100g、笋丝100g、盐、糖、味精、胡椒粉、麻油、猪油、蛋清适量

19. 在60分钟内,利用下列原料制作出柚蜜香Q卷成品。

原料：柚子蜜 100g、水晶粉 250g、白糖 100g、水 800g、冰皮粉 500g、冷开水 150g、蛋糕一盘

20. 在 60 分钟内，利用下列原料制作出果汁雪梅娘成品。

原料：冰皮粉 500g、西芹 500g、胡萝卜 600g、橙子 500g、边桃 250g、打发鲜奶油适量

21. 在 60 分钟内，利用下列原料制作出烧鸭丝班戟成品。

原料：面粉 500g、鸡蛋 300g、水 1100g、盐 40g、鹰粟粉 25g、烧鸭丝 100g、瘦肉丝 200g、香菇丝 50g、冬笋丝 100g、葱白 50g、盐、白糖、味精、胡椒粉、生抽、麻油、生粉适量

第 9 章

西式点心制作

学习目标

● 掌握面包的制作工艺

● 掌握蛋糕的制作工艺

● 掌握点心的制作工艺

　　西式点心是西方饮食文化中一颗璀璨明珠,它同中国的烹饪一样,在世界上享有很高的声誉。欧洲是西式点心的主要发源地。西式点心在英国、法国、德国、意大利、俄罗斯等国家有相当长的历史和成就。据记载,古代埃及、希腊和罗马已经开始了最早的面包和蛋糕制作。古埃及的一幅绘画,展示了公元前 1175 年底比斯城的宫廷焙烤场面,从画中可以看出几种面包和蛋糕的制作场面。这说明有组织的烘焙作坊和模具在当时已经出现,当时面包和蛋糕的品种达 16 种之多。

　　现在人们知道的最早的英国蛋糕是一种称为西姆尔的水果蛋糕。它来源于古希腊,其表面装饰的 12 个杏仁球代表罗马神话中的众神。今天在欧洲的一些地方都用它来庆祝复活节。古希腊是世界上最早在食物中使用甜味剂的国家。早期点心使用的甜味剂是蜂蜜。蜂蜜蛋糕曾一度风行欧洲,特别在蜂蜜产区。古希腊人用面粉、油和蜂蜜制作了一种油煎饼,还制作了一种装有葡萄和杏仁的塔。这就是最早的塔。古罗马人制作了最早的奶酪蛋糕。迄今为止,最好的奶酪蛋糕仍然出自意大利。据记载,在公元 4 世纪,罗马成立了专门的烘焙协会。

　　初具现代风格的西式糕点大约出现在欧洲文艺复兴时期,糕点制作不仅革新了早期的方法,而且品种也不断增多,烘焙已成为相对独立的行业,进入了一个新的繁荣时期。18 世纪到 19 世纪,在西方政体改革、近代自然科学和工业革命的影响下,烘焙业发展到一个崭新阶段。维多利亚时代是欧洲西点发展的鼎盛时期。一方面,贵族豪华奢侈的生活反映到西点装饰大蛋糕的制作上;另一方面,西点也朝着个性化、多样化的方向发展。品种更加丰富多彩。西点开始从作坊式生产逐渐步入到现代化的工业生产,并逐步形成了一个完整和成熟的体系。当前,烘焙业在欧美十分发达,西点制作不仅是烹饪的组成部分,而且是独立于其外的一项庞大的重点行业,成为西方食品工业的主要支柱之一。

随着我国改革开放的不断深入,人们生活水平在不断提高。生活节奏的加快,生活方式的变革,西点越来越受到人们的喜爱,并在国内市场有着广阔的前景。因此,学习西点技术具有重要意义。

第一节　面　包

面包是西点中的一个大类,从西点的发展看,面包的历史最为悠久,古埃及在公元前 3000 年开始用发酵方法制作面包。面包是西方人的主食,在西方人的一日三餐中几乎每餐都有,多为咸面包;面包也是西方国家销售最大的食品之一,除主食面包外,还有各种风味的花式面包。

一、面包的定义

面包是以高筋粉为主要原料,配以糖、油、蛋、水、乳、盐等辅助原料,利用酵母的发酵作用,使面团膨胀体积增大,再经成型烘烤而成的营养丰富、易于消化、食用方便、质地松软而富有弹性的方便食品。

二、面包的种类

由于面包的种类繁多,花色各异,其分类方法也很多,主要有以下几种:

（1）按口味分有甜面包、咸面包两类。

（2）按用料分有普通面包、高成分面包和花式面包。

①高成分面包

富含蛋、奶、果料等成分,属非主食用的点心面包,近年在香港地区较流行。

②花色面包

以甜面包和高成分面包为基础,带有装饰或馅料及造型、有一定花样的面包。

（3）按产地可分为法式、台式、港式、丹麦包、墨西哥面包等。

（4）按质地可分为软性面包、硬性面包、酥性面包、脆皮面包 4 类。

三、面团发酵原理

利用酵母菌生长繁殖过程中,吸收养分,呼出二氧化碳气体,大量的二氧化碳气体被包裹在面筋网络中,经过醒发和烘焙,气体受热膨胀,使制品体积增大,从而形成多孔、膨松、柔软、有弹性的组织。

四、面包制作的基本发面方法

目前面包制作的基本发面方法主要有以下三种：

（一）快速生产法（也称无酵法）

是在面团搅拌后，发酵时间较短或没有经过基本发酵，静止15分钟后分割、成型的方法。

此种方法由于面团发酵的时间较短或没有经过基本的发酵，故必须加入适当氧化成分的添加剂，以帮助面团氧化、发酵。此法一般在应急情况下或少量生产的情况下采用，其产品缺乏传统发酵面包的香和味。

其工艺流程和制作方法是：

干性原材料放入和面机内慢速搅拌均匀，加入湿性材料慢速搅拌成团，再加入奶油、盐快速搅拌至面筋充分扩展，再慢速搅拌1分钟取出，让面团松弛15分钟，然后进行分割搓圆。静置15分钟，包馅、成型即为生坯。生坯醒发120分钟左右（温度36℃~38℃，湿度75%~85%）至8成即可烘烤。

（二）一次发酵法（也称为直接法）

这是生产面包最普遍采用的方法，是将所有原料一次性投料、搅拌，面团经过一次发酵程序的方法。此法节省时间、人工、发酵时间较两次短，面包具有正常的发酵香味，适合规模较大的生产厂家和面包作坊采用。

其工艺流程和制作方法是：

干性原料放入和面机中慢速拌匀，加湿性原料慢速搅拌成团，加入奶油、盐快速搅拌至面筋充分扩展，再慢速搅拌1分钟取出，让面团发酵45分钟~60分钟（温度28℃~30℃，湿度75%），然后进行分割，搓圆松弛15分钟，即可包陷、成型、醒发（温度36℃~38℃，湿度75%~85%）、烘烤。

（三）两次发酵法（也称为中种法）

是指原料需要两次投料，两次搅拌面团，经过两次发酵的方法。此法适用于大规模生产、对面包品质要求较高的厂家。此法与一次发酵法相对比，能节省酵母20%左右，面包体积较大，组织更细致、松软、香味好，但生产周期较长，操作烦琐。

其制作步骤：

（1）第一次搅拌时，将配方中50%~90%的面粉、30%~60%的水、所有酵母、部分蛋及奶粉等倒入搅拌机中，慢速拌匀成表面粗糙而均匀的面团，即中种面团。然后发酵3小时左右（温度26℃~28℃，湿度75%）待体积增大4~5倍。面团拉开有较大的网状效果，并有酒香味。

（2）把发酵好的中种面团放入搅拌机中，与配方中剩余的面粉、水、糖、盐、奶粉、油脂等搅拌至面筋充分扩展，再发酵20分钟左右，即可分割制作。这种第二次搅拌而成的面团叫主面团,进行分割、搓圆,静置 15 分钟后,再包馅、成型、醒发(温度 36℃ ~38℃,湿度 75% ~85%),最后烘烤。

五、面包的品质要求

表皮薄而柔软,色泽金黄,组织细腻柔软,富有弹性,香味正常,入口不发酸,不粘牙。

六、面包常出现的质量问题及原因

面包生产过程中,由于称料不准、配方不科学、操作不当,常常会出现这样或那样的质量问题,主要为:

(1)面包体积过小。出现这一问题,主要由以下因素造成:酵母量不足、酵母失效、面粉筋力不够、搅拌时间不够、搅拌不足、发酵温度不够、糖、油太多及醒发不足等,其中任一因素把握不当,都会影响面包质量。

(2)面包表面色泽过深。主要由以下因素造成:配方中糖太多、发酵不足、烘烤炉温太高、烘烤面火过大。

(3)面包表皮太厚。出现这一问题的原因有:糖和油不足、醒发时湿度不够、炉温低烘烤太久、水分挥发过多等。

(4)面包组织粗糙。这是由于面粉质量差、搅拌不足、面团太硬、发酵时间过长、搓包不紧、油不足、醒发不足等原因造成的。

(5)面包表面起皱。这是由于面包成型时剂子松弛不足,最后醒发时湿度太大,出炉后冷却温差过大造成的。

(6)面包下塌。这是由于面粉筋力差、搅拌不足、缺少改良剂或盐、油、糖等以及 水分过多、面团过软、发酵过度、醒发过久、烘烤炉温太低等原因造成的。

(7)面包老化。即面包存放 1 ~2 天后组织发硬、弹性降低、风味变差,这是一种自然现象。但可采取以下措施延缓老化:

①面包冷却后及时包装,防止水分散失。

②面团加入乳化剂或含乳化剂的面团改良剂。

七、软性面包实例

焗叉烧餐包

用料:

坯料:高筋粉 500、白糖 100g、鸡蛋 1 个、油 25g、酵母 5g、三花淡奶 50g、水 200g、面包油 10g、乳化剂 5g

包芡：粟粉20g、生粉15g、面粉15g、水250g、生油25g、生抽20g、老抽10g、白糖75g、蚝油40g、盐5g、麻油、味精少许、葱50g

馅心：叉烧500g、洋葱100g、包芡400g

制作方法：

(1) 将高筋粉、白糖、酵母、乳化剂放入搅拌桶内慢速搅拌均匀,加入鸡蛋、淡奶、水、面包油、油等搅拌成团,快速搅拌至面团充分扩展,再慢速搅拌1分钟,使面筋舒缓,取出静置20分钟。

(2) 将叉烧切粒、洋葱切成指甲片,用油爆炒洋葱,起锅后与叉烧、包芡拌匀成馅。

(3) 面团分割25g一个,包入馅心10g,口朝下放在烤盘上,醒发至体积增大1倍时,入炉烘烤至金黄色,熟后出炉,刷上糖浆即成。

质量要求：

外形圆整,膨松高发,绵软香甜、金黄润滑。

技术要领：

(1) 面团要搅拌至面筋充分扩展,面团能拉开成薄膜,扣开孔后周边光滑。

(2) 制馅时叉烧下芡不宜过多,以便于包馅成型。

(3) 生坯一定要醒发至8成,才能烘烤。

(4) 掌握好烘烤的炉温和时间。炉温掌握在面火180℃、底火160℃,时间大约为15分钟为宜。

酥皮面包

用料：

坯料：高筋粉500g、酵母10g、鸡蛋1个、水225g、白糖125g、改良剂2.5g

酥皮：低筋粉500g、白糖400g、猪油250g、鸡蛋1个、臭粉2.5g、小苏打2.5g

制作方法：

(1) 搅拌面团同上。

(2) 面团放入发酵箱内,发酵2小时(温度35℃~38℃、湿度75%)。

(3) 面团下剂每个75g,搓圆,放在烤盘上醒发至8成(温度35℃~38℃、湿度75%~85%、时间约30分钟)。

(4) 将低筋粉过筛,放在案台上开凹,放入白糖、猪油、蛋、臭粉、小苏打等搅拌均匀进粉,合成面团。

(5) 酥皮下剂每个15g,拍成圆薄皮,盖在生坯上,刷蛋液入炉烘烤(面火200℃、底火180℃、时间15分钟)至金黄色,熟透即成。

质量要求：

外形圆整,色泽金黄,酥皮有不规则裂纹,口感酥脆甘香,松软有弹性。

技术要领：

(1)掌握好面团的软硬度及搅拌程度。

(2)掌握好面团的发酵程度。

(3)剂子要搓紧搓圆、搓光滑。

(4)掌握好生坯的醒发程度和时间。

(5)酥皮要盖至生坯表面的80%。

(6)控制好烘烤的炉温和时间。

雪霜面包

用料：

坯料:高筋粉500g、白糖90g、蛋40g、盐6g、奶粉15g、酵母7.5g、改良剂2.5g、麦淇淋400g、水250g

装饰料:墨西哥油、糖粉适量

墨西哥油:糖粉400g、麦淇淋500g、蛋350g、低筋粉500g

制作方法：

(1)搅打面团,发酵同上。

(2)面团下剂每个70g,搓圆,放入烤盘,醒发至8成。

(3)调制墨西哥油,将糖粉、麦淇淋搅打发,逐步加入蛋液搅拌匀,再加入低筋粉拌匀即成。

(4)在生坯上挤上墨西哥油,再撒上糖粉,入炉烘烤(炉温面火200℃、底火180℃、时间15分钟左右),熟后即成。

质量要求：

外呈球形,表面雪霜分布均匀,口感外酥,内绵软,奶香浓郁。

技术要领：

(1)搓包成型时,面团要搓光滑。

(2)调制墨西哥油时,蛋液不能一次加完,要分几次加入。

(3)挤皮时要盖生坯表面的80%。

(4)撒糖粉时要厚些。

(5)掌握好烘烤的炉温和时间。

火腿肉松卷

用料:

1. 坯料

(1)面种面团

A. 高筋粉70%、酵母0.7%、奶粉5%

B. 鸡蛋8%、水38%。

(2)主面

C. 酵母0.3%、乳化添加剂0.4%、白糖20%

D. 高筋粉30%

E. 奶油8%、盐1%

2. 配料:火腿粒、葱花、盐、味精、肉松、沙拉酱

3. 沙拉酱:细糖65g、盐11g、蛋2个、色拉油1200g、白醋20g

制作方法:

(1)制作坯料。

①将A慢速拌匀后,加入B拌匀,搅拌成粗糙面团,温度控制在24℃~26℃。

②面团发酵150~180分钟,体积增大4~5倍,即中种面团。

③将中种面团与C慢速拌匀,加入D慢速搅拌成团,再加入E拌匀,用快速度搅拌至面筋充分扩展后,再慢速搅拌1分钟,发酵20分钟左右。

(2)沙拉酱:将细糖、蛋、盐搅打发,慢慢加入色拉油打发成糊状,再加入白醋搅拌匀即成。

(3)将面团分割成1200g一块,放入烤盘中铺平,打孔,醒发至85%。

(4)表面刷蛋水,撒上火腿、葱花、盐、味精、入炉烘烤(面火200℃、底火180℃),熟后取出,稍冷后,分成四块,抹沙拉酱,卷成长筒形,切成两段,两端抹沙拉酱,粘上肉松即成。

质量要求:

色泽金黄,香甜绵软,口味独特。

技术要领:

(1)掌握面团的软硬度。

(2)掌握面团的发酵和醒发程度。

(3)控制好烘烤的炉温和时间。

咸 吐 司

用料:

A. 高筋粉1000g、白糖80g、奶粉40g、蛋奶香粉3g、低糖酵母10g、大铁塔添加

剂 3g

  B. 水 56g、蛋白 60g

  C. 白奶油 60g、盐 20g

作方制法:

  (1)将 A 慢速拌匀,加入 B 拌匀成团,加入 C 拌匀,快速搅拌面筋充分扩展,再慢速搅拌 1 分钟,然后发酵 45 分钟。

  (2)面团分割每个 250g,滚圆,松弛 15 分钟。

  (3)用擀棍擀开排气,卷起,放入 1750g 吐司模中,7 个排列,醒发至 8 成。

  (4)生坯入炉烘烤熟透即成。

质量要求:

色泽麦黄,质地绵软,形状方正,口味咸香。

技术要领:

  (1)掌握面团的软硬度。

  (2)掌握面团的搅拌程度。

  (3)掌握烘烤炉温和时间。

  (4)成熟后要立即脱去模具,以便散气。

甜 吐 司

用料:

  A. 高筋粉 1000g、白糖 200g、奶粉 60g、蛋奶香粉 3g、酵母 10g、大铁塔添加剂 3g

  B. 水 520g、蛋 80g

  C. 盐 10g、奶油 80g

制作方法:

  (1)A 慢速搅拌匀加入 B 拌匀成团,再加入 C 拌匀,快速搅拌至面筋充分扩展,再慢速搅拌 1 分钟,然后发酵 45 分钟(温度 28℃～30℃,湿度 75%)。

  (2)分割每个 250g,滚圆,松弛 15 分钟,擀开卷起放入 1750g 吐司模中,7 个排列,醒发至 8 成,入炉烘烤(面火 180℃、底火 180℃),熟后立即脱模即成。

质量要求:

色泽麦黄,形状方正,质地绵软,口味香甜。

技术要领:

  (1)掌握面团的软硬度。

  (2)控制好面团的搅拌程度。

  (3)控制好生坯的醒发程度。

  (4)掌握烘烤的炉温和时间。

(5)烤熟后要立即脱去模具,以便散气。

八、硬性面包实例

菲律宾面包

用料:

老面团 3000g、高筋粉 550g、低脂粉 4500g、白糖 210g、盐 100g、奶粉 500g、香兰素 50g、泡打粉 200g、鸡蛋 1200g、牛油 800g、酵母 150g、水 2500g

制作方法:

(1)将干性原料慢速拌匀,加入湿性原料拌匀,再加入牛油、水拌匀,快速搅拌成团,然后用压面机反复压至光滑、紧密、有光泽。

(2)将压制好的面团卷成棍状,再分割成每只重 120g 的剂子,搓圆,用刀在上面划上四刀,放入醒发箱中,醒发至原体积 1.5 倍取出,在表面刷上蛋奶水,入炉烘烤(面火 200℃、底火 160℃)至棕红色出炉,趁热在表面再刷上蛋奶水以增加光泽。

质量要求:

色泽亮丽,花纹清晰,香味浓郁,口感有咬劲。

技术要领:

(1)面团要反复擀压至光滑、紧密。

(2)掌握醒发的程度。

(3)掌握烘烤炉温和时间。

硬质奶油棒

用料:

同上

制作方法:

(1)将压制好的硬质面团卷成棍状,放在烤盘上,醒发至原体积的 1.5 倍取出,在表面斜划 4 刀,再进醒发箱醒发约 10 分钟取出,在表面刷蛋奶水,并在刀口处挤上白脱油进炉烘烤(面火 180℃、底火 160℃)。

(2)待烤至有颜色时取出,刷上白脱油,再进炉烘烤,如此反复三次,烤至棕红色时出炉即为成品。

质量要求:

外表香脆,吃时有韧劲,奶香浓郁。

技术要领:

(1)面团要反复擀压至光滑、紧密。

(2)掌握醒发的程度。

(3)掌握烘烤炉温度和时间。

九、酥性面包实例

丹麦蝴蝶包

用料：

丹麦包面团一块、即溶吉士馅、提子干适量

制作方法：

(1)将面团擀薄至0.5cm厚。抹吉士馅，撒提子干，两边向中间对折，再对折成4层，放入−10℃冰箱冻硬。

(2)取出切成厚2cm的块，截面朝上，刷蛋液，入炉烘烤（面火200℃、底火180℃）。

质量要求：

成型美观、色泽金黄、香甜可口

技术要领：

(1)皮料要擀成0.5cm厚。

(2)提子干要撒均匀。

(3)面团折成蝴蝶形状后，要放入−10℃冰箱中冻硬才能切块。

(4)掌握烘烤的温度和时间。

丹麦凤梨

用料：

高筋粉700g、低筋粉300g、白糖150g、盐15g、奶粉30g、鸡蛋150g、牛油400g、S−500 15g、酵母30g、水250g、酥皮油650g

制作方法：

(1)除酥皮油外，将其余三原料一起放入搅拌机中充分搅拌成筋性面团，静置15分钟。

(2)将面团压成长方形，放入冰箱中冷冻2小时左右至面团硬。

(3)将面团擀开，包入酥皮油，用三次三折法擀制，最后擀开成0.4cm的皮料，用刀切成10×10cm的正方形，用模具沿相对两角的直角边各切一条刀口，将左面切下的面团折到右面，将右面切下的面团折到左面，即成生坯。

(4)烤盘醒发至原体积的1～2倍取出，在表面刷上蛋奶水，入烤炉（面火190℃、底火160℃）烤到棕红色表皮较脆时取出，在中间放上凤梨酱即为成品。

质量要求：

表面棕红,成型美观,口感酥脆香甜。

技术要领：

(1) 掌握正确的成型方法。

(2) 生坯刷蛋奶水时不能刷在刀切面上,以防影响层次。

(3) 烘烤前 15～20 分钟不要打开炉门,以免影响起发。

十、脆皮面包实例

法式长棍

用料：

A. 高筋粉 80%、低筋粉 20%、盐 2%、低糖酵母 1.2%、大铁塔添加剂 0.3%

B. 水 60%

制作方法：

(1) A 慢速搅拌匀,加入 B 慢速搅拌成团,改用快速搅拌至面筋充分扩展。

(2) 面团发酵 1 小时后,(温度 26℃～28℃、湿度 75%)折面一次,再发酵半小时。

(3) 分割面团,每个 280g,滚圆放入醒发箱 15 分钟取出,静置 5 分钟,擀成长方形,再卷成长棍状,放入烤盘,醒发至 6 成取出,用利刀在表面斜切 4～5 刀,再醒发至 8 成。

(4) 生坯取出,在表面喷水后入炉烘烤(面火 230℃、底火 210℃),烤至表面金黄、表皮硬脆时出炉。

质量要求：

色泽麦黄,表皮硬脆有嚼劲,内质柔软。

技术要领：

(1) 掌握面团的软硬度及面筋的扩展程度。

(2) 面团发酵 1 小时后要折叠一次,再发酵半小时。

(3) 面团擀薄排气后要卷紧。

(4) 烘烤时要喷水,并掌握烘烤的炉温和时间。

法式鲜奶面包

用料：

A. 高筋粉 1000g、低糖酵母 10g、大铁塔添加剂 3g

B. 鲜奶 550g

C. 盐 20g、奶油 80g

制作方法：

（1）A 慢速拌匀，加入 B 搅拌成团，再加入 C 拌匀，快速搅拌至面筋充分扩展，然后发酵 60 分钟（温度 26℃，湿度 75%）。

（2）面团分割 80g 一个，滚圆，松弛 20 分钟后排气，卷成长椭圆形。醒发至 80%（温度 33℃、湿度 80%），用刀划开表皮 4~5 刀，入炉烘烤 1 分钟后，喷水烘烤至表皮干脆即成（面火 200℃、底火 190℃）。

质量要求：

色泽金黄，成型美观，表皮干脆，内部柔软。

技术要领：

（1）掌握面团的软硬度及面筋的扩展程度。

（2）面团排气后要卷紧。

（3）烘烤时要喷水，并掌握炉温和时间。

第二节　蛋　糕

蛋糕是传统的西点，它是西点中的一大类。它是以鸡蛋为主要原料而制成的具有浓郁香味、质地松软或疏散的西点。其基本类型有海绵蛋糕和油脂蛋糕两大类，是各类蛋糕制作和品种变化的基础。

一、海绵蛋糕

（一）海绵蛋糕的定义

海绵蛋糕因其结构类似于多孔的海绵而得名。国外称它为泡沫蛋糕或乳沫蛋糕，国内称它为清蛋糕。

（二）海绵蛋糕的特点

海绵蛋糕具有突出的、致密的气泡结构，多孔形似海绵，质地松软而富有弹性。

（三）海绵蛋糕常用的制作方法

1. 传统方法

（1）蛋和白糖混合搅打起发。

（2）慢速搅拌加入香粉、甘油、水等物。

（3）最后加入过筛后的面粉，搅拌匀，即可倒盘或装模烘烤。

2. 分蛋法

（1）将鸡蛋的蛋白和蛋黄严格分开。

（2）将蛋黄及部分原料搅拌匀成蛋黄浆。

（3）将蛋白及部分原料搅打起发成糖蛋泡。

（4）蛋黄浆和糖蛋泡搅拌匀,即可倒盘或装模烘烤。

3.混合搅打法

也称为乳化法,适用于配方中加有乳化剂(即蛋糕油)的产品。制作时将所有原料一起搅打成光滑的蛋面浆,即可倒盘烘烤。

（四）制作海绵蛋糕时应注意的问题

（1）适当的控制温度。搅打蛋液的温度在28℃~30℃时最佳,温度过高或过低都不利于起发。

（2）要用蔗糖,不宜用葡萄糖、果糖和淀粉糖。

（3）蛋桶、蛋刷要清洁,忌油、碱、水等物。因为油是一种消泡剂,有分离蛋白胶体的作用,难于饱和气体;碱能凝固蛋白质,也不利于饱和气体;而水可破坏蛋白胶体的结构,不利于起发。

（4）下粉后搅拌不能过久,以免起筋。

（5）要及时烘烤,以免浆料放置太久,影响发力。

（6）掌握烘烤的炉温和时间。

（五）海绵蛋糕制作实例

瑞士纹身卷

用料:

A. 蛋1000g、细糖500g、盐5g

B. 低筋粉450g、吉士粉50g、蛋糕油40g

C. 水125g、蛋奶香粉适量

D. 色拉油75g

E. 浓缩朱古力膏适量

制作方法:

1. A慢速搅拌3分钟,加入B快速搅打至充分起发。

2. 中速加入C拌匀,再慢速搅拌3分钟后,加入D拌匀。

3. 取少量的面糊,加入E调色,装入挤袋中,其余面糊倒入烤盘中抹平,再挤上线条,画出花纹,即可入炉烘烤(面火200℃、底火175℃),熟后冷却,然后抹果酱卷成条,切成块即成。

质量要求:

花纹清晰美观,质地膨松饱满,气孔细密,富有弹性,口味香甜绵软。

技术要领:

（1）掌握投料的先后顺序。

（2）掌握浆料的打发程度和时间。

(3)注意烘烤的炉温和时间。

(4)卷蛋糕时手法要正确,要卷紧。

(5)要等蛋糕定型后才能打开切块。

戚风毛巾卷

用料:

A.水500g、色拉油500g、细糖300g

B.低筋粉900g、泡打粉10g

C.蛋黄750g

E.蛋白1800g

F.细糖1000g、塔塔粉20g、盐10g

制作方法:

(1)A搅拌及糖溶化。

(2)B过筛后加入A中拌匀,再加入C拌匀。

(3)D快速打至湿性发泡,加入E打至干性发泡,再与蛋黄面糊混合拌匀,即可倒盘烘烤(面火180℃、底火150℃、时间15分钟)。

(4)熟后冷却,每盘分开4块,分别抹奶油或果酱卷起即成。

质量要求:

色泽金黄,松软有弹性,孔洞细密均匀。

技术要领:

(1)掌握好蛋白的起发程度,打发不足或过度对质量均有影响。

(2)蛋白泡和蛋黄浆混合时,要注意搅拌的手法。

(3)掌握烘烤的炉温和时间。

虎皮蛋卷

用料:

戚风卷:

A.细糖150g、水200g、色拉油200g

B.泡打粉10g、低筋粉450g、香草粉5g

C.蛋黄325g

D.蛋白750g

E.细糖400g、盐5g、塔塔粉10g

虎皮:

蛋黄500g、盐5g、细糖150g、低筋粉55g、色拉油30g

戚风卷制作方法：

(1)A搅拌至白糖溶化。

(2)B过筛加入A中搅拌均匀,再加入C搅拌匀。

(3)D快速搅打至湿性发泡,加入E搅打至干性发泡。

(4)蛋白泡与蛋黄浆混合均匀,即可倒盘烘烤,熟后卷成戚风卷待用。

虎皮制作方法：

(1)将蛋黄500g、盐5g、细糖150g快速搅拌至干性起发。

(2)低筋粉55g过筛慢速加入拌匀,再加入色拉油30g拌匀。

(3)倒入烤盘刮平,入炉烘烤至金黄色熟透取出,卷制成虎皮蛋卷即成。

质量要求：

外皮花纹如虎皮,内部质地松软,气孔细密,富有弹性。

技术要领：

(1)掌握好虎皮浆的起发程度。

(2)掌握烘烤的炉温和时间,注意底面火的温差。

(3)掌握正确的卷制方法。

(4)定型后才能切块。

香橙黄金蛋糕

用料：

A. 蛋1000g、糖520g

B. 高筋粉700g、低筋粉300g、泡打粉13g

C. 蛋糕油66g

D. 香橙油适量

E. 蜂蜜32g、水66g

F. 色拉油260g、牛油132g

制作方法：

(1)A慢速搅拌2分钟,加入B(过筛)搅拌匀,再加入C快速搅打发。

(2)中速加入D、E拌匀,再慢速加入F拌匀,倒盘烘烤(面火190℃、底火150℃)约20分钟左右。

(3)烤熟后冷却,切成三角形或长方形即成。

质量要求：

成品较厚,色泽金黄,香甜松软有弹性。

技术要领：

(1)掌握投料的先后顺序。

（2）掌握搅拌的程度。

（3）掌握烘烤的炉温和时间。

杏子玉枕蛋糕

用料：

A. 细糖 250g、淡奶水 250g、色拉油 250g、盐 5g

B. 泡打粉 10g、低脂粉 600g

C. 蛋黄 375g

D. 蛋白 900g

E. 细糖 500g、塔塔粉 10g

制作方法：

（1）A 搅拌至糖溶后，加入过筛的 B 搅拌匀，再加入 C 搅拌至细滑，制成蛋黄浆。

（2）D 快速搅打至湿性发泡，加入 E 搅打至干性起发，成蛋白泡。

（3）取 1/3 的蛋白泡与蛋黄浆混合均匀，再倒入剩余的蛋白中搅拌匀，装入长方形模具内八成，表面撒上杏仁片，入炉烘烤（面火 200℃、底火 180℃），熟后出炉，将模具竖起，冷却后脱模即成。

质量要求：

色泽金黄，香甜松软，富有弹性。

技术要领：

（1）注意搅打的方法和程度。

（2）掌握投料的先后顺序。

（3）注意烘烤的炉温和时间。

二、油脂蛋糕

（一）油脂蛋糕的定义

油脂蛋糕也叫面糊蛋糕，顾名思义，是指在配料中加入较多油脂的蛋糕。

（二）油脂蛋糕的特点

其弹性和柔软度不如海绵蛋糕，但质地松散、滋润，带有奶油的特殊香味。

（三）油脂蛋糕常用的制作方法

1. 糖、油浆法

（1）将糖和油脂一起搅打成蓬松的膏状，逐步加入蛋液搅打均匀。

（2）最后加入面粉和其他原料拌匀，即可装模或倒盘烘烤。

2.粉、油浆法

（1）将油脂与等量的面粉一起搅打成膨松状。

（2）将蛋和糖搅打成泡沫状，加入到油脂和粉的混合物中，搅打均匀。

（3）最后加入剩余的面粉与其他原料搅拌均匀，即可装模或倒盘烘烤。

3.混合法

（1）将所有干性原料与油脂一起混合成"面包渣"状。

（2）将所有湿性原料混合，逐步加入干性料中，搅打成无团块、光滑的浆料，即可装模或倒盘烘烤。

（四）油脂蛋糕制作实例

马德拉蛋糕

马德拉蛋糕是欧洲传统的油脂蛋糕，它在英国尤为普及。在 18 世纪及 19 世纪，人们在饮用一种叫马德拉甜酒的时候，习惯于同时食用这种蛋糕，后来便将它命名为马德拉蛋糕。

用料：

低筋粉 500g、奶油 30g、鸡蛋 430g、细糖 375g、奶粉 15g、发酵粉 10g、水约 75g、甘油 15g、杏仁 100g

制作方法：

（1）将奶油和细糖打成乳白色，分几次加入蛋液，打至起发，再加入面粉、奶粉、发酵粉等混合均匀。

（2）最后加入水和甘油搅拌匀，即可装模，在表面撒上杏仁，入炉烘烤（面火 180℃、底火 160℃）约 45 分钟，熟后脱模即成。

质量要求：

质地疏散、滋润，香甜可口，奶香浓郁。

技术要领：

（1）掌握投料的先后顺序。

（2）每次加蛋液后须充分搅拌均匀，否则不易乳化。

（3）下粉后不能搅拌过久，以防起筋。

（4）掌握烘烤的炉温和时间。

西梅蛋糕

用料：

细糖 150g、鸡蛋 450g、奶油 450g、面粉 600g、橙红色素、吉士粉、忌廉适量

制作方法：

（1）细糖和奶油搅打至松白，分几次加入蛋液，搅打起发，再加入面粉、吉士粉搅拌匀，分成两份，一份调成橙红色，另一份保持原色，倒入烤盘刮平烘烤（面火180℃、底火160℃）约45分钟。

（2）烘烤成熟冷却后，将蛋糕切成4块夹层，再切成三角形，外面抹上奶油、表面沾上蛋糕屑即成。

质量要求：

色彩鲜艳，橙黄相隔，油润而不腻，香甜可口。

技术要领：

（1）掌握投料的先后顺序。

（2）蛋液要分几次加入，并搅拌均匀。

（3）掌握烘烤的炉温和时间。

（4）成型时注意夹层整齐均匀。

混合水果蛋糕

用料：

低筋粉1000g、奶油700g、白糖700g、鸡蛋850g、混合果料800g、发酵粉10g、甘油45g

制作方法：

（1）糖和奶油搅打成淡黄色，膨松细腻，分几次加入蛋液，搅打至起发。

（2）面粉和发酵粉混合过筛，加入桶中搅拌均匀，最后加入甘油和果料拌匀，倒入长方形模具中，入炉烘烤（面火180℃、底火160℃）约45分钟，熟后脱模，切片即成。

质量要求：

口味香甜，酥松滋润，保存时间长。

技术要领：

（1）加蛋液时不能加得太快，搅拌匀后，才能再加。

（2）下粉后要多搅拌一会，以便支撑果料的重量。

（3）装模时以8成满为宜。

（4）掌握烘烤的炉温和时间。

朗姆葡萄蛋糕

用料：

低筋粉1000g、奶油650g、白糖780g、鸡蛋1350g、葡萄干450g、糖渍柠檬皮细

丝 225g、鲜柠檬皮 4 个切碎、朗姆酒适量

制作方法：

（1）用朗姆酒将葡萄干、糖渍柠檬皮细丝加盖浸泡 1 小时备用,将鸡蛋的蛋黄和蛋白分开。

（2）将 1/3 的糖、奶油和鲜柠檬皮一起搅打成膨松膏状,再加入蛋黄搅打均匀。

（3）将蛋白搅打至湿性发泡,加入剩余的糖,搅打至干性发泡。

（4）将蛋白泡加入到蛋黄浆中拌匀,再加入面粉拌匀,最后加入葡萄干拌匀,装入长方形模具 8 成满,抹平,入炉烘烤（面火 150℃、底火 160℃）约 60 分钟,熟后脱模,切块即成。

质量要求：

质地疏散、滋润,具有奶油和果料的特殊香味。

技术要领：

(1) 掌握投料的先后顺序。

(2) 掌握蛋白泡的搅打程度。

(3) 掌握烘烤的炉温和时间。

咖啡核桃蛋糕

用料：

低筋粉 1000g、奶油 600g、白糖 800g、鸡蛋 800g、奶粉 100g、速溶咖啡 25g、水 400g、发酵粉 30g、盐 10g

制作方法：

（1）将 600g 面粉和糖、奶油、盐混合,加入油脂搅拌成细屑状,再加入鸡蛋搅拌均匀。

（2）将咖啡溶入水中,加一半进浆料中,慢速拌匀,再加入剩余面粉和发酵粉搅拌匀,最后加入剩余咖啡,搅拌匀后即可装入垫了纸杯的长方形模型中,入炉烘烤（面火 190℃、底火 160℃）约 50 分钟,熟后脱模即成。

（3）将咖啡色的奶油膏涂抹在表面,再撒上核桃仁,最后撒巧克力细丝即成。

质量要求：

质地酥散、滋润,具有咖啡色泽和风味。

技术要领：

(1) 掌握制作的程序和方法。

(1) 蛋液要分几次加入。

(3) 装模以 8 成满为宜。

(4)掌握烘烤的炉温和时间。

第三节 点 心

一、混酥类点心

（一）混酥类点心的定义

混酥类点心也称松酥点心、甜酥点心，它是以面粉、油脂和糖为主要原料而制成的一类不分层的酥点心。

（二）混酥类点心的主要类型

(1)塔：也称挞呈敞开的盆状。

(2)排：加有盖的塔则为排，俗称馅饼。

(3)攀：也称福兰。呈扁平的圆盘状，直径为20cm。

这类点心主要通过馅心形状来变化品种，馅心可在上面，也可在两层面皮中间。此外，甜酥点心的配方中，还可以加入可可粉、果仁及其他风味物质等，做成酥碎干点。

（三）混酥类点心实例

水果忌廉塔

用料：

坯料：低筋粉500g、黄油250g、糖粉125g、鸡蛋1个、泡打粉5g

馅料：打发忌廉250g、猕猴桃2个、黄桃罐头1听、草莓250g、水果吉利适量

制作方法：

(1)将黄油和糖粉搅打松白，渐渐加入鸡蛋搅打均匀，拌入面粉和泡打粉，用复叠法合成面团。

(2)面团擀成厚0.5cm的皮料，用直径7.5cm的圆印模按出皮坯，垫入菊花盏内，入炉烘烤（面火180℃、底火160℃），熟后脱模。

(3)冷却后装上忌廉，将水果摆在上面，表面刷上一层水果吉利即成。

质量要求：

成型美观，色彩艳丽，香甜可口。

技术要领：

(1)掌握好面团的软硬度。

(2)擀皮要厚薄均匀。

（3）掌握正确的垫盏方法。

（4）掌握烘烤的炉温和时间。

核 桃 塔

用料：

坯料：低筋粉 500g、黄奶油 250g、糖粉 125g、鸡蛋 1 个、泡打粉 5g

馅料：A. 细糖 190g、牛奶香精、冧酒适量、香草粉 5g、鸡蛋 5 个

　　　B. 核桃 375g、提子干 280g

　　　C. 蛋黄 25 个

制作方法：

（1）调制皮坯面团，擀薄至 0.5cm，用直径 7.5cm 的圆印模按出皮坯，垫入菊花盏内。

（2）A 混合搅拌匀，加入 B 拌匀，装入垫好皮的盏内。

（3）将蛋黄快速搅打至干性起发，装入圆嘴挤袋中挤入表面，入炉烘烤（面火 200℃、底火 180℃）成金黄色，熟后脱模即成。

质量要求：

表面色泽金黄，形状美观，口味香甜。

技术要领：

（1）掌握面团的软硬度。

（2）垫盏方法要正确。

（3）掌握烘烤的炉温和时间。

花式巧克力酥

用料：

低筋粉 500g、黄油 250g、糖粉 250g、鸡蛋 100g、泡打粉 10g、黑、白巧克力适量

制作方法：

（1）调制甜酥面团。

（2）将面团擀成厚 0.3cm 的皮料，用直径 7.5cm 的圆印模按出皮坯，摆放在烤盘上，入炉烘烤（面火 180℃、底火 160℃）成乳黄色取出。

（3）将巧克力隔水溶化，将两片坯子粘紧，表面粘上巧克力，用挤袋装上溶化的巧克力，裱圆或直线于表面，并用牙签拉出花纹即成。

质量要求：

饼形圆整，成型美观，花纹清晰，口味酥脆香甜。

技术要领:

(1)掌握面团的软硬度。

(2)掌握溶化巧克力的温度。

(3)掌握好烘烤的炉温和时间。

二、清酥类点心

(一)清酥类点心的定义

清酥类点心也称为帕夫酥皮点心,简称帕夫点心。它是由水油面团包裹油脂,再经过反复擀制、折叠,形成一层面与一层油交替排列的多层次结构的酥皮,再经过包馅、成型所制成的一类分层酥点心。

(二)清酥类点心实例

莲蓉千层酥

用料:

水皮:中筋粉 1000g、白糖 100g、猪油 75g、蛋 100g、水 450g

油酥:低筋粉 500g、猪油 550g、黄油 550g

馅料:莲蓉 500g

制作方法:

(1)调制水皮。将面粉过筛开凹,加入其他原料搅拌匀,揉匀揉透至光滑,放入长方形盘内压平。

(2)调制油酥。将油酥和面粉擦匀擦透至细滑,放在水皮上刮平,放入冰箱冻至软硬适度。

(3)用三次四折法起酥,最后擀成厚 0.5 cm 的长方形皮料,切割成边长 5cm 方形块,放上莲蓉 35g,折成三角形生坯,刷蛋液,入炉烘烤(面火 180℃、底火 160℃)成金黄色即成。

质量要求:

色泽金黄,层次丰富分明,口感甘香酥化。

技术要领:

(1)掌握好水皮、油酥的软硬度。

(2)面团冷藏时间要控制好。过硬,擀时易裂;过软,不便于操作。

(3)掌握好烘烤的炉温和时间。

帕夫酥皮蛋塔

用料：

水皮：中筋粉 500g、白糖 50g、奶油 50g、蛋 100g、水 225g

油酥：低筋粉 150g、奶油 500g

馅料：蛋 500g、白糖 500g、水 750g、吉士粉 20g、粟粉 5g

制作方法：

(1)皮料、油酥制作方法同上，然后将酥皮擀成厚 0.4cm 的皮料，用圆花印模按出皮坯，垫入菊花盏内。

(2)将糖和吉士粉粟粉拌匀，与水煮开成糖水，冷却后与打匀的蛋液混合搅拌匀，过滤成蛋塔水。

(3)将蛋塔水装入盏内 8 成满，入炉烘烤（面火 180℃、底火 160℃）至熟透取出，脱模即成。

质量要求：

色泽鲜明光亮，酥层清晰丰富，塔馅细滑香甜。

技术要领：

(1)掌握面团的软硬度。

(2)掌握正确的垫盏方法。

(3)注意蛋塔水的稀稠度。

(4)掌握烘烤的炉温和时间。

德式水果排

用料：

水皮：中筋粉 600g、白糖 50g、奶油 100g、蛋 150g、水 300g

油酥：低筋粉 200g、奶油 450g

馅料：低筋粉 250g、白糖 400g、水 1000g、吉士粉 25g、奶油 50g、黄桃 200g

制作方法：

(1)皮料、油酥制作方法同上。

(2)制馅。将面粉、吉士粉和白糖混合均匀加入适量水开稀，与奶油煮成细滑馅心。

(3)酥皮用三次四折起酥，最后擀成 0.5cm 厚，切成长 30cm、宽 15cm 的长形皮料，中间放上馅心，再放上黄桃，将酥皮对折，用蛋液粘紧，再用刀切出花纹，刷蛋液，入炉烤（面火 180℃、底火 160℃）至金黄色熟透即成。

质量要求：

色泽金黄，层次分明，外酥脆、内绵软香甜。

技术要领:

(1)掌握水皮、油酥的软硬度。

(2)起酥时用力均匀,不能破酥。

(3)掌握好馅心的软硬度。

(4)掌握烘烤的炉温和时间。

芳顿扭纹酥

用料:

水皮:A.低筋粉 1000g

　　　B.细糖 100g、猪油 100g、蛋 2 个、水 350g

油酥:C.低筋粉 600g、猪油 300g

馅心:D.低筋粉 1000g、泡打粉 10g、臭粉 3g

　　　E.细砂糖 600g、猪油 375g、蛋 2 个、水 150g

装饰料:芳顿糖 100g

制作方法:

(1)A 过筛开窝,放入 B 拌匀,进粉和成面团。

(2)C 擦匀。

(3)D 过筛开窝,E 放入中间拌至糖溶化一半,再与 D 拌匀。

(4)水皮包入油酥,用三次四折法进行起酥,最后擀成 4mm 的皮料,刷上一层蛋液,放上馅料在一半面积铺平,再刷蛋液,将馅夹于中间,切成长方形坯(长 15cm、宽 3cm),扭成绳状,刷蛋液入炉烘烤(面火 200℃、底火 170℃)至金黄色,熟透即成。

(5)将芳顿糖放入热水中加热溶化,挤在扭纹酥表面,呈波浪状即成。

质量要求:

大小均匀,成型美观,口味酥脆香甜。

技术要领:

(1)掌握好皮料和馅心的软硬度。

(2)起酥时不能破酥。

(3)掌握好烘烤的炉温和时间。

三、泡芙类点心

(一)泡芙类点心的定义

泡芙类点心也称巧克力点心或搅面类点心,产品又叫作"哈斗"或"泡夫",它是将水和油放入锅中煮开后,加入面粉烫熟,再加入鸡蛋,搅拌成蛋面浆,烘烤时体积膨胀,内部空心。

(二)泡芙类点心实例

天鹅泡芙

用料:

面粉 500g、奶油 250g、水 700g、鸡蛋 800g、忌廉 250g

制作方法:

(1)将水、油煮开后,放入面粉炒熟,稍冷后分几次打入鸡蛋,搅打均匀成细滑面浆。

(2)将面浆装入菊花挤装,在烤盘上挤出身形,再用小圆嘴挤袋挤出头形,放入烤炉中(面火 220℃、底火 200℃),烘烤约时间 20 分钟成熟。

(3)切开鹅身上面,再对切成翅膀,鹅身内挤上忌廉,再插上头、安上翅膀即成。

质量要求:

色泽棕黄,成型美观逼真,口味香甜松酥。

技术要领:

(1)面粉一定要烫熟,不能有颗粒和焦底。

(2)鸡蛋要分几次打入,并搅打均匀成细滑蛋面浆。

(3)掌握烘烤的炉温和时间。

(4)烘烤时一定要熟透,防止收缩变形。

爱 克 兰

用料:

面粉 500g、奶油 325g、水 850g、鸡蛋 850g、忌廉 250g、巧克力适量

制作方法:

(1)将水、油煮开后,放入面粉炒熟,稍冷分几次打入鸡蛋,搅打均匀成细滑面浆。

(2)将蛋面浆装入菊花挤装中,在烤盘上挤出长 10cm 的长条形生坯,入炉烘烤(面火 200℃、底火 180℃)至棕黄色,熟透取出。

(3)冷却后在侧面切开口挤上忌廉,表面再覆上一层调好的巧克力即成。

质量要求:

外形小巧美观,口味香甜,外酥内软。

技术要领:

(1)面粉一定要烫熟,不能有颗粒和焦底。

(2)鸡蛋要分几次打入,并搅打均匀成细滑蛋面浆。

(3)掌握烘烤的炉温和时间。

(4)烘烤时一定要熟透,防止收缩变形。

四、布丁、布典类

布丁、布典类点心是西方人喜欢的家庭式点心之一。它的制法同蛋糕的制法差不多,其成熟方法一般以蒸和焗为主。

布丁、布典类点心实例

可斯得布丁

用料:

牛奶500g、白糖300g、鸡蛋300g、蛋奶香粉适量

制作方法:

(1)一半白糖放入锅中炒至金黄色,然后放一点水煮化成焦糖,分放在布丁模中。

(2)牛奶煮至8成热,放入白糖搅溶化,然后把鸡蛋打匀冲入牛奶中,加入蛋奶香粉搅拌匀,装模入笼蒸15分钟即成(也可放入盛了水的烤盘中加盖入炉烘烤)。

(3)熟后脱模,倒扣在小碟中即成。

质量要求:

形状完整,口味香甜、滑嫩、入口即化。

技术要领:

(1)掌握好焦糖的程度。

(2)调浆时要掌握好浓度。

(3)蒸制时不能用旺火,以免起泡,影响质感。

可可布丁

用料:

白糖500g、鸡蛋500g、奶油500g、鲜奶500g、面粉750g、可可粉100g、泡打粉10g

制作方法:

(1)将白糖、鸡蛋、奶油、鲜奶和可可粉拌匀至糖溶化,再加入面粉和泡打粉,拌匀成浆状。

(2)菊花模刷上一层薄油,装入面浆8成满,入笼用中火蒸制20分钟,熟后脱模倒扣在小碟中,淋上糖浆即成。

质量要求：

香甜绵软,有浓郁的奶香味和可可味。

技术要领：

(1)掌握好面团的软硬度。

(2)装模时以8成满为好。

(3)蒸制时最好为中火,并用纸盖上表面。

香蕉布丁

用料：

黄油300g、砂糖300g、鸡蛋6个、面粉400g、牛奶100g、发酵粉7g、香蕉300g

制作方法：

(1)先将黄油和砂糖搅打松后,分批打入鸡蛋搅匀,然后慢慢加入面粉、奶和香蕉泥拌匀。

(2)装入模型以8成满为宜,上笼蒸10分钟,熟后取出,脱模即可。

质量要求：

色泽淡黄,松软香甜。

技术要领：

(1)在打完鸡蛋之前,要求黄油里的砂糖基本溶化。

(2)打鸡蛋不能太快,不能一次加完。

(3)面粉不能搅拌过度,以免上筋而影响质量。

杧果布丁

用料：

布丁粉100g、白糖250g、水1400g、杧果乳浆5g、鸡蛋150g、杧果肉粒适量

制作方法：

(1)将布丁粉、白糖、水、杧果乳浆拌匀,加热至100℃溶解。将鸡蛋搅匀,趁热冲入布丁水中拌匀过筛。

(2)将杧果肉切成粒,放入布丁杯中,倒入布丁水拌匀,放入冰霜冻至凝固,再放上水果装饰,表面倒入水晶果冻,放入冰霜冻至凝固即可。

质量要求：

成型美观,色泽鲜明,口感软滑细腻,杧果香味浓郁。

技术要领：

(1)掌握布丁水的浓度和温度。

(2)杧果要选择成熟香甜的,果肉不易过生,否则酸性过重影响口味。

(3)掌握冷冻的时间。

蛋奶布丁

用料：

布丁粉100g、白糖250g、水1450g、牛奶乳浆3g、蛋黄200g

制作方法：

(1)将布丁粉、白糖、水、牛奶乳浆拌匀,加热至100℃溶解。将蛋黄搅匀,趁热冲入布丁水拌匀过筛。

(2)倒入准备好的布丁杯中,放入冰霜冻至凝固,放上水果装饰,表面倒入水晶果冻,放入冰霜冻至凝固即可。

质量要求：

成型美观,色泽鲜明,口感软滑细腻,具有浓郁的蛋奶香味。

技术要领：

(1)掌握布丁水的浓度和温度。

(2)蛋黄冲入布丁水时一定要注意拌匀,以免过熟而凝固。

(3)掌握冷冻的时间。

焦糖布丁

用料：

焦糖:细糖100g、水15g

果冻液:水400g、细糖50g、琼脂粉15g

布丁液:水200g、细糖180g、鲜奶500g、蛋500g、香草精3g

戚风蛋糕面糊750g

制作方法：

(1)细糖加15g水用小火煮,不用搅拌,煮至焦黄冒烟即离火。

(2)果冻液用料中400g水慢慢由锅边加入,再用小火煮沸,将琼脂粉和50g细糖混合拌匀,慢慢倒入锅中并用打蛋器搅拌至糖溶解,离火。

(3)煮好的焦糖果冻液平均倒入烤模内待其冷却结冻。将布丁液用筛网过滤后,均匀倒在已结冻的焦糖冻上。

(4)挤花袋装平口花嘴,将蛋糕面糊由模边往中间挤于布丁液上,放进烤箱用热水隔水烘烤。

(5)脱模时用小刀刮模边,再倒扣到盘上。

(6)布丁液用料中200g水和细砂糖放入锅中用小火煮溶解后离火,倒入鲜奶拌匀。

(7)蛋打散后和香精加入鲜奶糖水中拌匀再过滤,即成布丁液。

质量要求:

色泽亮丽,成型美观,质地绵软嫩滑,口味香甜。

技术要领:

(1)掌握布丁液和蛋糕面糊的制作。

(2)掌握制作的先后顺序。

五、比萨饼

比萨是著名的意大利美食,是一种在发酵面皮上加比萨汁、馅料和乳酪一起烤成的饼。比萨可做正餐或点心,它营养均衡,口味丰富,做法也不难,所以成为风行全世界的食物。

(一)基本饼皮

1.用料

中筋粉 300g、糖 70g、盐 2.5g、软化奶油 30g、干酵母 5g、温水 175g

2.制作方法

(1)把酵母放在温水中,搅拌使其溶化,加入中筋粉、糖 7、盐、软化奶油等一起搅拌成团,倒在桌上用力揉 10 分钟到光滑有弹性,放入盘中盖好,放温暖处发酵 2 小时。

(2)把发好的面团分割、搓圆,发酵 15 分钟,擀成圆饼状,铺在烤盘或比萨上,整理好形状,周围一圈要厚一点。

(3)用叉子在饼皮上刺洞,以免烤时鼓起。

(二)基本比萨汁

1.用料

洋葱 1/4 个、蒜头 1 瓣、奶油 10g、番茄糊 30g、水 90g、盐 1g、黑胡椒粉 2g、糖 8g

2.制作方法

(1)把洋葱和蒜头去皮并剁碎。

(2)炒锅烧热,加奶油炒香洋葱末和蒜末。

(3)加番茄糊、水、盐、黑胡椒粉、糖等拌炒煮沸即可。

(三)比萨饼实例

夏威夷比萨

用料:

基本饼皮 1 份、基本比萨汁 1 份、火腿片 100g、凤梨 6 片、青椒 40g、乳酪

丝 160g

制作方法:

(1)把擀好的饼皮依法擀好,整形并刺洞将比萨汁均匀涂在上面,边缘不涂。

(2)将火腿切成小三角形,凤梨切小块,青椒切丝,均匀铺在饼上。

(3)入炉烤 15 分钟,取出,撒上乳酪丝,再烤 5 分钟即可。

质量要求:

饼皮松软干香,馅味美。

水果比萨

用料:

基本饼皮 1 份、基本比萨汁 1 份、凤梨 4 片、水蜜桃 4 片、葡萄干 30g、玉米 60g、猕猴桃 1 个、樱桃 10 粒、乳酪丝 160g

制作方法:

(1)把发好的饼皮依次擀好,整形并刺洞,将比萨汁均匀地铺在上面,边缘不涂。

(2)凤梨、水蜜桃切小块,连葡萄干、玉米一起排在饼皮上。

(3)入炉(炉温 210℃)烘烤 15 分钟,把猕猴桃切片、樱桃切半。

(4)取出比萨,排放上以上两种水果,撒上乳酪丝,再烤 5 分钟即可。

六、冻类

冷冻甜点主要包括各种果冻、奶冻、冰激凌等,适合于夏季食用。冷冻甜点的制作方法千变万化,即使是同一类制品也可以有不同的配方,可以用不同的器皿,可以采用不同的造型和装饰方法。

冻类甜点实例

草莓慕斯

用料:

开水 1500g、明胶 250g、细糖 375g、雪糕 250g、打发鲜奶油 1000g、草莓酱、鲜草莓适量、酒少许

制作方法:

(1)将明胶加入开水中搅至溶解,再加入细糖搅溶,加入酒拌匀,待明胶水冷却至 40℃左右,加入雪糕、打发鲜奶油、草莓酱中拌匀,调至适宜的稀稠度,加鲜草莓拌匀制成慕斯馅。

(2)倒入慕斯模具,放入一层蛋糕底,再倒入慕斯馅,放入冰箱凝固后,放入第

二层蛋糕底,再倒入慕斯馅,放入冰箱冷冻结实。

(3)用温水加热底部,取出切件。

质量要求:

色泽鲜艳,冰冷爽口,奶香味浓。

技术要领:

(1)将明胶水搅至溶解后,再加糖搅溶。

(2)待明胶水冷却到40℃时,再加鲜奶油,掌握稀稠度。

香芋冰激凌

用料:

蛋黄200g、牛奶1000g、砂糖280g、鲜奶油250g、香芋色香油适量

制作方法:

(1)蛋黄和砂糖放入盆中搅匀,再将牛奶、香芋色香油放入锅中煮沸,冲入到搅匀的蛋黄和砂糖盒中,边冲边搅拌,并加热至90℃,过滤成蛋奶糊浆。

(2)待蛋奶糊浆冷却后,加入鲜奶油,放入冰激凌机内搅拌,然后放入速冻箱备用。

质量要求:

质地细腻,清凉可口,奶香浓郁。

技术要领:

(1)加热搅拌蛋奶糊浆要达到90℃。

(2)待奶糊浆冷却后才加鲜奶油。

新意果冻杯

用料:

新意果冻粉100g、开水1500g、白糖200g、色香油适量

制作方法:

将水和糖煮沸,调入果冻粉成果冻液,加入色香油等,即可装模,凝结后即成。

质量要求:

色泽鲜明,口感香甜、滋润。

技术要领:

(1)掌握浆料的软硬度。

(2)装模要及时。

什锦红豆果冻

用料：

A. 明胶 200g、水 300g

B. 糖 500g、水 1500g、酒、色香油、水果、红豆馅适量

制作方法：

（1）A 拌匀浸泡，B 中糖和水煮开，加入 A 拌匀煮溶化，冷却至 40℃，加入酒和色香油拌匀。

（2）水果切粒放入模子中，加入明胶水，放入冰箱冻至凝固。

（3）将红豆馅加入适量明胶水中拌匀，倒入模子中，再放入冰箱冻至凝固后，用温水稍加热底部倒出，切块即成。

质量要求：

层次分明、色泽鲜艳，口味独特。

技术要领：

（1）红豆馅、明胶水加入时，温度应控制在 40℃左右，否则容易分离。

（2）凝固后才能倒出切块。

香杧夹心糕

用料：

杧果肉 750g、椰浆 900g、鲜奶 1000g、鱼胶粉 100g、鲜奶油 1000g、白糖 600g、水 500g

制作方法：

（1）白糖、鱼胶粉加水煮化凉凉。

（2）一半杧果切成粒状，另一半搅成蓉，加入三分之一鱼胶水搅匀，制成杧果浆。

（3）三分之二的鱼胶水加入鲜奶、椰浆搅拌匀。

（4）鲜奶油打至三成发，加入白色椰浆中搅拌匀。

（5）长方容器抹油，倒入一半奶浆，冻至凝固，再倒入杧果浆，撒上杧果粒冻至凝固，最后加入余下的奶浆冻至凝固，切块即成。

质量要求：

色泽鲜艳，层次分明，软滑爽口，香甜美味。

技术要领：

（1）掌握鱼胶水的稀稠度。

（2）鲜奶油打发至三成为好。

（3）果汁要加少许盐，以保持颜色。

(4)分层厚薄要均匀。

柠檬慕斯

用料:

蛋黄 3g、白糖 30g、柠檬汁 5g、陈酒 15g、打发的美浓忌廉 230g、柠檬色香油 3 滴、白兰地 16g、明胶水① 110g

制作方法:

(1)将蛋糕坯切成小方块或小圆形,垫入模具中待用。

(2)蛋黄加糖打发,加入柠檬汁,打发忌廉 220g,加 3 滴哈密瓜、白兰地 16g,然后放入明胶水 110g 搅拌匀。倒在蛋糕坯上面,入冰箱冷藏,待凝结后取出在表面用水果或巧克力装饰点缀即可。

质量要求:

色泽鲜艳,成型美观,冰凉爽口,香甜适中。

技术要领:

(1)明胶一定要先泡软,完全溶化。

(2)加入鲜奶油时应将明胶液冷却至 35℃ 左右。

(3)加入明胶要适量,不能过多或过少,否则会影响韧性和稳定性。

(4)掌握好冰冻的时间。

巧克力慕斯

用料:

黑巧克力 110g、三花淡奶 170g、美浓打发鲜奶油 200g、白兰地 15g、明胶水 30g

制作方法:

(1)黑巧克力隔热水溶化,加入三花淡奶搅拌至黑亮,加入美浓打发鲜奶油搅拌,再加入白兰地、明胶水拌匀。

(2)模具放入蛋糕底,倒入慕斯水,放入冰箱凝固后取出,用温水稍加热底部取出在表面用水果或巧克力装饰点缀即可。

质量要求:

成型美观,冰凉爽口,香甜适中。

技术要领:

(1)掌握慕斯明胶水制作。

---

① 明胶水的调制:慕斯水也称为明胶水。

其制法是明胶 200g 加入白糖 400g 混合匀,再加入开水 1200g 搅溶化(再隔热水溶化更快)。

(2)掌握鲜奶油的打发程度为7~8成。

(3)掌握脱模的方法。

(4)明胶不能过量。

杧果慕斯

用料：

用料：蛋糕坯1000g、杧果汁3000g、明胶75g、打发鲜奶油700g，慕斯模具(杯)35个

制作方法：

(1)将蛋糕坯切成小方块或小圆形,垫入慕斯模具(杯)中待用。

(2)将明胶50g与杧果汁1500g混合,待明胶软化后,再将混合液加热至明胶溶化后离火稍冷,之后与打发鲜奶油700g混合搅拌均匀,接着将其倒入已垫好蛋糕坯的慕斯模具(杯)里面,最后入冰箱冷藏。

(3)将明胶25g与杧果汁1500g混合,待明胶软化后,再将混合液加热至明胶溶化后成为明胶杧果汁,立即离火稍冷。紧接着将已入冰箱冷藏的慕斯模具(杯)取出,马上将明胶杧果汁又倒入慕斯模具(杯)表面,再次入冰箱冷藏。

(4)凝结后取出在慕斯模具(杯)的表面用杧果或巧克力装饰、点缀,即成。

质量要求：

色泽鲜艳,层次,冰凉爽口,香甜适中。

技术要领：

(1)明胶一定要先泡软,完全溶化。

(2)加入鲜奶油时应将明胶液冷却至35℃左右。

(3)加入明胶要适量,不能过多或过少,否则会影响韧性和稳定性。

(4)掌握好冰冻的时间。

榴梿慕斯

用料：

榴梿200g、鲜奶150g、白糖20g、白兰地20g、打发鲜奶油200g、明胶水100g

制作方法：

(1)蛋糕坯切成小方块或小圆形,垫入模具中待用。

(2)榴梿放入榨汁机打蓉,加入打发忌廉,加白兰地,然后放入明胶水搅拌匀,倒在蛋糕坯上,入冰箱冷藏,待凝结后取出在表面用水果或巧克力装饰点缀即可。

质量要求：

色泽鲜艳,香甜软滑,榴梿味浓,冰凉爽口。

技术要领:

(1)掌握明胶水制作。

(2)掌握鲜奶油的打发程度为 7 ~ 8 成。

(3)掌握脱模的方法。

(4)明胶不能过量。

巧克力慕斯饼

用料:

A. 碧威中性慕斯粉 100g、纯净水 220g

B. 打发鲜奶油 300g

C. 不二夹心巧克力 150g

D. 不二夹心巧克力 100g、不二黑巧克力(溶化)100g、鲜奶油 200g

制作方法:

(1)将巧克力蛋糕坯切成大方块,垫入方盘模具中待用。

(2)将 A 搅拌匀,加入 B 拌匀,再加入 C 拌匀。倒在蛋糕坯上面抹平,放入冰箱冷藏,待凝结后取出。

(3)将 D 拌匀,加热至 35℃ ~ 40℃,淋于饼面上,再放入冰箱冷藏,待凝结后取出。将抹刀烫热插边脱模,切成三角形块,用水果和巧克力装饰点缀即可。

质量要求:

色泽黑亮,成型美观,冰凉爽口,香甜适中。

技术要领:

(1)慕斯粉与水一定要搅拌匀至完全溶化。

(2)鲜奶油搅打至八成发时为宜。

(3)掌握好冰冻的时间。

(4)脱模时要将抹刀烫热插边脱模。

(5)切块时刀具要烫热。

绿茶慕斯

用料:

纯牛奶 300g、蛋黄 6 个、白糖 50g、明胶水 100g、绿茶粉 10g、红豆粒 300g、白兰地 20g、打发的美浓忌廉 600g

制作方法:

(1)将蛋糕坯切成小方块或小圆形,垫入模具中待用。

(2)将牛奶、蛋黄、糖加热至糖溶化,加入明胶水煮化,再加入绿茶粉搅拌均匀离火,再加入红豆粒、白兰地拌匀,稍冷却,最后加入打发忌廉搅拌匀成绿茶慕斯。

(3)将绿茶慕斯倒在蛋糕坯上面,入冰箱冷藏,待凝结后取出,在表面抹上绿茶酱,用水果或巧克力装饰点缀即可。

质量要求:

色泽鲜艳,成型美观,冰凉爽口,香甜适中。

技术要领:

(1)明胶一定要先泡软,完全溶化。

(2)鲜奶油打发至七成为宜。

(3)加入鲜奶油时应将明胶液冷却至35℃左右。

(4)加入明胶要适量,不能过多或过少,否则会影响韧性和稳定性。

(5)掌握好冰冻的时间。

焦糖慕斯

用料:

纯净水15g、白糖150g、牛奶220g、明胶水80g、蛋黄3个、打发鲜奶油200g

制作方法:

(1)将纯净水和一半的白糖混合,煮至糖焦后离火。

(2)将牛奶煮至85℃,加入明胶水煮至完全溶化,加入焦糖拌匀。

(3)另将蛋黄和一半的白糖打发,加入牛奶中拌均匀离火,稍冷却,再加入打发鲜奶油搅拌。

(4)模具放入蛋糕底,倒入慕斯水,放入冰箱凝固后取出,用温水稍加热底部取出,在表面抹上一层镜面果胶,挤上奶油或巧克力装饰点缀即可。

质量要求:

成型美观,冰凉爽口,香甜适中。

技术要领:

(1)掌握慕斯明胶水制作。

(2)掌握鲜奶油的打发程度为7~8成。

(3)掌握脱模的方法。

(4)明胶不能过量。

咖啡慕斯

用料:

牛奶360g、白糖80g、蛋黄3个、明胶水100g、咖啡20g、打发鲜奶油350g

制作方法：

(1)蛋糕坯切成小方块或小圆形，垫入模具中待用。

(2)将牛奶、白糖、蛋黄混合，煮至85℃，加入明胶水煮至完全溶化，再加入咖啡搅拌均匀，稍冷却，再加入打发鲜奶油搅拌匀。倒在蛋糕坯上面，入冰箱冷藏，待凝结后取出，在表面挤上奶油，巧克力球和棍装饰点缀即可。

质量要求：

色泽自然，香甜软滑，香味浓郁，冰凉爽口。

技术要领：

(1)掌握慕斯明胶水制作方法。

(2)鲜奶油打发至七成为宜。

(3)加入鲜奶油时应将明胶液冷却至35℃左右。

(4)加入明胶要适量，不能过多或过少，否则会影响韧性和稳定性。

(5)掌握好冰冻的时间。

香蕉慕斯

用料：

鲜奶油120g、蛋黄6个、牛奶60g、乳酪50g、吉利丁片50g、打发鲜奶油350g、糖粉20g、香蕉肉蓉170g、柠檬汁30g、黑梅肉50g、烤香的花生仁100g、草莓150g、香菜25g、巧克力50g

制作方法：

(1)将香蕉肉蓉和柠檬汁混合待用。将鲜奶油、蛋黄、牛奶、乳酪隔水加热至融化，加入泡好的吉利丁片煮至完全溶化，离火，稍冷却，再加入糖粉、打发鲜奶油拌均匀，然后加入香蕉肉蓉搅拌匀成香蕉慕斯。

(2)将慕斯倒在半圆长条模具内，再将稍窄的长条蛋糕放在上面，再挤上一层慕斯，表面放一排黑梅肉，再放上一块长条蛋糕盖住表面，入冰箱冷藏，待凝结后取出脱模，在表面刷上镜面果胶，切成块表面撒上烤香的花生仁，中间用草莓和香菜、巧克力装饰点缀即可。

质量要求：

色泽鲜艳，成型美观，冰凉爽口，香甜适中。

技术要领：

(1)吉利丁片一定要先泡软煮至完全溶化。

(2)加入鲜奶油时应将明胶液冷却至35℃左右。

(3)加入明胶要适量，不能过多或过少，否则会影响韧性和稳定性。

(4)掌握好冰冻的时间。

香橙奶油慕斯

用料：

白糖 50g、水 15g、蛋白 120g、打发鲜奶油 280g、香橙汁 30g、白兰地 40g、香橙果占、香橙肉、草莓、火龙果、巧克力适量

制作方法：

（1）白糖、水煮成糖水。蛋白打发加入糖水搅拌均匀，加入打发鲜奶油搅拌，再加入香橙汁、白兰地拌匀成香橙奶油慕斯。

（2）取一块蛋糕表面刷上一层薄薄的白兰地，抹上一层巧克力酱，再抹上一层慕斯，再放上一块蛋糕，如此反复夹有四层，放入冰箱凝固后取出，用刀切成长方块，在表面抹上一层香橙果占，挤上奶油，点缀香橙肉、草莓、火龙果、巧克力装饰点缀即可。

质量要求：

成型美观，层次分明，冰凉爽口，香甜适中。

技术要领：

（1）掌握蛋白的打发程度。

（2）掌握鲜奶油的打发程度为 7～8 成。

（3）掌握成型的方法。

（4）切块大小要均匀。

蜜桃慕斯塔

用料：

罐装水蜜桃 2 个（打蓉）、吉利丁片 10g、牛奶 200g、蜜桃果占 100g、鲜奶油 200g、白兰地 10g、蛋白 35g、白糖 70g、水 18g、果胶、巧克力条、水果、香菜、糖粉适量

制作方法：

（1）白糖、水煮至糖完全溶化成糖水。

（2）蛋白打发至中性发泡，慢慢加入糖水继续搅打发待用。

（3）牛奶加热，加入蜜桃果占拌匀再加入泡好的吉利丁片煮至完全溶化，稍冷却，加入蜜桃蓉拌匀，再加入蛋白泡和打发鲜奶油拌匀成蜜桃慕斯。

（4）将慕斯挤入烤好的塔皮内，在正中放上一个圆形慕斯透明模，挤入慕斯，入冰箱冷藏，待凝结后取出脱模，在表面刷上镜面果胶，面上放上一个巧克力圈，装饰白色巧克力条，水果和香菜，筛上糖粉，水果上刷上镜面果胶，并在塔皮和慕斯间撒上蛋糕碎用或巧克力装饰点缀即可。

质量要求：

色泽自然,造型美观,香甜软滑,冰凉爽口。

技术要领：

(1)掌握蛋白的打发程度。

(2)掌握鲜奶油的打发程度为7~8成。

(3)掌握成型的方法。

(4)切块大小要均匀。

黑月亮慕斯

用料：

乳酪奶油125g、蛋黄4个、淡奶125g、吉利丁片10g、打发鲜奶油500g、炼奶25g、可可粉、黄色果占、水果、香菜、果胶、巧克力条适量

制作方法：

(1)将蛋糕坯切成圆形,垫入慕斯模具中待用。

(2)将乳酪、蛋黄淡奶隔水加热至融化,加入泡好的吉利丁片煮至完全溶化,稍冷却,加入炼奶和打发鲜奶油搅拌匀成牛奶慕斯,倒在慕斯内待用。入冰箱冷藏,待凝结后取出脱模。

(3)用一个圆形印模,加热后沿慕斯边缘切出一块圆形慕斯,在圆形慕斯上淋上黄色果占,在月亮形慕斯上筛上可可粉,把两部分慕斯合为一体。在表面装饰水果、香菜、水果刷上镜面果胶,最后加上巧克力条即成。

质量要求：

色泽自然,造型美观,香甜软滑,冰凉爽口。

技术要领：

(1)掌握蛋白的打发程度。

(2)掌握鲜奶油的打发程度为7~8成。

(3)掌握成型的方法。

(4)切块大小要均匀。

双味慕斯

用料：

牛奶慕斯、哈密瓜肉110g、白糖30g、鲜奶50g、打发的美浓忌廉220g、3滴哈密瓜色香油、白兰地16g、明胶水110g、果胶、樱桃、水果、巧克力适量

制作方法：

(1)哈密瓜肉放入榨汁机打蓉,加入打发忌廉220g,加3滴哈密瓜色香油、白

兰地 16g,然后放入明胶水 110g 搅拌匀。

(2)倒入半圆形模具内,入冰箱冷藏,待凝结后取出十字对切成四块,取两块摆放在半圆形模具内,最后挤入牛奶慕斯,入冰箱冷藏,待凝结后取出脱模,在表面淋上镜面果胶,用红樱桃、水果或巧克力装饰点缀即可。

质量要求:

色泽鲜艳,成型美观,冰凉爽口,香甜适中。

技术要领:

(1)明胶一定要先泡软煮至完全溶化。

(2)加入鲜奶油时应将明胶液冷却至 35℃左右。

(3)加入明胶要适量,不能过多或过少,否则会影响韧性和稳定性。

(4)掌握好冰冻的时间。

蔬菜慕斯

用料:

青菜叶 200g,白糖 70g、水 100g、吉利丁片 16g、蛋白 3 个、打发鲜奶油 400g、白兰地 40g

制作方法:

(1)青菜叶焯水,放入果汁机中,加水搅拌成蓉,加入一半的白糖煮至 75℃,再加入泡好的吉利丁片煮至完全溶化,稍冷却。

(2)蛋白加入剩余的糖打发,加入蔬菜中搅拌均匀,再加入打发鲜奶油搅拌,再加入白兰地拌匀成蔬菜慕斯。

(3)将蔬菜慕斯倒入中空模具内抹平,放入冰箱凝固后取出,用刀切成四块,在表面点缀边桃、草莓、火龙果、巧克力装饰即可。

质量要求:

成型美观,层次分明,冰凉爽口,香甜适中。

技术要领:

(1)掌握蛋白的打发程度。

(2)掌握鲜奶油的打发程度为 7~8 成。

(3)切块大小要均匀。

提拉米苏

用料:

A. 特浓黑咖啡 130g、咖啡酒 30g

B. 蛋糕适量

C. 开水 90g、富田白明胶 15g

D. 忌廉芝士 500g、细糖 200g

E. 鸡蛋 4 个

F. 领优鲜奶油 400g、碧威提拉米苏 3g

G. 可可粉适量

制作方法:

(1) 将 A 搅拌至溶化,将 F 搅打至七成发。

(2) 将 C 搅拌匀,再隔水加热至融化。

(3) 将 D 搅打至软滑(糖差不多溶化),逐步加入 E 打至芝士呈浅黄色软滑忌廉状,加入 C 拌匀,再加入 F 拌匀即成芝士浆。

(4) 将小蛋糕沾上 A 放入杯形模具中,倒入芝士浆,入冰箱中冻至凝固,取出洒上 G 装饰,再在面上挤上鲜奶油放上水果即成。

质量要求:

色泽自然,造型美观,香甜软滑,冰凉爽口。

技术要领:

(1) 鲜奶油搅打至七成发为宜。

(2) 掌握好芝士搅打的程度。

(3) 掌握好冰冻的时间。

本章小结

　　本章学习了西式点心的概述,西点的分类、特点等理论知识,也学习了面包类、蛋糕类、点心类等常见西点品种的制作技能。

【思考与练习】

一、职业能力测评题

(一)判断题

1. 制作面包可随天气的变化而决定糖、水的用量。　　　　　　　(　)

2. 在和面包面的过程中,可以在案台上摔面或用压面机压面。　　(　)

3. 当面包生坯醒发过头后,仍然可以继续进行醒发至膨松。　　　(　)

4. 在面包的造型过程中,当时搓不光滑的生坯,只要通过醒发阶段,就会自动变光滑了。　　　　　　　　　　　　　　　　　　　　　　　　(　　)

5. 面包只要好吃,是否膨松无关紧要。　　　　　　　　　　　　　(　　)

6. 制作面包要选用高筋粉。　　　　　　　　　　　　　　　　　　(　　)

7. 在搅打蛋糕时,蛋白和蛋黄均可饱和气体。　　　　　　　　　　(　　)

8. 蛋中的蛋白质具有一定的黏度和发泡性,经打擦后,能吸进大量空气,形成泡沫,最后导致制品膨松体大。　　　　　　　　　　　　　　　　(　　)

9. 制作蛋糕只能用机器搅打,不能用人工搅打。　　　　　　　　　(　　)

10. 烘烤海绵蛋糕时,应将烤炉的底火设为120℃、面火设为160℃。(　　)

11. 成熟后的海绵蛋糕坯内部,应该呈无颗粒及松散状态。　　　　　(　　)

12. 在制作蛋糕坯时,其厚度也可根据制品的要求而定。　　　　　　(　　)

(二) 选择题

1. 在面包制作中,和面时最好选用(　　　)。
    A. 冷水　　　　　　　　　B. 温水　　　　　　　　　C. 开水

2. 为使烤出的面包达到色泽金黄,一般采取的技术措施有(　　　)。
    A. 烤前刷蛋　　　　　　　B. 在和面时加入着色剂
    C. 增加糖的用量

3. 醒发面包生坯时,最好是选择如下条件(　　　)。
    A. 湿度达80%　　　　　　B. 湿度达50%
    C. 温度30℃ ~ 40℃　　　 D. 温度10℃ ~ 20℃

4. 烘烤火腿肉松卷面包时,最好将烤炉的底、面火设定为(　　　)。
    A. 底火160℃、面火160℃　　B. 底火180℃、面火200℃
    C. 底火240℃、面火220℃

5. 制作油脂蛋糕的主要原料有(　　　)。
    A. 面粉　　　　　　　　　B. 米粉　　　　　　　　　C. 糖
    D. 油　　　　　　　　　　E. 蛋

6. 海绵蛋糕非常松发柔软,它属于(　　　)。
    A. 生物膨松制品　　　　　B. 化学膨松制品
    C. 物理膨松制品

7. 搅打好的蛋浆,应该是(　　　)。
    A. 蛋浆体积不变,呈淡黄色糊状
    B. 蛋浆体积增大1 ~ 2倍,呈干厚黏稠的乳白色泡沫状
    C. 蛋浆体积变小,呈淡黄色糊状

二、职业能力应用题

(一) 案例分析题

1. 冬季的某个星期,小龚已连续两次制作出了面包,质量较好。但在第三次,他将和好的发酵面团放置在醒发室内,却忘记设定醒发室内的温度,致使室内外温度一致。结果到了预定的发酵时间,面团仍未发起。请你解释造成此现象的原因。

2. 阿强在烘烤面包的过程中,曾做过这样一个试验:A 盘里全是刚刷完蛋液的面包生坯,而 B 盘里的生坯虽全部刷了蛋液,但早已干了。将两盘同时放进一个烤炉中烘烤,至成熟出炉后一看,A 盘里的面包个个色泽金黄,而 B 盘的则色泽浅黄。请你解释这个缘故。

3. 小陆对刚搅打好的蛋糕浆进完粉后,发现其体积比进粉前缩小了三分之二。请指出原因。

4. 小张在对蛋糕浆进完粉后,发现有粉粒现象。请指出原因。

5. 小郑制作出的蛋糕成品表面有白斑。请指出原因。

(二) 操作应用题

1. 现有鸡蛋 500g、白糖 300g,请在 30 分钟内,操作打蛋机,将上述原料搅打成符合制作要求的蛋糕浆。

2. 现有刚搅打好的蛋糕浆 800g、面粉 300g,请在 3 分钟内将两者拌和均匀,并达到质量标准。

3. 现有刚成型好的蛋糕生坯(浆状)两盘,请在 30 分钟内,将其烘烤成熟,并达到质量标准。

4. 请利用下列原料,制作出叉烧餐包成品。
原料:A. 面皮:高筋粉 500g、白糖 100g、蛋 1 个、油 25g、酵母 5g、三花淡奶 50g、水 200g、面包油 10g、乳化剂 5g　　B. 包芡:粟粉 20g、生粉 15g、面粉 15g、水 250g、生油 25g、生抽 20g、老抽 10g、白糖 75g、蚝油 40g、盐 5g、麻油、味精少许、葱 50g　　C. 馅心:叉烧 500g、洋葱 100g、包芡 400g

5. 请利用下列原料,制作出酥皮面包成品。
原料:A. 坯料:高筋粉 500g、酵母 10g、蛋 1 个、水 225g、白糖 125g、改良剂 2.5g;B. 酥皮:低筋粉 500g、白糖 400g、猪油 250g、蛋 1 个、臭粉 2.5g、小苏打 2.5g

6. 请利用下列原料,制作出咸吐司成品。
原料:高筋粉 1000g、白糖 80g、奶粉 40g、蛋奶香粉 3g、低糖酵母 10g、大铁塔添加剂 3g、水 56g、蛋白 60g、白奶油 60g、盐 20g

7. 请利用下列原料,制作出菲律宾面包成品。

原料:老面团 3000g、高筋粉 550g、低脂粉 4500g、白糖 210g、盐 100g、奶粉 500g、香兰素 50g、泡打粉 200g、鸡蛋 1200g、牛油 800g、酵母 150g、水 2500g

8. 请利用下列原料,制作出甜吐司成品。

原料:高筋粉 1000g、白糖 200g、奶粉 60g、蛋奶香粉 3g、酵母 10g、大铁塔添加剂 3g、水 520g、蛋 80g、盐 10g、奶油 80g

9. 请利用下列原料,制作出丹麦凤梨成品。

原料:高筋粉 700g、低筋粉 300g、白糖 150g、盐 15g、奶粉 30g、鸡蛋 150g、牛油 400g、S-500 15g、酵母 30g、水 250g、酥皮油 650g

10. 请利用下列原料,制作出法式鲜奶面包成品。

原料:高筋粉 1000g、低糖酵母 10g,大铁塔添加剂 3g、鲜奶 550g、盐 20g、奶油 80g

11. 请利用下列原料,制作出香橙黄金蛋糕成品。

原料:蛋 1000g、糖 520g、高筋粉 700g、低筋粉 300g、泡打粉 13g、蛋糕油 66g、色拉油 260g、牛油 132g、蜂蜜 32g、水 66g、香橙油适量

12. 请利用下列原料,制作出朗姆葡萄蛋糕成品。

原料:低筋粉 1000g、奶油 650g、白糖 780g、蛋 1350g、葡萄干 450g、糖渍柠檬皮细丝 225g、鲜柠檬皮 4 个切碎、朗姆酒适量

13. 请利用下列原料,制作出花式巧克力酥成品。

原料:低筋粉 500g、黄油 250g、糖粉 250g、蛋 100g、泡打粉 10g、黑、白巧克力适量

14. 请利用下列原料,制作出德式水果排成品。

原料:中筋粉 600g、低筋粉 450g、白糖 450g、奶油 600g、蛋 150g、水 1300g、吉士粉 25g、黄桃 200g

15. 请利用下列原料,制作出天鹅泡芙成品。

原料:面粉 500g、奶油 250g、水 700g、鸡蛋 800g、忌廉 250g

16. 请利用下列原料,制作出比萨饼成品。

原料:A. 饼皮:中筋粉 300g、糖 70g、盐 2.5g、软化奶油 30g、干酵母 5g、温水 175g　　B. 比萨汁:洋葱 1/4 个、蒜头 1 瓣、奶油 10g、番茄糊 30g、水 90g、盐 1g、黑胡椒粉 2g、糖 8g

17. 请利用下列原料,制作出可斯得布丁成品。

原料:牛奶 500g、白糖 300g、鸡蛋 300g、蛋奶香粉适量

18. 在 60 分钟内,利用下列原料制作出杞果布丁成品。

原料:布丁粉 100g、白糖 250g、水 1400g、杞果乳浆 5g、鸡蛋 150g、杞果肉粒

适量

19. 在 60 分钟内,利用下列原料制作出蛋奶布丁成品。

原料:布丁粉 100g、白糖 250g、水 1450g、牛奶乳浆 3g、蛋黄 200g。

20. 在 60 分钟内,利用下列原料制作出焦糖布丁成品。

原料:

(1)焦糖:细糖 100g、水 15g

(2)果冻液:水 400g、细糖 50g、琼脂粉 15g

(3)布丁液:水 200g、细糖 180g、鲜奶 500g、蛋 500g、香草精 3g

(4)戚风蛋糕坯

21. 在 60 分钟内,利用下列原料制作出香杜夹心糕成品。

原料:杜果肉 750g、椰浆 900g、鲜奶 1000g、鱼胶粉 100g、鲜奶油 1000g、白糖 600g、水 500g

22. 在 60 分钟内,利用下列原料制作出柠檬慕斯成品。

原料:蛋黄 3g、白糖 30g、柠檬 1 个、陈酒 15g、打发的美浓忌廉 230g、柠檬色香油 3 滴、明胶水 110g

23. 在 60 分钟内,利用下列原料制作出巧克力慕斯成品。

原料:黑巧克力 110g、三花淡奶 170g、美浓打发鲜奶油 200g、白兰地 15g、明胶水 30g

24. 在 60 分钟内,利用下列原料制作出杜果慕斯成品。

原料:

(1)蛋糕坯:鸡蛋 250g、蛋黄 250g、细糖 125g、牛奶 50g、色拉油 250g、低筋粉 400g、泡打粉 10g、香草粉 5g、蛋白 500g、细糖 250g、塔塔粉 10g

(2)杜果慕斯:杜果汁 1500g、明胶 50g、打发鲜奶油 700g

(3)杜果冻:杜果汁 1500g、明胶 25g

25. 在 60 分钟内,利用下列原料制作出榴梿慕斯成品。

原料:榴梿 200g、鲜奶 150g、白糖 20g、白兰地 20g、打发鲜奶油 200g、明胶水 100g

26. 在 60 分钟内,利用下列原料制作出巧克力慕斯饼成品。

原料:碧威中性慕斯粉 100g、纯净水 220g、打发鲜奶油 300g、不二夹心巧克力 250g、不二黑巧克力 100g、鲜奶油 200g

27. 在 60 分钟内,利用下列原料制作出绿茶慕斯成品。

原料:纯牛奶 300g、蛋黄 6 个、白糖 50g、明胶水 100g、绿茶粉 10g、红豆粒 300g、白兰地 20g、打发的美浓忌廉 600g

28. 在 60 分钟内,利用下列原料制作出焦糖慕斯成品。

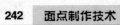

原料:纯净水 15g、白糖 150g、牛奶 220g、明胶水 80g、蛋黄 3 个、打发鲜奶油 200g

29. 在 60 分钟内,利用下列原料制作出咖啡慕斯成品。

原料:牛奶 360g、白糖 80g、蛋黄 3 个、明胶水 100g、咖啡 20g、打发鲜奶油 350g

30. 在 60 分钟内,利用下列原料制作出香蕉慕斯成品。

原料:鲜奶油 120g、蛋黄 6 个、牛奶 60g、乳酪 50g、吉利丁片 50g、打发鲜奶油 350g、糖粉 20g、香蕉肉蓉 170g、柠檬汁 30g

31. 在 60 分钟内,利用下列原料制作出香橙奶油慕斯成品。

原料:白糖 50g、水 15g、蛋白 120g、打发鲜奶油 280g、香橙汁 30g、白兰地 40g

32. 在 60 分钟内,利用下列原料制作出蜜桃慕斯塔成品。

原料:罐装水蜜桃 2 个(打成蓉)、吉利丁片 10g、牛奶 200g、蜜桃果占 100g、鲜奶油 200g、白兰地 10g、蛋白 35g、白糖 70g、水 18g

33. 在 60 分钟内,利用下列原料制作出黑月亮慕斯成品。

原料:牛奶慕斯:乳酪奶油 125g、蛋黄 4 个、淡奶 125g、吉利丁片 10g、打发鲜奶油 500g、炼奶 25g。可可粉、黄色果占、水果、香菜

34. 在 60 分钟内,利用下列原料制作出蔬菜慕斯成品。

原料:青菜叶 200g,白糖 70g、水 100g、吉利丁片 16g、蛋白 3 个、打发鲜奶油 400g、白兰地 40g

35. 在 60 分钟内,利用下列原料制作出提拉米苏成品。

原料:特浓黑咖啡 130g、咖啡酒 30g、蛋糕适量、开水 90g、富田白明胶 15g、忌廉芝士 500g、细糖 200g、鸡蛋 4 个、领优鲜奶油 400g、碧威提拉米苏 3g、可可粉适量

第 *10* 章

筵席面点与应用

学习目标

● 了解筵席面点的基本知识
● 掌握筵席面点的配置和制作方法
● 掌握筵席面点的装饰和围边制作工艺

筵席，是人们为了一定的社交目的而形成的一种聚食形式，具有目的性、整体性、规格性等特点。筵席面点即是适合于筵席要求的面点，它可与菜肴组合形成具有一定规格、质量的一整套菜点，也可单独形成具有特色的全面点席。不论是筵席面点还是全面点席，应具有选料精细、选取型讲究、制作精美、口味多变等特点，在色、香、味、形、质、器等方面与筵席总体要求一致。

第一节　筵席面点的组配要求

筵席面点是经过精选而与筵席菜肴组合起来的一个内容。在组配过程中，要注意种类面点组合的协调性，每一道具体的面点要从整体着眼，从相互间的数量、质量以及口味、形态、色泽等方面精心组合，以便衬托出筵席的最佳效果。在组配设计中，要根据主题的要求、筵席的规格、档次、季节的变化、地方习俗和民族特点等来制定筵席面点的品种。

一、根据筵席规格、档次组配

筵席的规格档次是由筵席的价格而决定的，而价格又决定了筵席菜肴的数量和质量。在组合筵席布点时应注意配置的面点在整个筵席成本中的比重，以保持整个筵席中菜肴与面点的数量、质量的均衡。筵席面点成本一般占总筵席的5% ~ 10%，也可以根据各地习惯及实际需要作必要调整。一般筵席面点的格局组合如表所示：

筵席面点格局组合表

筵席档次	款数	款式
低档筵席	二道	一甜一咸
中档筵席	四道	二甜二咸
高档筵席	六道	二甜四咸

在确定具体品种时,质量上要根据筵席规格档次的高低,在保证面点有足够数量的前提下,从选料、工艺制作上掌握。例如:筵席规格高的,在面点的选料上应尽量选用档次较高的原材料,并且在制作工艺上尽量体现工艺特色;筵席档次较低的,在面点的选料上要适合成本要求,在工艺要求上也相应简单些。

二、根据顾客的要求和筵席主题组配

筵席的设计是围绕人们的社交目的而进行的,因此,顾客的要求是配置面点不可忽视的重要依据。制定面点品种,应根据宾客的国籍、民族、宗教、职业、习俗和个人的饮食喜爱以及宾客订席的目的和要求来掌握。如:回族信奉伊斯兰教,禁食猪肉、驴肉、狗肉、动物血等,应避免用这些原料做面点馅料;对佛教客人,应避免用荤腥原料做面点。红白事应按民俗礼仪、习俗选配。红事可选配一两道品名喜庆或色泽鲜艳的品种,如梅花晶饼、四喜饺、鸳鸯饺等;白事则可配置象征长寿的面点品种,如寿桃酥、桃包、寿糕等。高档筵席还可精心制作面寿图、松鹤延年或寿比南山等工艺性强的面点。宾朋聚会或洽谈商务等筵席,则以口味为主,尽量配置本地名点或时鲜原料,以突出风味特色。

三、根据季节变化组配

季节不同,人们的饮食习惯也有所变,同时原材料的市场供应也有所不同。因此,筵席面点的品种也应随着季节的变化,做相应的变换。根据人们的饮食习惯,一般有"春辛、夏凉、秋爽、冬浓"的特点。为此,在筵席面点的口味上应尽量突出季节的特点,这就要求筵席面点在制作时,应对原材料、制作工艺方面等都加以考虑。如春季做三丝春饼、艾叶糍粑、鲜笋弯梳虾、翡翠烧卖、春笋野鸭乐等,成熟方法多以蒸、煮为主;秋季则可选用金华实的原料,如栗蓉糕、豌豆黄、南瓜饼、蜂巢荔芋角、三鲜汤包等,成熟方法以蒸、煮、炸为主;冬季则可选用味道浓郁的品种,如荷香锅贴等,成熟方法多以煎、炸、烤为主。

四、突出地方特色

在设计各种档次的筵席面点时,首先,要利用本地的名优特产、风味名点和本餐厅的"招牌面点"以及各个面点师的拿手面点来发挥优势,各显所长,突出地方特色;其次,要根据地方饮食特点,采用本地原料及时令原料,运用独特的制作工艺,以显示浓郁的地方特色,使整个筵席内容更加丰富,独具匠心。如广东的虾饺子、粉果、萝卜糕、蜂巢荔芋角,扬州三丁包、淮安汤名、上海生煎馒头、杭州小笼包、苏州糕团、宁波汤圆,北京的一品烧饼、"都一处"烧卖、清宫仿膳豌豆黄、芸豆卷,天津的狗不理包子、酥麻花等,都是很有代表性的筵席面点。

五、筵席面点的制作工艺

绿茵白兔饺

白兔饺是花色饺的一种,主要以澄面作为皮料,包上虾饺馅,利用手上技巧,运用包、捏、剪等手法制作而成。此外,还可捏成冠顶饺、弯梳饺等形状。

用料:

皮料:澄面375g、优质生粉100g、猪油25g、沸水约100g

馅料:鲜虾肉500g、肥猪肉100g、笋丝100g、猪油75g、精盐、味精、白糖、胡椒粉、麻油等调味品适量

装饰料:菜丝、红萝卜

工艺流程:

腌渍虾仁→制馅→烫面→上馅→成型→蒸制→点缀

制作方法:

(1)鲜虾肉加少许精盐、小苏打拌匀后,腌渍15~20分钟,然后用清水冲漂洗净,捞起用洁白毛巾吸干水分,切成黄豆大小的小粒。

(2)肥猪肉入沸水中煮熟,捞出用冷水泡冷后,切成黄豆大小的小粒;笋丝切成细丝,用沸水稍煮捞出后漂冷水,挤干水分,拌上猪油。

(3)虾仁加精盐顺一个方向搅拌至起胶,再加入肥肉丁、笋丝及其余调料拌匀,制成虾饺馅,装入干净的馅盒,放入冰箱中冷藏备用。

(4)澄面过筛后,放入不锈钢锅中,加精盐,将沸水注入澄面中,用木棒搅拌成团,烫成熟面倒在案板上,趁热加入生粉、猪油搓揉至细滑、发白,制成饺皮粉团,用干净湿布覆盖。

(5)面皮切成12.5g小剂,用拍皮刀压成直径约6cm的圆皮,包入15g馅心,做成兔子形状,用红萝卜丁点缀眼睛,放入刷油的笼内,用旺火蒸5分钟即可。

（6）将青菜切丝炸成菜松放入盘中垫底，把熟兔饺放在菜松上即可上桌。

质量要求：

成品大小均匀，皮薄馅足，皮白透明，馅鲜美爽滑，形如兔子。

技术要领：

（1）掌握好澄面的吃水量，沸水要一次加足，将面烫熟。

（2）生粉的比例要适当。过少，面皮成熟后韧性差，口感软烂；过多，面皮韧性大，口感不爽滑。

（3）调虾饺馅时，不要与葱、姜等调料接触。

（4）成型时要形象逼真。

象形雪梨果

象形雪梨果是利用马铃薯作原料，加入澄面、猪油，再包入馅心制作而成的，是一种较为理想的宴席点心。

用料：

皮料：土豆500g、熟澄面300g、猪油50g、盐、味精、酱油、生粉、糖、香油、葱适量

馅料：熟粒馅300g、叉烧75g

工艺流程：

蒸土豆→烫面→调制面团→制馅→上馅→成型→炸制

制作方法：

（1）将土豆蒸熟压成蓉状，加入熟澄面擦匀成团。

（2）将馅料炒熟成熟馅。

（3）下剂15g，包入10g馅做成雪梨状，叉烧切细条做梨枝，然后在表面刷上蛋液、沾上面包渣成生坯。

（4）将生坯放入170℃油锅，炸成浅黄色捞出，装盘点缀上桌。

质量要求：

成品色泽浅黄，呈雪梨形，大小均匀，软中带香滑。

技术要领：

（1）掌握土豆和澄面用料的比例。

（2）注意掌握成型手法。

（3）掌握炸的油温。

椰酱煎班戟

用料：

皮料：低筋粉500g、鸡蛋300g、淡鲜奶1000g、吉士粉25g、精盐2.5g

馅料:椰酱800g

工艺流程:

和面浆→摊皮→上馅→成型→煎制

制作方法:

(1)面粉过筛,放入盆中,鸡蛋液打散和鲜奶混合,逐步倒入面粉中,调匀,用细萝卜过滤,形成细腻的稠状面浆。

(2)炒锅烧热,用肥膘肉在热锅上烫一烫,使锅面有一层薄油,然后舀面浆30g倒入锅内旋转炒锅,使面浆薄而均匀地摊开,至熟取出,成班戟皮。

(3)班戟皮包入椰酱30g,折包成日字形,分批放入平底煎锅,煎至两面金黄即可装盘上桌。

质量要求:

色奶黄,软滑可口,椰奶香味突出,大小整齐一致。

技术要领:

(1)调制面浆时注意掌握好面浆的稠度。过稠,摊皮不易摊开;过稀,班戟皮易烂。

(2)摊皮时手腕转锅要灵活,控制好火候。

(3)包馅时要大小一致、整齐。

(4)馅心也可改用奶黄馅、鸡肉三丝馅、烧鸭丝馅。

黑芝麻奶卷

用料:

马蹄粉500g、白糖500g、奶粉100g、黑芝麻250g、清水3000g

工艺流程:

炒芝麻→碾碎→开生浆→煮糖→勾芡→兑浆→调色→蒸制→成型

制作方法:

(1)黑芝麻洗净炒香碾碎备用。

(2)马蹄粉用1500g水开成生浆,另1500g水煮糖,水沸糖溶后加入少许生浆迅速调成稀浆,端离火位成熟浆,冷却至70℃左右时与生浆混合在一起成生熟浆,分成两份。

(3)奶粉用少量冷水调成稠浆后,加入一份生熟浆中搅匀,另一份加入黑芝麻搅匀,用细目粉筛过滤即成两种颜色的粉浆。

(4)方盒洗净擦一层薄油,倒入100g白色粉浆,蒸约2分钟,熟后再加入100g黑芝麻粉浆取出,待糕体稍冷却后用手从方盒边往上卷成筒形,切件即可装盘上桌。

质量要求：

色泽分明，口感柔韧滑爽，清香甜润。

技术要领：

(1)要选优质纯正的马蹄粉。

(2)操作中熟浆的浓度要注意。浆稀了，淀粉易下沉，蒸制的糕下硬上软；过稠，倒方盒中摊不平，蒸的糕层次不明显。

(3)方盒刷油要极薄，油多了卷不紧，切件后易散开。

招牌玉米饺

用料：

皮料：澄粉 250g、生粉 100g、糖粉 25g、吉士粉 30g、猪油 30g

馅料：奶黄馅 300g、甜玉米 430g、青菜适量

工艺流程：

制馅→榨菜汁→和面团→调制面皮→下剂→上馅→成型→蒸制

制作方法：

(1)奶黄馅拌入玉米粒作馅心。

(2)青菜榨汁烧沸后加入 100g 澄粉，揉匀成绿色面团。

(3)澄粉、糖粉、吉士粉加入开水拌匀，加入生粉、猪油揉制成面团，下剂 15g 包入 10g 馅，捏成玉米状，用工具刻上玉米粒花纹，用绿面团搓成两条尖条，用工具压扁后刻出条纹成玉米叶状。

(4)用玉米叶装饰两侧成玉米坯，上笼蒸 5 分钟即可出笼装盘。

质量要求：

形似玉米，色泽鲜艳，香甜可口。

技术要领：

(1)掌握面团的软硬度。

(2)成型时要形象逼真，大小均匀。

(3)掌握蒸制时间。

奶黄煎酥包

用料：

皮料：低筋粉 1000g、酵母 10g、猪油 300g、水 300g

馅料：奶黄馅 500g

沾面料：芝麻 100g

工艺流程：

和酵母面团→和油酥面团→起酥→上馅→成型→煎炸

制作方法：

(1)将面粉500g、猪油50g、酵母10g、水300g和成酵母面团,反复揉透静置30分钟,另将500g面粉、250g猪油揉成干油酥,揉匀擦透。

(2)将酵母面团和干油酥分别分剂15g/个,在酵母面中包入干油酥,擀成长椭圆形,再直卷成筒形,然后折叠三层成酥皮。

(3)将酥皮按圆包入10g奶黄馅收口向下按扁,两面刷蛋黄液、沾芝麻成生坯。

(4)将生坯排放煎锅中,用较多的油煎炸至两面金黄色、酥脆即可。

质量要求：

色泽金黄,口感酥脆,香甜适口。

技术要领：

(1)酵母面团和油酥的软硬要适中,过软或过硬都不利于擀制成型。

(2)起酥时采用小包酥方法。

(3)煎时要用较多的油用半煎方法使酥包松脆酥化。

椰酱乎里角

用料：

皮料:鸡蛋200g、优质生粉20g、吉士粉10g

馅料:椰酱一瓶

工艺流程：

分离蛋白、蛋黄→生粉、吉士粉混匀→打制蛋清→混合蛋白、蛋黄→成型→烘烤→夹椰酱

制作方法：

(1)将蛋白和蛋黄分开,生粉、吉士粉过筛倒入蛋黄中搅匀备用。

(2)烤盘擦干净,涂上一层猪油,烤炉预热至220℃备用。

(3)鸡蛋清用蛋刷快速顺向搅打约5分钟,至蛋白稠厚为原来的3倍以上,提起蛋刷蛋白不往下掉时,将蛋刷清理拿出,用手刮少许蛋泡与蛋黄拌匀,再将蛋黄倒入蛋白中搅拌均匀,随即用手掌刮适量的蛋泡挤入烤盘中,呈草帽形蛋浆坯,入炉烘烤至淡金黄色,取出成乎里角,用湿毛巾盖好使其回软。

(4)将已回软的乎里角底部向上夹入10g椰酱,对折成半月形,轻捏边上使其粘紧即成。

质量要求：

膨松绵软,色泽金黄,口味香甜,软滑松香,蛋香浓郁。

技术要领：

（1）蛋白与蛋黄一定要严格分开，否则会影响质量。

（2）打蛋泡时必须将蛋白打上筋使蛋泡稠厚，否则坯皮会易塌架。

（3）挤蛋泡动作要快，刮浆量要大小一致。

（4）烘烤时炉温要高，使蛋泡定型成品才松软嫩滑。

（5）刚出炉的乎里角较脆，要用毛巾捂软才便于对折成型。

（6）乎里角的馅心可变换口味，如果酱、水果馅、成馅等均可。

叉烧千层酥

用料：

皮料：水油皮：面粉290g、糖25g、蛋75g

油酥：面粉130g、黄油500g

馅料：叉烧350g、面捞芡150g

工艺流程：

和水油皮、油酥面团→起酥→拌馅→上馅→成型→刷蛋液→烘烤

制作方法：

（1）分别调制水油皮和油酥面团，放入方盘容器中入冰箱中冷藏至稍凝结。

（2）分别将水油皮和油酥擀开，将油酥放在水油皮上轻压，再用擀棍从中间向两边推擀成长方形面皮，将两端折入中间，再复叠四层入冰箱，冷藏片刻再擀，反复三次，最后擀成0.6cm厚的长方形面皮，切掉周边，再改刀切成5cm见方的酥皮。

（3）叉烧切丁，拌入面捞芡成馅。

（4）酥皮一张，中间放入叉烧馅10g，对折角成三角形，用双手拇指和食指将对折处轻压使之稍紧，放入烤盘，表面刷蛋白液即成生坯。

（5）低温200℃进炉烘烤至熟酥脆即可。

质量要求：

外观酥层清晰，色泽金黄光亮，口味酥松香脆，叉烧香味突出。

技术要领：

（1）水皮和油酥的软硬度一致便于擀制。

（2）两块面团都要冰冻至合适的软硬度才擀。

（3）起酥时手法要灵活，用力均匀，从中间向四周推擀。

（4）烘烤炉温先高后低。

第二节　全面点席的设计与配置

全面点席是集各式面点之长，充分发挥技艺、设计等方面的特长，并使之巧妙结合的筵席面点。全面点席自清代就已出现，发展至今，各地都有代表地方特色的全面点席。

全面点席是特殊形式的筵席，其内容由面点拼盘（有的也称看点）、咸点、甜点、汤羹、水果等组成，在结构上要求各类面点配置要协调，口味、形式要多样，在工艺上要求精巧美观、做工细致，在组装上要求盛器和谐统一。

要做好一台色、香、味、开、质、器俱佳的全面点席，除必须具备娴熟的面点制作技术外，还必须掌握做面点席的定单设计、选料、造型、配色、组织管理、上点程序等方面的知识和要领。

一、设计订单

制定面点谱，是全面点席总体的设计工作，它决定了整台面点的规格、质量和风味特色，制单时要根据主办者的意图和要求、民族特点以及季节时令和面点师的技术水平和厨房设备条件等来设计，并根据各类面点的大致比例和价格来决定。

面点席的规格、质量首先取决于其价格高低，根据价格来确定具体品种，同时还要考虑品味的协调性。会面点席以咸点为主（约占 60%），甜点为辅（约占 30%），汤羹、水果为补（约占 10%）。具体品种、数量按价格高低配置，规格较高的可配面点拼盘一道（或以四围碟、六围碟形式）、咸点八道、甜点四道、汤羹一道、水果一道；中等规格的可配面点拼盘一道、咸点六道、甜点四道、水果一道；对规格较低的，应视具体情况减少面点数量或降低品种规格。

二、选料与调味

面点单制定出来后，必须按照品种所需原料提前备料，并仔细检查原料质量。如发现原料不符合制作要求，应及时购进或准备好代用品；如确实不能解决的原料，应更换品种。整台筵席的面点在味道方面，除要注意咸甜搭配外，还要运用不同皮料、馅料和不用的成熟方法相互搭配，使整台面具有酥、滑、嫩、软、糯等不同的质感，做到一点一味。全面点席的组合运用涉及多方面的知识和技能，这就要求制作者不断地实践和完善。

三、选型与配色

造型与配色是面点席中艺术性、技术性较强的工序。一台好的面点席不仅要求可口宜人,而且还要以高贵的图案和明快的色彩给人以美的享受,以提高顾客品尝点心的情趣。

筵席中的菜肴可用冷盘雕刻造型,面点席中也可用点盘造型。点盘是根据设宴目的而设计的,并与宴席的主题相一致,一般采用裱花或捏花的手法制作。如迎客宴可用裱花工艺制作"花篮迎宾"点盘,生日宴可粉点组合成"百寿图"或硕果占盘。除了点盘外,其他面点造型在组装上要立意清新、构思合理,既要讲究造型,又要有可食性。

配色是指面点席的总体色彩设计。面点席的配色主要考虑以下因素:一是利用原料固有的颜色,如菜叶的碧绿色、蛋清的白色、草莓或樱桃的鲜红色、可可或咖啡棕黑色、蟹黄或蛋黄的黄色等,这些原料自身就具有各种自然的色相、色度、明度,变化多,层次丰富自然;二是成熟工艺的增色应用,如炸点、烤点的金、蒸点的雪白、晶莹透亮,不同的成熟方法,使整台面点席色彩更加丰富;三是盛器色彩的变化,要求结合面点的造型、色彩选用盛器,达到面点与盛器的和谐,如雪白透亮的瓷器朴素大方、银盘器显得富贵、玻璃器皿显得华丽、竹木器皿更显古朴之美等;四是围边点缀增色的运用,即在面点的周围用各种围边材料装饰点缀增色。

四、组织管理

主持面点席制作的工作人员应根据开席规模对岗位的工作量作出预算,然后安排具体工作人员。全面点席的制作一两个人是较难完成的,它需要部门人员的共同配合,所以,安排时应本着既保证人手够用,又防止人多手杂的原则,做到选人从简从优,各负其责。岗位定员后,主持者要检查各项准备工作,包括:原料的准备情况;干货原料的事先涨发及半成品准备;盛器和点缀材料的准备情况。此外,还应根据开席时间对各工序完成任务的具体时间作出严格规定,避免出现漏上面点或推迟上面点的现象。同时,还应注意检查炉灶、工具的卫生状况等,以保证各项工作都能有条不紊地在预定的时间内完成。

五、上点程序

面点席上点程序与筵席一样,先咸后甜,先干后湿,一般按点盘、咸点、甜点、汤羹、水果的顺序上。点盘在客人未入席时先上,后上咸点中口味较清淡的或最具本店特色的,后上口味较浓郁的。甜点也可适当穿插于咸点中上,然后是汤羹、水果。

第三节　筵席面点的美化工艺

　　筵席面点不仅在口味上要求可口宜人,还要求能以精美的工艺给人以美的享受,从而衬托筵席的主题气氛,并与筵席的菜肴配合达到最佳效果。为了实现此要求,必须对筵席面点进行美化,即根据筵席面点涉及的原料、刀工、火候、造型、装盘以及命名等多方面因素,进行美化工艺的现设计、再创造。可着重通过设计点心图案、造型和运用辅助手段围边增色来提高面点的造型美、色彩美和情趣美。

　　筵席面点在美化过程中,一定要根据筵席的总体要求,注意质量和卫生,以食用为主,美化为辅。各种美化工艺必须在保证面点质量的基础上进行,切不可本末倒置,搞得华而不实或造成喧宾夺主的局面,从而背离了食品造型艺术的基本原则。

　　筵席面点美化工艺的常用方法一般为造型与围边点缀两种。

一、面点造型

　　面点造型是指运用不同的成型手法塑造面点形象。筵席面点在造型上既要美观,又要灵巧,还要多变。

　　我国面点造型种类繁多,不同地区有不同的造型。从外观造型形态上进行分类,则可分为自然形态、几何形态和象形形态三种。

　　1. 自然形态

　　自然形态采用较为简易的造型手法,主要是用成熟时面团所形成的自然形态,如蜂巢荔芋角、蚝油叉烧包、猪油棉花杯、酥炸波斯油糕等。

　　2. 几何形态

　　几何形态是通过模具或刀工而成的面点的规矩形态。几何形态是面点造型的基础,在实际工作中应用最广。几何形态具有整齐、规范、便于批量生产等特点。几何形态又可分为单体几何形和组合几何形。单体几何形,如面点单体形成的方形、长方形、菱形、圆形、椭圆形等,九层马蹄糕、千层油糕、芸豆卷、豌豆黄、梅花晶饼等均匀单体几何形;组合几何形,由几种单体形态组合而成,如千层宝塔酥即由多个圆柱体与六块角酥叠合成的宝塔式梯形造型,立体裱花蛋糕则是由多种单体几何形组合而成的。

　　3. 象形形态

　　象形形态是通过手工包捏等成型手法模仿动植物的外形来造型,使成品具有动植物的形状,如佛手酥、莲花酥、绿茵白兔饺、象形雪梨果以及装盘点缀的捏花,都是仿动植物形状的面点造型。面点象形造型是我国面点制作技术中的主要成型手法,具有悠久的历史,在不断丰富中既要保证逼真的效果,又要有进一步的艺术创造,只有这样才能达到意趣与形态的统一。

筵席面点不论采用何种造型,都要求美观精致、富有特色,而且还要掌握面点的分量、大小这一基本要求。筵席面点一般每份在 20 ~ 30g,以一两口能吃完为佳。因筵席面点是与菜肴配套的,或是由面点、汤羹、水果组成的全席面点,客人食用面点主要在于品尝风味,分量过大会显得粗笨,又不宜装盘点缀。每道面点的份数应与客人数大致相当,即能满足每客一份的基本要求。

二、装饰与围边

围边是选用色泽鲜明、便于塑形的可食性材料,根据面点特色,在碟边或碟中装饰点缀的过程。每一道面点都应色、香、味、形、质俱佳,但一些传统面点则重于香、味、质,只在装盘时进行一些围边点缀等辅助性美化工艺。面点围边方法有澄面捏花、奶油裱花、糖粉搓花、捏花、熬糖拉花、酥点造型、菜丝、蛋松以及时令鲜果的点缀等。

围边时,要根据面点的特色进行,要求主题与点缀协调一致,色调清新、情趣高雅、简洁大方,不可喧宾夺主过多过杂。面点的质量、艺术的体现,主要是靠面点本身的质量。围边点缀时要注意面点的质地与围边装饰材料的协调性,如炸点不宜采用琼脂衬底,否则面点易吸收琼脂中的水分回软;蒸点不宜采用酥炸的材料装饰,否则酥炸材料会吸收蒸点的水分回软倒伏。

围边材料必须卫生。事先准备好的琼脂花可用保鲜纸密封;澄面捏花做好后再用蒸汽作短时间加热,以保证清洁卫生,并刷上油或明胶水,防止干裂。

三、筵席面点的装饰和围边制作工艺

鲜奶油膏

用料:

鲜奶油 1 盒

工艺流程:

鲜奶油慢快速搅打→中速搅打→快速搅打→鲜奶油站立

制作方法:

先用慢速搅打至鲜奶油溶化,然后用中速搅打片刻,再用快速搅打 4 分钟使鲜奶油能站立即可。

质量要求:

色白,细腻,浮滑,立体感强,有光泽。

技术要领：

（1）先用慢速搅打至鲜奶油溶化，再用快速搅打。

（2）搅打至鲜奶油细腻成膏状，能站立起来即可。

奶油蛋白糖膏

用料：

奶油1000g、糖浆1600g、炼乳2罐

工艺流程：

打奶油→松软→加糖浆→搅打→蓬松→加炼乳→搅打均匀成膏状

制作方法：

将奶油切碎用搅打器打软，逐渐加入糖浆打至蓬松，再慢慢加入炼乳搅打成膏体，膨松、纯滑、细腻即可。

质量要求：

色泽洁白，膏体膨松纯滑，细腻，软硬适度。

技术要领：

（1）应先将奶油搅打松软后，才加入糖浆。

（2）糖浆应慢慢加入搅打。

附：糖浆的煮制

用料：

白糖750g、清水250g、柠檬酸1g

制作方法：

白糖加水煮化离火，加柠檬酸搅匀，冷却即可使用。

粉 丝 花

粉丝花是用粉丝放入油锅中炸成的花，制作简单，使用方便，并可事先制好备用。

用料：

洁白透明的细绿豆丝适量

工艺流程：

粉丝浸软→剪成段→捆扎→炸制

制作方法：

（1）用湿毛巾将干粉丝捂几小时使之回软，然后用剪刀将回软粉丝剪成约4cm长一段。

（2）将成段的粉丝以数十根合成一股，用线将中间扎紧，再将粉丝的两头分别

浸上红绿色素,放在通风处吹干备用。

(3)起油锅,将油温开至六七成,放入粉丝炸制起花即成。

质量要求:

粉丝花瓣起发自然化,形态美观大方,色泽鲜明。

技术要领:

(1)粉丝段要剪得长短一致。

(2)上色粉丝要风干,保证炸制松化。

(3)油锅油质要清洁,油温要掌握好。温度过低发不起;油温过高影响色泽。

威 化 片

用料:

洁白细滑生粉1000g、盐10g、味精5g

工艺流程:

烫生粉→生熟粉团→调色→压面→蒸制→切片→吹干→炸制

制作方法:

(1)先取200g生粉用适量沸水烫熟,然后加入其余800g生粉揉成软硬适宜的生熟粉团,加入盐和味精揉匀。

(2)将揉好的面团分成两块,其中一块分别调上红、黄、绿三种颜色,另一块为本色。

(3)将几块面团用压面机压成1cm厚、4cm宽的面皮,上蒸笼至熟透,冷却后用刀切成薄片分散,吹干备用。

(4)需要时,将吹干的粉片放入六七成油锅内,快速炸制松化即可。

质量要求:

威化片质地松化,色泽鲜明。

技术要领:

(1)烫粉要烫透,不要有颗粒。

(2)调色注意色彩清淡,应以本色居多。

(3)切片时注意大小均匀,厚薄一致。

蛋 丝

用料:

鸡蛋液150g

工艺流程:

蛋液打匀→过滤→炸制→搅动→捞起→拧干油→抖松

制作方法：

(1)蛋液打匀用纱布过滤，倒入带嘴的茶壶内。

(2)将生油烧至 60℃～70℃，用筷子沾少许蛋液在油锅内晃一下，如见蛋液下锅马上起丝，说明合适。可将蛋液徐徐倒下，边倒边用筷子搅动使之起丝迅速散开，炸至蛋丝水分挥发一定时间，用笊篱捞起，放入纱布滤干油，轻轻抖散即成。

质量要求：

蛋丝纤细绵软，无片状、粒状，色泽黄。

技术要领：

(1)蛋液要打匀过滤，避免有蛋白颗粒。

(2)炸蛋丝时，应注意一定要见蛋液在油中起丝后才炸。油温过低，蛋丝短且碎；油温过高，炸出的蛋丝成块状或连片状。

(3)蛋液加入红、绿色素调色时，一定要分油锅炸制，以免颜色互相掺杂。

青 菜 松

用料：

无白梗绿色菜叶 250g

工艺流程：

青菜切丝→炸制→捞出

制作方法：

(1)将洁净的青菜叶用刀切成细丝。

(2)生油烧至七成熟，放入抖散的菜叶丝，炸至菜叶水分挥发一定时间，色泽呈油绿、透亮、松脆，即迅速用笊篱捞起滤干油，轻轻抖散入盘即可。

质量要求：

菜丝不碎断，色泽油绿透亮，质地松脆。

技术要领：

(1)青菜叶一定要切得细长且均匀。

(2)油温要掌握好，过低或过高都易使菜松色泽暗黄。

捏 花

用料：

澄面 500g、食盐、蜂蜜、猪油各 10g、水 650g、糯米粉 50g

工艺流程：

烫粉团→调色→捏花→成型

制作方法：

（1）食盐、蜂蜜、猪油 10g、水 650g 放入锅中，加糯米粉 50g 打成熟粉芡，再加澄面 500g，不断搅拌至面熟，取出，揉搓成团。

（2）分成若干小块调色，用毛巾盖好。

（3）造型时，根据各种花卉、鸟兽和鲜果的形态，用手将澄面捏制造型。

质量要求：

捏制手法细腻，形状大小适中，形象逼真。

技术要领：

（1）要注意把握捏制形状的结构和形态。

（2）掌握剪刀、花钳、镊子等工具的使用方法。

（3）在碟上装饰好后，最好放入蒸笼中加热杀菌。

本章小结

　　本章学习了解了筵席面点的要领、筵席面点设计的基础知识以及筵席面点的配置、美化工艺等，并要熟练掌握筵席面点的制作技术。

【思考与练习】

一、职业能力测评题

（一）判断题

1. 筵席面点在造型上既要美观，又要灵巧，还要多变。　　　　　　（　　）

2. 面点席以咸点为主（约占 60%），甜点为辅（约占 30%），汤羹、水果为补（约占 10%）。　　　　　　（　　）

3. 全面点席在色、香、味、形、质、器等方面与筵席的总体要求是一致的。　　（　　）

4. 筵席面点成本一般占总筵席的 5%～10%，也可以根据各地习惯及实际需要作必要调整。　　　　　　（　　）

5. 刚出炉的乎里角较脆，要用毛巾捂软才便于对折成型。　　　　（　　）

6. 威化片的工艺流程是：烫生粉→生熟粉团→调色→压面→蒸制 →切片→吹干→炸制。　　　　　　（　　）

（二）选择题

1. 在筵席面点的组配设计中,一般是根据下列原则来制定筵席面点品种的
（　　）。
　A. 主题的要求　　　　B. 筵席的规格档次　　　C. 季节的变化
　D. 地方习俗　　　　　E. 民族特点　　　　　　　F. 招牌面点

2. 全面点席的上点程序是（　　）。
　A. 先咸后甜　　　　　B. 先干后湿　　　　　C. 点盘、咸点、甜点汤羹、水果
　D. 先甜点汤羹、水果　E. 后咸点、点盘

3. 象形雪梨果的配方是（　　）。
　A. 土豆 500g、澄面 300g
　B. 土豆 500g、熟澄面 300g、猪油 50g、熟粒馅 300g、白糖 10g、盐 8g、味精 2g、麻
　　油 1g
　C. 叉烧 750g、蛋 50g、面包糠适量

4. 制作奶油蛋白糖膏的技术要领是（　　）。
　A. 先将奶油搅打松软后,才加入糖浆
　B. 糖浆应慢慢加入搅打
　C. 调色时注意色彩清淡,应以本色居多

5. 椰酱乎里角的质量要求是（　　）。
　A. 膨松绵软　　　　B. 色泽金黄　　　　C. 口味香甜
　D. 口感酥脆　　　　E. 软滑松香　　　　F. 蛋香浓郁

6. 象形雪梨果的质量要求是（　　）。
　A. 成品色泽浅黄　　B. 起蜂巢　　　　　C. 呈雪梨形
　D. 大小均匀　　　　E. 软中带香滑　　　F. 色泽分明

二、职业能力应用题

（一）案例分析题

1. 现有顾客预订全席点心 6 桌,标准为 386 元/桌。请你按每个品种上 10 件、
综合毛利率 50% 来计算,并开列出点心单。

2. 当欧迪精心制作的叉烧千层酥刚烘烤出炉后,大伙就迫不及待地进行了品
尝,谁知个个均说面包未烤透。请说明其原因。

3. 维埃里制作出的象形雪梨果惟妙惟肖,很受人称赞,不足的就是内部有点粘
牙。请你分析原因,并提出改进措施。

4. 筵席面点在美化过程中,一般要根据筵席的总体要求以食用为主、美化为
辅,不能本末倒置、喧宾夺主。请你举一例加以说明。

（二）操作应用题

1. 在 60 分钟内,利用下列原料制作出绿茵白兔饺成品。

原料:A.皮料:澄面 375g、优质生粉 100g、猪油 25g、沸水约 100g;B.馅料:鲜虾肉 500g、肥猪肉 100g、笋丝 100g、猪油 75g、精盐、味精、白糖、胡椒粉、麻油等调味品适量

2. 在 60 分钟内,利用下列原料制作出象形雪梨果成品。

原料:土豆 500g、熟澄面 300g、猪油 50g、盐、味精、酱油、生粉、糖、香油、葱适量

3. 在 60 分钟内,利用下列原料制作出椰酱煎班戟成品。

原料:低筋粉 500g、鸡蛋 300g、淡鲜奶 1000g、吉士粉 25g、精盐 2.5g、椰酱 800g

4. 在 60 分钟内,利用下列原料制作出黑芝麻奶卷成品。

原料:马蹄粉 500g、白糖 500g、奶粉 100g、黑芝麻 250g、清水 3000g

5. 在 60 分钟内,利用下列原料制作出招牌玉米饺成品。

原料:澄粉 250g、生粉 100g、糖粉 25g、吉士粉 30g、猪油 30g、奶黄馅 300g、甜玉米 430g、青菜适量

6. 在 60 分钟内,利用下列原料制作出奶黄煎酥包成品。

原料:低筋粉 1000g、酵母 10g、猪油 300g、水 300g、奶黄馅 500g、芝麻 100g

7. 在 60 分钟内,利用下列原料制作出椰酱乎里角成品。

原料:鸡蛋 200g、优质生粉 20g、吉士粉 10g、椰酱一瓶

8. 在 60 分钟内,利用下列原料制作出叉烧千层酥成品。

原料:水油皮:面粉 420g、糖 25g、蛋 75g、黄油 500g、叉烧 350g、面捞芡 150g

主要参考书目

[1]国家职业标准.中式面点师(初级、中级、高级)[M].北京:中国劳动社会保障出版社,2001.

[2]鲍治平.面点制作技术[M].北京:高等教育出版社,1995.

[3]李文卿.面点工艺学[M].北京:中国轻工业出版社,1999.

[4]刘耀华,林小岗.中式面点制作[M].大连:东北财经大学出版社,2003.

[5]唐美霁,林小岗.中式面点技艺[M].北京:高等教育出版社,2002.

[6]王学政,等.中西糕点大全[M].北京:中国旅游出版社,1982.

[7]贺文华.西点制作技术[M].上海:上海科学技术出版社,1983.

[8]翟小方.面点工艺与实习[M].北京:中国劳动社会保障出版社,1994.

[9]王树亭.西式糕点大观[M].北京:中国旅游出版社,1986.

[10]石雄飞.西点工艺操作实例[M].北京:中国食品出版社,1988.

后　记

为了满足现代职业教育的需要,培养旅游、餐饮等服务行业烹饪岗位的高素质应用型人才,在旅游教育出版社的组织下,我们共同编写了本书。

在编写本书的过程中,编者紧紧把握职业教育所特有的职业性、定向性、实践性、开放性等特点,运用以能力为本位的现代职业教育思想为指导,力图将学历教育与职业资格鉴定考核紧密相连,达到既能满足学校烹饪(中西面点)专业的教学需要,又能为培养出高素质的中西面点专业的应用型人才提供依据和参考。

本书以突出专业理论、专业操作技能和职业能力测评三方面的内容为重点,对中式点心制作技术和西式点心制作技术进行了详略得当的说明。全书共分十章,其主要内容是:面点基础知识、面点基本操作技术、制馅、实面面团与运用、膨松面团与运用、油酥面团与运用、米粉面团与运用、其他原料制品、西式点心制作和筵席面点与应用。此外,每章中均附有学习重点、本章小结和本章职业能力测评等三方面的内容。为方便模块教学的开展,本书每个章节的内容既相对独立,又相互有知识联系;每个章节中品种实例部分的内容可随着今后实际教学的需要而增删。

在迅速发展的现代餐饮业中,某些中式面点品种和西式面点品种已达到高度的融合。如有的新品种深受消费者喜爱,它却是在采用中点配方的基础上,再采用西点的制作工艺制作出来的,一定要来分清楚它是属于西点还是属于中点,已无太大的现实意义。因此,本书中虽然有单独的一章内容是专门介绍西式点心的,但部分西式点心的相关内容在其他章节中也有体现。

本书由秦辉、林小岗担任主编。参加编写人员的具体分工如下:广西桂林市旅游职业中等专业学校特级教师、中学高级教师、高级面点技师秦辉负责第1、2章及第1~10章中的本章职业能力测评编写工作;广西商业高级技工学校高级讲师、高级面点技师中国烹饪大师林小岗编写第3、4、10章;广西商业高级技工学校点心专业教研组组长、高级实习指导教师、高级面点技师刘小兰编写第5、6、7章;广西商业高级技工学校高级实习指导教师、高级面点技师中国烹饪名师诸葛敏编写第8、9章。在本书的出版与再版修订过程中,编者参考并引用了一些有关方面的教材、书籍的内容,在此向有关作者一并致以诚挚的谢意。

此次本书再版,我们根据国家技能型人才的培养目标、国家职业技能鉴定的相关标准、企业用人的实际需求,以及区域社会经济发展需求,及时修改或删除了原书中的部分陈旧内容。特别是在第 1、5、6、8、9 章中,增补了大量的中西面点新知识、新品种、新工艺、新技术等合计 78 项专业内容,使本书更趋于完善,更符合我国烹饪职业教育发展要求、满足烹饪教学需要,紧跟时代发展的步伐。

由于编者水平有限,书中难免有不妥与疏漏之处,恳请读者不吝赐教、指正。

编者

2016 年 3 月

责任编辑：张　萍

图书在版编目（CIP）数据

面点制作技术/秦辉，林小岗主编. —北京：旅游教育出版社，2004. 9 （2023. 6）
（全国烹饪专业系列教材）
ISBN 978-7-5637-1221-2

Ⅰ. 面... Ⅱ. ①秦... ②林... Ⅲ. 面点—制作—教材 Ⅳ. TS972. 116

中国版本图书馆 CIP 数据核字（2004）第 080277 号

全国烹饪专业系列教材

面点制作技术
（第 2 版）

秦　辉　林小岗　主编

出版单位	旅游教育出版社
地　　址	北京市朝阳区定福庄南里 1 号
邮　　编	100024
发行电话	（010）65778403 65728372 65767462（传真）
本社网址	www. tepcb. com
E – mail	tepfx@ sohu. com
印刷单位	唐山玺诚印务有限公司
经销单位	新华书店
开　　本	720 毫米 ×960 毫米　1/16
印　　张	17. 25
字　　数	267 千字
版　　次	2016 年 6 月第 2 版
印　　次	2023 年 6 月第 7 次印刷
定　　价	29. 00 元

（图书如有装订差错请与发行部联系）